全国高职高专食品类、保健品开发与管理专业"十三五"规划教材

（供保健品开发与管理专业用）

U0297521

保健食品检验技术

主　　编　吴美香　王俊全

副 主 编　曹　晓

编　　者　（以姓氏笔画为序）

王俊全（天津天狮学院）

刘文君（福建生物工程职业技术学院）

李　景（天津天狮学院）

吴美香（湖南食品药品职业学院）

何文胜（福建生物工程职业技术学院）

周艳华（长沙环境保护职业技术学院 ）

晏仁义（天津益倍生物科技集团有限公司）

殷　帅（湖南省药品检验研究院）

曹　晓（福建生物工程职业技术学院）

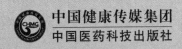

中国健康传媒集团

中国医药科技出版社

内 容 提 要

本教材为"全国高职高专食品类、保健食品开发与管理专业'十三五'规划教材"之一,系根据本套教材的编写指导思想和原则要求,结合专业培养目标和本课程的教学目标、内容与任务要求编写而成。本教材具有专业针对性强、紧密结合新时代行业要求和社会用人需求、与职业技能鉴定相对接等特点;内容主要包括保健食品检验分析与检测概述、保健食品检验的基本知识、保健食品的感官检验、保健食品的一般成分检验、保健食品功能性成分检验、保健食品添加剂检验、保健食品中常见有毒有害成分检验、保健食品微生物检验等。本教材为书网融合教材,即纸质教材有机融合电子教材、教学配套资源(PPT、微课、视频、图片等)、题库系统、数字化教学服务(在线教学、在线作业、在线考试)。

本教材主要供高职高专保健品开发与管理专业师生使用,也可供保健品企业、质量管理部门从事相关工作的人员参考使用。

图书在版编目(CIP)数据

保健食品检验技术 / 吴美香,王俊全主编 . —北京:中国医药科技出版社,2019.1

全国高职高专食品类、保健品开发与管理专业"十三五"规划教材

ISBN 978 - 7 - 5214 - 0373 - 2

Ⅰ.①保… Ⅱ.①吴… ②王… Ⅲ.①疗效食品 - 食品检验 - 高等职业教育 - 教材 Ⅳ.①TS218 ②TS207.7

中国版本图书馆 CIP 数据核字(2018)第 266051 号

美术编辑 陈君杞
版式设计 南博文化

出版 **中国健康传媒集团** | 中国医药科技出版社
地址 北京市海淀区文慧园北路甲 22 号
邮编 100082
电话 发行:010 - 62227427 邮购:010 - 62236938
网址 www.cmstp.com
规格 889×1194mm ¹⁄₁₆
印张 13
字数 269 千字
版次 2019 年 1 月第 1 版
印次 2019 年 1 月第 1 次印刷
印刷 三河市航远印刷有限公司
经销 全国各地新华书店
书号 ISBN 978 - 7 - 5214 - 0373 - 2
定价 35.00 元

数字化教材编委会

主　编　吴美香　王俊全
副主编　曹　晓
编　者　（以姓氏笔画为序）
　　　　王　鑫（天津益倍生物科技集团有限公司）
　　　　王俊全（天津天狮学院）
　　　　吴美香（湖南食品药品职业学院）
　　　　陈　苗（湖南食品药品职业学院）
　　　　郑艳超（天津益倍生物科技集团有限公司）
　　　　晏仁义（天津益倍生物科技集团有限公司）
　　　　曹　晓（福建生物工程职业技术学院）

出版说明

为深入贯彻落实《国家中长期教育改革发展规划纲要（2010—2020年）》和《教育部关于全面提高高等职业教育教学质量的若干意见》等文件精神，不断推动职业教育教学改革，推进信息技术与职业教育融合，对接职业岗位的需求，强化职业能力培养，体现"工学结合"特色，教材内容与形式及呈现方式更加切合现代职业教育需求，以培养高素质技术技能型人才，在教育部、国家药品监督管理局的支持下，在本套教材建设指导委员会专家的指导和顶层设计下，中国医药科技出版社组织全国120余所高职高专院校240余名专家、教师历时近1年精心编撰了"全国高职高专食品类、保健品开发与管理专业'十三五'规划教材"，该套教材即将付梓出版。

本套教材包括高职高专食品类、保健品开发与管理专业理论课程主干教材共计24门，主要供食品营养与检测、食品质量与安全、保健品开发与管理专业教学使用。

本套教材定位清晰、特色鲜明，主要体现在以下方面。

一、定位准确，体现教改精神及职教特色

教材编写专业定位准确，职教特色鲜明，各学科的知识系统、实用。以高职高专食品类、保健品开发与管理专业的人才培养目标为导向，以职业能力的培养为根本，突出了"能力本位"和"就业导向"的特色，以满足岗位需要、学教需要、社会需要，满足培养高素质技术技能型人才的需要。

二、适应行业发展，与时俱进构建教材内容

教材内容紧密结合新时代行业要求和社会用人需求，与职业技能鉴定相对接，吸收行业发展的新知识、新技术、新方法，体现了学科发展前沿、适当拓展知识面，为学生后续发展奠定了必要的基础。

三、遵循教材规律，注重"三基""五性"

遵循教材编写的规律，坚持理论知识"必需、够用"为度的原则，体现"三基""五性""三特定"。结合高职高专教育模式发展中的多样性，在充分体现科学性、思想性、先进性的基础上，教材建设考虑了其全国范围的代表性和适用性，兼顾不同院校学生的需求，满足多数院校的教学需要。

四、创新编写模式，增强教材可读性

体现"工学结合"特色，凡适当的科目均采用"项目引领、任务驱动"的编写模式，设置"知识目标""思考题"等模块，在不影响教材主体内容基础上适当设计了"知识链接""案例导入"等模块，以培养学生理论联系实际以及分析问题和解决问题的能力，增强了教材的实用性和可读性，从而培养学生学习的积极性和主动性。

五、书网融合，使教与学更便捷、更轻松

全套教材为书网融合教材，即纸质教材与数字教材、配套教学资源、题库系统、数字化教学服务有机融合。通过"一书一码"的强关联，为读者提供全免费增值服务。按教材封底的提示激活教材后，读者可通过电脑、手机阅读电子教材和配套课程资源（PPT、微课、视频、动画、图片、文本等），并可在线进行同步练习，实时反馈答案和解析。同时，读者也可以直接扫描书中二维码，阅读与教材内容关联的课程资源（"扫码学一学"，轻松学习PPT课件；"扫码看一看"，即刻浏览微课、视频等教学资源；"扫码练一练"，随时做题检测学习效果），从而丰富学习体验，使学习更便捷。教师可通过电脑在线创建课程，与学生互动，开展布置和批改作业、在线组织考试、讨论与答疑等教学活动，学生通过电脑、手机均可实现在线作业、在线考试，提升学习效率，使教与学更轻松。

编写出版本套高质量教材，得到了全国知名专家的精心指导和各有关院校领导与编者的大力支持，在此一并表示衷心感谢。出版发行本套教材，希望受到广大师生欢迎，并在教学中积极使用本套教材和提出宝贵意见，以便修订完善，共同打造精品教材，为促进我国高职高专食品类、保健品开发与管理专业教育教学改革和人才培养做出积极贡献。

中国医药科技出版社

2019年1月

全国高职高专食品类、保健品开发与管理专业"十三五"规划教材

建设指导委员会

委　　员（以姓氏笔画为序）

王　丹（长春医学高等专科学校）

王　磊（长春职业技术学院）

王文祥（福建医科大学）

王俊全（天津天狮学院）

王淑艳（包头轻工职业技术学院）

车云波（黑龙江生物科技职业学院）

牛红云（黑龙江农垦职业学院）

边亚娟（黑龙江生物科技职业学院）

曲畅游（山东药品食品职业学院）

伟　宁（辽宁现代服务职业技术学院）

刘　岩（山东药品食品职业学院）

刘　影（茂名职业技术学院）

刘志红（长春医学高等专科学校）

刘春娟（吉林省经济管理干部学院）

刘婷婷（安庆医药高等专科学校）

江津津（广州城市职业学院）

孙　强（黑龙江农垦职业学院）

孙金才（浙江医药高等专科学校）

杜秀虹（玉溪农业职业技术学院）

杨玉红（鹤壁职业技术学院）

杨兆艳（山西药科职业学院）

杨柳清（重庆三峡医药高等专科学校）

李　宏（福建卫生职业技术学院）

李　峰（皖西卫生职业学院）

李时菊（湖南食品药品职业学院）

李宝玉（广东农工商职业技术学院）

李晓华（新疆石河子职业技术学院）

吴美香（湖南食品药品职业学院）

张　挺（广州城市职业学院）

张　谦（重庆医药高等专科学校）

张　镝（长春医学高等专科学校）

张迅捷（福建生物工程职业技术学院）

张宝勇（重庆医药高等专科学校）

陈　瑛（重庆三峡医药高等专科学校）

陈铭中（阳江职业技术学院）

陈梁军（福建生物工程职业技术学院）

林　真（福建生物工程职业技术学院）

欧阳卉（湖南食品药品职业学院）

周鸿燕（济源职业技术学院）

赵　琼（重庆医药高等专科学校）

赵　强（山东商务职业学院）

赵永敢（漯河医学高等专科学校）

赵冠里（广东食品药品职业学院）

钟旭美（阳江职业技术学院）

姜力源（山东药品食品职业学院）

洪文龙（江苏农林职业技术学院）

祝战斌（杨凌职业技术学院）

贺　伟（长春医学高等专科学校）

袁　忠（华南理工大学）

原克波（山东药品食品职业学院）

高江原（重庆医药高等专科学校）

黄建凡（福建卫生职业技术学院）

董会钰（山东药品食品职业学院）

谢小花（滁州职业技术学院）

裴爱田（淄博职业学院）

前言
QIANYAN

随着社会的进步、经济的发展和人民生活水平的不断提高，人们对健康的重视程度也日益增强，尤其是受社会、环境、职业等因素影响的亚健康人群、慢性疾病患者、处于发育期的儿童，以及全身器官系统功能逐渐下降的老年人群，都越来越迫切地希望通过保健食品的特殊作用，达到调节人体机能、预防疾病、促进身体健康的目的。本教材主要根据高职高专食品类、保健品开发与管理专业培养目标和主要就业方向及职业能力要求，按照本套教材编写指导思想和原则要求，结合本课程教学大纲，由全国6所院校从事教学和生产一线的教师、学者细心编写而成。

保健食品检验技术是高职高专保健品开发与管理专业基础课，学习本课程教材主要为学生从事保健品开发、管理、检验检测岗位的具体工作奠定理论知识基础。本门课程教材的主要内容包括保健食品检验分析与检测概述、保健食品检验的基本知识、保健食品的感官检验、保健食品的一般成分检验、保健食品功能性成分检验、保健食品添加剂检验、保健食品中常见有毒有害成分检验、保健食品微生物检验等，强化了课程的实用性，并尽可能反映保健食品分析的新技术、新成果。

本教材以保健品企业及质量检测部门、质量技术监督管理部门的职责为依据，精心选取教学内容；以国家、地方、行业标准中保健品各项指标的检验方法为蓝本，介绍标准的分析方法，培养学生在以后工作中执行国家标准的能力；以技术为主线，同时体现企业对保健品检验检测工的能力要求，体现产教融合的特点，将教学内容模块化。为了更好地体现高职高专保健品开发与管理专业教学体系的特点，本教材在编写过程中遵循创新性、实践性、实用性、顶岗实习等原则，同时考虑到各方面的不同需求，力求通俗易懂、简单易行，既有利于高等职业院校的教学工作，又便于企业人员实际操作，并对生产实际具有一定参考、指导作用。

本教材可作为全国高职高专院校保健品开发与管理专业的教学用书，也可供保健食品企业、质量管理部门从事相关工作的人员参考使用。

本教材由吴美香和王俊全担任主编，曹晓担任副主编，具体分工如下：吴美香编写第一章，殷帅、周艳华编写第二章，李景编写第三章，刘文君、何文胜编写第四章和第八章，晏仁义编写第五章，王俊全编写第六章，曹晓编写第七章。

本教材的编写得到了国内有关高等院校、企业领导、保健食品专家的热情帮助和大力支持，在此谨致以诚挚的谢意。编写过程中，编者参考了许多国内同行的论著及部分网上资料，材料来源未能一一注明，在此向原作者表示诚挚的感谢。由于编者时间和能力有限，书中不足之处在所难免，恳请同仁和读者批评指正，以便进一步修改、完善。

编　者
2019 年 1 月

目录

MULU

第一章　绪　　论

第一节　保健食品检验的意义

扫码"学一学"

案例讨论

案例：许某，65岁，患有糖尿病多年，一直在用降糖类药物，但听人说西药长期服用副作用大，因此最近半年改服用某厂家生产的苦瓜素胶囊，并反映该胶囊效果很好，但经某食品药品检验所检验，发现该胶囊中添加了格列本脲（采用了补充标准）。

问题：1. 该保健食品是否合格？如果不合格，执法部门处罚需有哪些程序和要求？

　　　　2. 相关检验部门在检验过程过程中应注意哪些问题？

一、保健食品的概念

保健食品是指表明具有特定保健功能的食品，即适宜于特定人群食用，具有调节机体功能，不以治疗疾病为目的，并且对人体不产生任何急性、亚急性或者慢性危害的食品。在我国，只有经过国家市场监督管理总局批准才能称为保健食品，保健食品往往是对日常饮食的补充，它们本质上仍属于食品的范畴，只是针对特定的适宜人群有一定的保健功能。保健食品不同于药品，具体体现在以下几个方面。

1. 保健食品不以治疗为目的，但具有一定的保健功能，对生理功能也有一定的调节作用。

2. 保健食品不能有任何毒性，可以长期使用。药品固有的毒副作用在临床应用时应做必要的取舍，药品应当有明确的治疗作用，并有确定的适应证和功能主治，必须有规定的用法用量。

3. 保健食品即便在某些疾病状态下可以使用，也绝对不能代替药物的治疗作用。

到目前为止对于保健食品，国际上尚无统一定义，综观世界各国情况，大致分为功能性食品、健康食品、营养增补剂等几种称谓。

4. 保健食品是食品的一个品类，其形态和剂型需满足适宜人群的口服要求，舌下吸收、喷雾、注射等作用途径的剂型不能作为保健食品。

保健食品的常见剂型涉及11大类29种，包括：胶囊剂（硬胶囊、软胶囊）、片剂（普通片、咀嚼片、含片、泡腾片）、颗粒剂（冲剂、颗粒）、粉剂（普通粉、蛋白粉、初乳粉）、丸剂、膏剂、液体剂型（口服液、饮料、浓缩液、浆、果汁）、茶剂、酒剂、油剂、普通食品形态（牛奶、发酵乳、糖果、醋、饼干、膨化食品、蜜饯）。绝大部分保健食品做成了药品形态，以胶囊剂、片剂、口服液最多，普通食品形态的保健食品所占比例很小。

二、我国保健食品发展研究概况与发展趋势

目前，人们保健意识的增强为保健食品的发展增添了巨大活力，提供了快速发展的市场基础。但消费者对营养与健康的需求由单纯的补充营养物质逐步转变为追求产品的生理功能，以天然原料为主体的保健食品更易被关注和接受。除主要用于预防某些疾病的发生，或改善机体功能，或起到辅助降血脂、降血糖、辅助改善记忆等作用的保健食品日益快速发展外，功能性饮料和糖果的开发也出现很好的市场前景。

1. 我国保健食品发展概况　保健食品在我国有着悠久的历史，"药膳"是我国最具有特色的保健食品。目前，我国生产的保健食品由第一代的强化食品、第二代的初级食品和第三代的功能因子（或有效成分）产品混合组成。对功能因子结构、作用机制的研究是推动产品升级换代和新产品进入市场所必需的。

2. 我国保健食品行业存在的问题　我国保健食品产业虽然发展很快，但目前也存在一些问题，处于严重的信誉危机当中，这也制约着保健食品行业的发展。我国保健食品行业存在的问题归纳起来主要有如下两个方面。

（1）产品的科技含量低，低水平重复导致行业陷入恶性竞争。保健食品的科技投入过低，是我国保健食品行业长期处于低水平重复的一个重要因素；保健食品生产企业规模小，科技人员比例低，是约束保健食品行业健康发展的重要因素。如早期一些企业在研制产品时，没有周密的市场调研和基础研究，产品跟风，缺乏创新性，导致市场寿命短；某些如减肥、辅助降血糖、辅助降血脂等功能性产品，为了达到与药物等同的效果，在产品中加入违禁药物或临床药物，对消费者的安全构成了极大威胁；某些企业未按保健食品研究程序开发、注册，就冠以保健食品名目，投入市场，导致假冒伪劣产品层出不穷。

（2）企业重广告、轻研发，部分产品广告宣传违法严重。目前我国保健食品行业陷入轻研发、重广告的怪圈。行业高利润导致企业忽略对产品的科研投入。有资料显示，保健食品行业的广告投入为销售收入的6%左右，是科研投入的4倍之多。许多保健食品广告混淆概念，夸大其词，或片面夸大产品的药理作用。

3. 我国保健食品产业发展趋势　目前，我国保健食品原料以使用具有滋补的药食两用植物为主，使用频率最高的有枸杞、西洋参、黄芪、当归等，蜂胶、葡萄籽、茶叶、大豆

提取物等也使用较多，而保健食品未来发展趋势是功能产品将涵盖人们对健康需求的诸多方面，产品科技含量将进一步提升，人们对保健食品安全性、天然性、功能性的要求也会更高。

三、保健食品检验的任务和作用

保健食品检验是通过感官、物理、化学、微生物学等的基本理论和技术，按照制定的技术标准，对保健食品生产中的原料、辅料、半成品和成品进行检测，从而评定保健食品是否符合标准规定的一门应用性、技术性学科。保健食品检验是保健食品质量控制、监督管理等的重要手段和工具。保健食品的全面质量控制涉及保健食品的研发、生产、使用和监督管理等多个方面，它不是某一个单位或部门的工作，涉及的内容也不是某一门课程可以单独完成的，而是一项涉及多方面、多学科的综合性工作。保健食品检验在确保保健食品质量可控、安全等方面都有着十分重要的意义。其具体任务及作用如下。

1. 指导与控制生产工艺过程　保健食品生产企业质量检测部门依据质量标准，对保健食品的原料、辅料、半成品进行检测，确定工艺参数、工艺规程要求以控制生产过程，减少产品不合格率，从而降低生产经济损失。

2. 保证保健食品企业产品的质量　保健食品生产企业质量检测部门依据质量标准，对半成品、成品进行检测，可以保证出厂产品的质量。

3. 政府管理部门对保健食品进行质量监督检查　第三方或政府依法成立的检测部门根据食品安全监督管理部门的要求，对生产企业生产的产品、市场流通的保健食品或进出口的保健食品进行检测，为政府行政管理部门监督管理提供技术依据。

4. 对进出口保健食品的质量把关　在进出口保健食品的贸易中，保健食品检验机构需要根据国际标准或者供货合同，对进出口保健食品进行检验，以对产品质量把关。

5. 为解决保健食品突发不良事件或质量纠纷提供技术依据　当发生保健食品突发不良事件或者质量纠纷时，第三方检验机构或法定的检测机构可根据有关机构委托，对有争议的保健食品做出仲裁检验，为解决保健食品不良事件或质量纠纷提供技术支撑。

第二节　保健食品检验的内容

保健食品的种类多、成分复杂，检测目的不同，检测的项目和要求也各有不同，有的侧重于功能性成分的检测，有的侧重于添加剂的检测，有的侧重于有毒有害物质的检测，有的侧重于微生物的检测。因此，保健食品检测的范围很广，但根据检测标准来看，保健食品的质量主要从感官、理化、卫生等三个方面来进行，因此保健食品检测的内容也应主要围绕这三个方面。

扫码"学一学"

一、保健食品的感官检验

保健食品的感官检验主要依靠检验者的感觉器官对保健食品的色泽、气味、状态等质量特性进行判定和客观评价。感官检验具有简单易行、快速灵敏、不需要特殊器具等特点，是一种直接、快速，而且十分有效的检验方法。通过对保健食品的感官检验，也有助于保健食品的品质判定，因此在保健食品分析与检测技术中，感官检验占有很重要的地位。

二、保健食品的理化检验

保健食品理化检验主要是利用物理、化学以及仪器分析等分析方法对保健食品中各种营养强化剂（如脂肪、蛋白质、氨基酸、微生物、矿物质等）、添加剂、污染物等进行检验。

保健食品在生产、加工、包装、运输、储藏等各个环节中，常会引入、产生某些对人体有害的物质，或受到某些对人体有害物质的污染，如农药残留、重金属、残留溶剂等。因此，对保健食品中有毒有害物质的检测具有非常重要的意义。

功效成分是指保健食品中发挥特定保健作用的有效成分，包括功能性碳水化合物、膳食纤维、低聚糖、维生素、矿物质等。对保健食品中功效成分进行检验，可指导人们合理使用保健食品，同时指导保健食品工艺配方的确定或生产工艺改变。

营养成分是指保健食品中发挥营养作用的成分，如蛋白质、脂肪、维生素等，对保健食品中营养成分进行检验，可指导人们合理使用保健食品，同时指导保健食品工艺配方的确定或生产工艺改变。

添加剂是指保健食品生产、加工或者保存过程中，为增强保健食品的色、香、味或为防止保健食品腐败变质而添加的物质。保健食品添加剂多是化学合成的，如果使用的品种或数量不当，将会严重影响保健食品的质量，甚至危害服用者的健康。因此，对保健食品添加剂的检测和控制具有十分重要的意义。

三、保健食品的微生物检验

微生物广泛地分布于自然界中。绝大多数微生物对人体是有益的，有些甚至是必需的，但有些微生物会造成保健食品腐败变质，病原性微生物还会引起人体疾病。因此，为客观揭示保健食品的卫生状况，保障保健食品安全，必须对保健食品微生物指标进行检验。

第三节　保健食品检验的常用方法

保健食品因成分复杂多样，检测方法也因检测成分的不同而不同，根据原理、方法学的不同，主要分为以下七种。

一、感官分析法

外观是指对保健食品的色泽和外表感观的规定，包括保健食品的聚集状态、晶型、色泽以及臭味等特征，在一定程度上可以反映保健食品的内在质量。各种保健食品都具有各自的感官特征，如色、香、味等。感官分析法是保健食品外观质量检测的主要方法之一，在保健食品质量分析中占有重要地位，应用也非常广泛。

二、物理分析法

物理分析法是根据保健食品的某些物理指标，如相对密度、馏程、熔点、凝点、比旋度、折光率、黏度、酸值、皂化值、碘值、吸收系数等，与保健食品的组成成分及其含量之间的关系进行检测，进而判断保健食品的纯度。

扫码"学一学"

三、化学分析法

化学分析法是根据保健食品组成成分与化学试剂在一定条件下发生化学反应产生的外观现象进行鉴别，如溶液颜色的改变、沉淀的产生或溶解、荧光的出现或消失、特殊气体的生成等，从而做出定性与定量分析结论。化学分析法使用的仪器简单，在常量分析范围内结果较准确，计算方便，是常规分析的主要方法。

化学分析法特点：有一定的灵敏度和专属性，且所用仪器简单，操作简便易行。

化学分析法条件：发生化学反应时易受溶液浓度、酸碱性、温度、反应介质、反应时间和干扰物质等的影响。

四、光谱法

目前光谱法常见的主要有紫外–可见分光光度法、红外分光光度法、原子吸收分光光度法。

1. 紫外–可见分光光度法（UV–Vis） 在 190～800 nm 波长范围内测定物质的吸光度，用于鉴别、杂质检查和定量测定的方法。当光穿过被测物质溶液时，物质对光的吸收程度随光波长的不同而变化。因此，通过测定物质在不同波长处的吸光度，并绘制其吸光度与波长的关系图即可得到被测物质的吸收光谱。物质的吸收光谱具有与其结构相关的特征性。

2. 红外分光光度法（IR） 又称红外吸收光谱法。物质分子吸收一定波长的光，引起分子振动和转动能级跃迁，产生的吸收光谱一般在 2.5～25 nm 的中红外光区，称为红外分子吸收光谱，简称红外光谱。利用红外光谱可对物质进行定性分析或定量分析，由于物质分子发生振动和转动能级跃迁所需的能量较低，所以几乎所有的有机化合物在红外光区均有吸收。物质分子中不同官能团，在发生振动和转动能级跃迁时所需的能量各不相同，产生的吸收谱带的波长位置就是鉴定分子中官能团特征的依据，其吸收强度则是定量检测的依据。IR 分为标准图谱对照法或对照品比较法，可以测定固体、液体或气体样品，以固体样品最为常用。因其特征性强，所以应用范围广。

3. 原子吸收分光光度法（AAS） 又名原子吸收光谱法。其原理为：从光源辐射出的待测元素的特征光通过试样的原子蒸气时，被蒸气中待测元素的基态原子所吸收，由辐射光强度减弱的程度，可以求出试样中待测元素的含量。它由光源、原子化器、单色器、背景校正系统、自动进样系统和检测系统等组成。原子吸收分光光度法的测量对象是呈原子状态的金属元素和部分非金属元素，可分为标准曲线法和标准加入法。

五、色谱法

色谱法是指利用样品混合物中各组分理化性质的差异，各组分不同程度地分配到互不相溶的两相中。当两相相对运动时，各组分在两相中反复多次重新分配，从而使混合物得到分离。

（一）色谱法的优点

1. 分离效率高 几十种甚至上百种性质类似的化合物可在同一根色谱柱上得到分离，能解决许多其他分析方法无法解决的复杂样品的分析。

2. 分析速度快 一般而言，色谱法可在几分钟至几十分钟内完成一个复杂样品的分析。

3. 检测灵敏度高 随着信号处理和检测器制作技术的进步，不经过预浓缩可以直接检测 10^{-9} g 数量级的微量物质。如采用预浓缩技术，检测下限可以达到 10^{-12} g 数量级。

4. 样品用量少 一次分析通常只需几微升的溶液样品。

5. 选择性好 通过选择合适的分离模式和检测方法，多组分同时分析时，可以在很短的时间内（20 分钟左右），实现几十种成分的同时分离与定量。

6. 易于自动化 现在的色谱仪器已经可以实现从进样到数据处理的全自动化操作。

（二）色谱法的分类及应用范围

色谱法主要分为薄层色谱法（TLC）、高效液相色谱法（HPLC）、气相色谱法（GC）、纸色谱法、电泳法等。

气相色谱只适合分析较易挥发、化学性质稳定的有机化合物，而 HPLC 则适合于分析用气相色谱难以分析的物质，如挥发性差、极性强、具有生物活性、热稳定性差的物质。

六、微生物测定法

微生物测定法是指在规定条件下选用适当微生物测定某物质含量的方法。被测定的物质可以是某些生物生长所必需的维生素、氨基酸等，也可以是抑制某些微生物生长的抗生素、农药等。常使用的有液体稀释法和固体平板扩散法。

七、生物学法

生物学法是利用微生物或实验动物进行分析的方法。主要用于含有抗生素、生化药物及中药的保健食品。

第四节 保健食品现代检验技术进展介绍

未来保健食品竞争的核心必将以科技为中心，随着生物工程技术、膜分离技术、超临界二氧化碳萃取技术、微囊技术、低温技术、重组技术等应用的发展，检验检测技术也将面临新的挑战，如样品处理新技术、新型仪器设备技术应用等。以下对检验检测发展的方向进行简述。

一、样品处理新技术

随着新科技手段的应用，样品变得越来越复杂，尤其是样品处理技术选用是否恰当，将直接关系到最后检验检测结果。

20 世纪末，现代科学技术和仪器分析技术的发展推动了样品处理新技术的发展。这些新技术自动化程度高、速度快、效率高、成本低、劳动强度小、环境污染小，有利于人员健康和环境保护，且方法准确可靠。

1. 微波消解 利用微波加热封闭容器中的消解液，通过分子极化和离子导电两个效应对物质直接加热，促使样品表层快速破裂，产生新的表面与溶剂作用，在高温增压条件下使各种样品快速消解为无机物的方法。常使用硝酸，或硝酸＋过氧化氢作为消解液。微波消解法的优点是样品消解快速、完全，挥发性元素损失小，试剂消耗少，污染小，空白低

扫码"学一学"

等，且可同时消解几十个样品，操作简便。需特别注意的是，试样中若含有甘油、高氯酸、高氯酸盐等易与硝酸加热发生爆炸的成分，应进行充分的预消解后再使用微波消解，或直接选用其他消解方法。目前，微波消解法因优点显著，已得到越来越多的应用和推广。

2. 凝胶渗透色谱 利用多孔性物质按照分子体积大小进行分离。当样品溶液流经色谱柱（凝胶颗粒）时，较大的分子（体积大于凝胶孔隙）被排除在粒子的小孔之外，只能从粒子间的间隙通过，速率较快；而较小的分子可以进入粒子中的小孔，通过的速率较慢；中等体积的分子可以渗入较大的孔隙中，但受到较小孔隙的排阻，介于上述两种情况之间。各组分根据相对分子质量被分离，相对分子质量大的淋洗时间短，相对分子质量小的淋洗时间长。通过收集不同淋洗时间段的溶液，可达到纯化、富集待测组分的目的。凝胶渗透色谱不能分辨分子大小相近的化合物，相对分子质量相差需在10%以上才能得到分离。目前，凝胶渗透色谱多用于农药残留测定的样品处理和高聚物分子量分布的测定，也常用于对油脂的净化。

3. 固相萃取 由液固萃取和液相色谱技术相结合发展而来的一项样品处理技术。以固定相（固体）吸附样品溶液中的目标成分，与样品中基质和干扰物分离，再选用适当强度溶剂冲去杂质，然后用少量溶剂迅速洗脱被测物质，从而达到快速分离与富集待测组分的目的。也可选择性吸附干扰杂质，而让被测物质流出；或同时吸附杂质和被测物质，再使用合适的溶剂选择性洗脱被测物质。与传统的液 – 液萃取相比，固相萃取不易乳化，能减少溶剂用量，高效省时，选择性好。根据目标成分的性质，市场上已开发出多种不同固定相填料和不同规格的商品型固相萃取小柱，并研制出全自动固相萃取仪，很大程度上提高了工作效率，广泛用于保健食品中农药残留、真菌毒素残留及其他污染物的分析，也可替代传统的柱色谱法。固相萃取的基本操作步骤如图1－1所示。

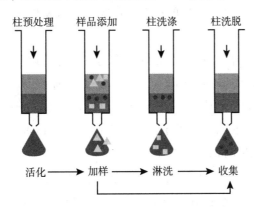

图1－1 固相萃取的基本操作步骤

4. 固相微萃取 根据有机物与溶剂之间相似相溶的原理，利用石英纤维表面的色谱固定相对分析组分的吸附作用，将组分从试样基质中萃取出来，并逐渐富集，完成试样前处理过程。在进样过程中，利用高温载气（GC 法）或流动相（HPLC、HPCE 法）将吸附的组分解吸下来，由色谱仪来进行分析。具有简单、经济、易于自动化的优点，目前常用于挥发、半挥发性物质的测定，如顶空萃取。

5. 超临界提取技术 利用超临界流体的溶解能力与其密度的关系，即利用压力和温度对超临界流体溶解能力的影响而进行。在超临界状态下，将超临界流体与待分离的物质接触，使其有选择性地把极性大小、沸点高低和分子量大小不同的成分依次萃取出来，然后借助减压、升温的方法使超临界流体变成普通气体，被萃取物质则完全或基本析出，从而达到分离提纯的目的。

该方法常用于植物组织中各种精油的提取。相比传统提取方法，超临界提取技术具有以下几个特点：①提取温度低，蒸发温度也低，可有效地保护易氧化成分或易挥发成分；②保持 CO_2 液化需施加较大压力，因此溶媒可被压入细胞内，因而提取完全；③CO_2 蒸发后可继续使用，溶剂损耗少；④CO_2 无毒副作用，又不易残存在提取物中，这是其他有机溶媒不可比拟的优点。

二、新型检验检测技术

随着科学技术的不断发展，为满足保健食品检验检测的需要，越来越多新型科学技术被应用到保健食品安全检测之中，目前常见的有如下几种方法。

1. 液质联用（HPLC – MS） 又叫液相色谱 – 质谱联用技术。它以液相色谱作为分离系统，质谱为检测系统。样品在质谱部分和流动相分离，被离子化后，经质谱的质量分析器将离子碎片按质量数分开，经检测器得到质谱图。液质联用体现了色谱和质谱优势的互补，将色谱对复杂样品的高分离能力，与 MS 具有高选择性、高灵敏度以及能够提供相对分子质量与结构信息的优点结合起来，在药物、保健食品、食品和环境分析等许多领域得到了广泛的应用。

2. 气质联用（GC – MS） 气相色谱 – 质谱联用技术的简称。将气相色谱仪器（GC）与质谱仪（MS）通过适当接口相结合，借助计算机技术，进行联用分析的技术。GC – MS 是最成熟的两谱联用技术。

3. 高效毛细管电泳（HPCE） 近年来发展起来的一种分离、分析技术。它是凝胶电泳技术的发展，也是高效液相色谱分析的补充。该技术可分析的成分小至有机离子，大至生物大分子如蛋白质、核酸等。

分离分析类型根据其分离样本的原理设计不同主要分为以下几种类型：①毛细管区带电泳（capillary zoneelectrophoresis，CZE）；②毛细管等速电泳（capillary chromatography，CITP）；③毛细管胶速电动色谱或胶束电动毛细管色谱（micellar electrokinetic capillary chromatography，MECC）；④毛细管凝胶电泳（capillary gelelectrophoresis，CGE）；⑤毛细管等电聚焦（capillary isoelectricfocusing，CIEF）。

4. 核磁共振（NMR） 核磁共振波谱学是光谱学的一个分支，主要由原子核的自旋运动引起。不同的原子核，自旋运动的情况不同，它们可以用核的自旋量子数来表示，自旋量子数与原子的质量数和原子序数之间存在一定的关系。NMR 磁矩不为零的原子核，在外磁场作用下自旋能级发生塞曼分裂，共振吸收某一定频率的射频辐射的物理过程。其共振频率在射频波段，相应的跃迁则是核自旋在核塞曼能级上的跃迁。

第五节 《保健食品良好生产规范》简介

参照国际通用的《药品生产质量管理规范》及其认证制度，根据保健食品的特点，制定并实施《保健食品良好生产规范》（保健食品 GMP），是解决保健食品生产质量管理问题的最佳方法。《保健食品 GMP》是保健食品优良品质和安全卫生的可靠保证体系，由国家

扫码"学一学"

食品药品监督管理局于 2010 年 10 月 22 日发布。

我国《保健食品 GMP》与国际上 GMP 的制定目的、原则相一致，因此，该规范也可以称为我国的保健食品 GMP，其与 GMP 的大致框架类似。《保健食品 GMP》主要包括以下内容。

一、基本要求

《保健食品 GMP》具有较好的实用性和可操作性，它与以往国家制定的十余项食品企业卫生规范有所不同，后者主要以防止污染为主要目的，主要针对卫生操作方面，而《保健食品 GMP》的内容则包括保健食品生产过程的卫生要求和质量规格要求，既包括生产过程的质量控制又包括污染控制。

《保健食品 GMP》的主要内容包括厂房设计与设施、原料、生产过程、品质管理、成品储存与运输、人员、卫生管理等 7 部分内容，其实现质量控制的基本要求如下。

1. 所有生产加工应有明确的规定，必须根据产品和工艺特点进行系统的检查，并证明能够按照产品质量要求、工艺要求、规格标准进行生产。

2. 对生产加工的关键环节和可能的影响因素进行验证，并提前制定必要的控制措施。

3. 提供所有必需的设施条件，包括：①资质合格并经过培训的人员；②适宜的厂房和空间；③合适的设备和设施；④正确的物料、容器和标签；⑤经过审核的规程文本、制度文本和记录文本；⑥合适的储存和运输条件、设备。

4. 正确的生产指令和质量控制。

5. 符合规范要求的生产操作、储存、运输过程。

6. 原料、中间产品、终产品的数量和质量控制。

7. 保存的样品、生产记录。

二、设计与设施

1. 原则 《保健食品 GMP》中规定的设计与设施的原则是厂房和设备的设计、空间及结构，有利于按照规范要求的质量控制要求实施控制。厂房应避免外界和交叉污染以及其他因素对产品的不良影响，使产生差错的危险降至最低。

2. 重点要求 保健食品的生产条件必须达到我国《食品厂通用卫生规范》的要求，在此基础上，根据保健食品生产的条件，规定了不同保健食品的生产所必须具备的硬件设施。本部分的重点内容是洁净厂房和与之相应的辅助设施，洁净厂房的级别要求参考了我国药品规范和国际上通用的洁净要求，同时，根据是否有终末消毒环节，提出了不同洁净级别的要求。

三、原料要求

1. 原则 保健食品功效成分的含量和作用是否达到应有的要求，很大程度上取决于原料的质量和控制。原料必须与要求的规格标准相一致；所有原料都必须按规定的内容进行检查。

2. 重点要求 该部分重点从原料采购、储存、投料等环节的鉴定、验收、发放和使用等方面的管理制度着手，严格控制原料的来源、产地、质量规格和卫生要求。要求原料从进货到使用前的所有处理过程必须由责任人按照规程进行，以保持其原有的品质，免受污染。对各工序应进行记录。购买的中间产品和待包装的产品用作原料的，进货时视同原料进行管理。

四、生产过程

1. 原则　生产操作应严格按规定的规程进行，避免盲目性、随意性。各工序有专门的岗位规程，流程应按产品数量、质量规格的要求层层验收合格后传递，以确保预定的要求。

2. 重点要求　生产过程包括原辅料的领取和投料，配料与加工，包装容器的洗涤、灭菌和保洁，产品杀菌，灌装或装填，包装，标识等内容。《保健食品GMP》对保健食品生产过程的要求包括制定标准操作规程、生产人员、设备、物料运转、防止交叉污染、装填和灌装环境及成品包装条件等内容。另外，针对某些保健食品生产工艺落后，达不到机械化生产，因而不能保证每批次生产的质量和卫生达到要求等问题，明确规定了在重点控制的环节应采用机械化操作。为保证规范的正确执行，还规定了对质量和卫生安全方面的关键控制环节应制定量化操作标准和记录核对制度。

五、品质管理

1. 原则　对取样、规格标准、检验以及各相关机构的规程进行制定和检查。确定各环节执行规程的标准是否一致。品质管理与生产过程对于保证GMP的完整实施同样重要，品质管理机构与生产机构相互配合和监督，构成GMP的完整内容。品质管理是GMP的核心所在。

2. 重点要求　品质管理的内容包括：建立独立的、与生产能力相适应的品质管理机构；制定品质管理制度，品质管理制度必须与所有生产过程的内容相对应。同一般食品厂生产规范相比，《保健食品生产通用技术规范》对食品企业的品质管理提出了更高的要求，明确划定了品质管理部门的权利和责任，对质量检验所需的设备条件和人员条件、检验要求也做出了具体的规定。

六、卫生管理

1. 原则　工厂的一般卫生管理可等同于管理良好的食品企业，以达到《食品厂通用卫生规范》要求。

2. 重点要求　内容包括除虫、灭害、有毒有害处理、饲养动物、污水污物处理、副产品处理等。《食品厂通用卫生规范》对食品厂的卫生设施和管理等方面已经做了详细的规定，《保健食品GMP》要求的卫生管理内容按照《食品厂通用卫生规范》执行。

七、人员

1. 原则　有足够、合格的人员，能承担起保证生产出符合标准要求的保健食品的任务。根据不同人员所发挥的不同作用，对企业技术负责人、生产和质管部门负责人、专职技术人员、质检人员、一般从业人员提出不同的要求。

2. 重点要求　考虑到保健食品的生产经营比一般的食品生产有更高的技术和质量要求，《保健食品GMP》对保健食品企业的技术负责人、品质管理部门负责人及技术人员、生产人员提出了不同的资格要求。应当注意到，由于所发挥的具体作用和在质量控制体系中承担的职责不同，这些人员不应当互相替代，不同职责人员应当依据相应的授权，承担自己应负的生产或品质管理责任。

岗位培训和正确执行是规范执行好坏的基础。《保健食品GMP》特别规定，从业人员上岗前必须经过食品法规教育及相应技术培训，企业应建立培训及考核档案，企业负责人及生产、品质管理部门负责人还应接受省级以上监督部门有关保健食品的专业培训，并取得合格证书。

八、成品储存与运输

1. 原则 按照规定的条件进行储存和运输，保证储存时间、温度不对产品构成不良影响。应保留能够反映产品批次、销售对象、数量的记录，以便核对。

2. 重点要求 规定了保健食品在出厂前后的质量和卫生保证措施。

拓展阅读

保健食品禁用物质

八角莲、八里麻、千金子、土青木香、山莨菪、川乌、广防己、马桑叶、马钱子、六角莲、天仙子、巴豆、水银、长春花、甘遂、生天南星、生半夏、生白附子、生狼毒、白降丹、石蒜、关木通、农吉痢、夹竹桃、朱砂、米壳（罂粟壳）、红升丹、红豆杉、红茴香、红粉、羊角拗、羊踯躅、丽江山慈姑、京大戟、昆明山海棠、河豚、闹羊花、青娘虫、鱼藤、洋地黄、洋金花、牵牛子、砒石（白砒、红砒、砒霜）、草乌、香加皮（杠柳皮）、骆驼蓬、鬼臼、莽草、铁棒槌、铃兰、雪上一枝蒿、黄花夹竹桃、斑蝥、硫黄、雄黄、雷公藤、颠茄、藜芦、蟾酥。

思考题

1. 保健食品检验基本内容有哪些？
2. 简述保健食品分析与检测的方法。
3. 《保健食品GMP》基本内容有哪些？

（吴美香）

扫码"练一练"

第二章　保健食品检验的基础知识

扫码"学一学"

第一节　保健食品检验的标准介绍

👉 案例讨论

案例：李某，24岁，从网上购得某品牌减肥茶，连续服用1个月后，开始出现厌食、头晕、乏力、嗜睡等症状，于是他向监督管理部门投诉。

问题：1. 该品牌减肥茶是否为保健食品，如何辨识？
　　　　2. 相关检验部门在检验过程中应注意哪些问题？
　　　　3. 若该品牌减肥茶中检出了违禁成分，应按哪项法规进行处置？
　　　　4. 消费者向监督管理部门投诉时，应提供哪些相关材料？

保健食品检验标准是衡量、检验、确定某种保健食品是否合格的法律依据，在保健食品质量管理中具有重要的作用。跟药品一样，保健食品有自己独立、完整的质量标准。保健食品标准是由各个层级的标准共同建立的标准体系。

一、国家标准

保健食品涉及的国家标准主要有 GB 16740—2014《食品安全国家标准 保健食品》。该标准中的技术要求主要包括感官要求、理化指标、金属污染物（铅、总砷、总汞）、真菌毒素、微生物（菌落总数、大肠菌群、霉菌和酵母、金黄色葡萄球菌、沙门菌）、食品添加剂和营养强化剂等内容，但只对金属污染物和微生物等安全性指标做出了具体的限度规定并明确了检验方法。GB 16740—2014 中引用的检验方法均为食品安全国家标准，包括

GB 4789.2—2016《食品安全国家标准 食品微生物学检验 菌落总数测定》、GB 4789.10—2016《食品安全国家标准 食品微生物学检验 金黄色葡萄球菌检验》、GB 5009.12—2017《食品安全国家标准 食品中铅的测定》等。

此外，GB 15193.1—2014《食品安全国家标准 食品安全性毒理学评价程序》及 GB 15193.26—2015《食品安全国家标准 慢性毒性试验》等标准，规定了食品毒理评价的相关方法。

二、部门规章及规范性文件

部门规章及规范性文件主要包括原卫生部印发的《保健食品检验与评价技术规范》（2003 年版）和原国家食品药品监督管理总局印发的针对非法添加化学药物的补充检验方法。《保健食品检验与评价技术规范》（2003 年版）主要包括保健食品功能学评价程序与检验方法规范、保健食品安全性毒理学评价程序和检验方法规范、保健食品功效成分及卫生指标检验规范。保健食品功效或标志性成分的检验方法大多引自该规范。2018 年 6 月，国家卫生健康委员会公布了第三批失效文件，其中包含《保健食品检验与评价技术规范》（2003 年版），这意味着该规范不能再作为法定检验标准。新版本的《保健食品检验与评价技术规范》还在酝酿中，暂未出台。

《国家食品药品监督管理局药品检验补充检验方法和检验项目批准件》对增强免疫力、缓解体力疲劳类、辅助降血糖类、辅助降血脂类、辅助降血压类、减肥类、改善睡眠类等七类保健食品中的非法添加药物成分建立了检验标准。这些补充检验方法最初只针对中成药中的非法添加，后期适用范围将扩大至保健食品和普通食品。随着保健食品非法添加行为的不断变化，相关补充检验方法也在不断更新。

此外，为加强保健食品准入管理，提高产品质量，原国家食品药品监督管理总局发布了《关于印发抗氧化功能评价方法等 9 个保健功能评价方法的通知》，对抗氧化、对胃黏膜损伤有辅助保护、辅助降血糖、缓解视疲劳、改善缺铁性贫血、辅助降血脂、促进排铅、减肥和清咽等 9 个功能类别的保健食品重新制定了更为严格、合理的功能评价方法。

三、产品技术要求

产品技术要求为保健食品新产品注册申请和产品再注册时由企业起草申报，经注册检验机构进行样品检验和复核检验，国家市场监督管理总局审核后批准的产品标准。产品技术要求是保健食品批准证书内容的一部分，其有效期为 5 年，5 年后应该再注册。《关于印发保健食品产品技术要求规范的通知》对产品的技术要求进行了统一规范，包括配方、生产工艺、感官要求、鉴别、理化指标、微生物指标、功效或标志性成分、保健功能、适宜人群、不适宜人群、食用量及食用方法、规格等内容，并规定了检验方法和限度。

四、备案企业标准

《中华人民共和国食品安全法》第三十条规定："国家鼓励食品生产企业制定严于食品安全国家标准或者地方标准的企业标准，在本企业适用，并报省、自治区、直辖市人民政府卫生行政部门备案"。由于保健食品的特殊性，GB 16740—2014《食品安全国家标准 保健食品》只有部分通用指标，所以每个产品的性状、理化、功效或标志性成分均需企业根据产品的特性制定企业标准，规定各检测指标的检验方法和限度。

为规范食品安全企业标准备案，原卫生部印发了《食品安全企业标准备案办法》，部分省市还专门针对保健食品制定了企业标准备案办法，要求生产前向相关部门进行企业标准备案。企业标准备案有效期一般为3年。备案企业标准的主要内容为：产品名称、范围、规范性引用文件、技术要求、试验方法、检验规则、标志、包装、运输、储存、规范性附录等。备案企业标准中的技术要求与注册时的产品技术要求内容基本一致，包括原辅料要求、感官要求、功效或标志性成分、理化指标、微生物指标、净含量及允许负偏差等。备案企业标准是产品质量安全的技术保障，也是目前相关监督管理部门开展保健食品监督抽检的重要依据。

> **≡ 拓展阅读**
>
> ### 保健食品产品技术要求规范
>
> （国家食品药品监督管理局 2010 年 10 月 22 日发布）
>
> 一、根据《中华人民共和国食品安全法》及其实施条例对保健食品实行严格监管的要求，为进一步规范保健食品行政许可工作，提高保健食品质量安全控制水平，加强保健食品生产经营监督，保障消费者食用安全，制定本规范。
>
> 二、国家食品药品监督管理局负责批准保健食品产品技术要求，并监督其执行。
>
> 三、保健食品产品技术要求应当符合国家有关法律法规、标准规范。
>
> 四、保健食品产品技术要求文本格式应当包括产品名称、配方、生产工艺、感官要求、鉴别、理化指标、微生物指标、功效或标志性成分含量测定、保健功能、适宜人群、不适宜人群、食用量及食用方法、规格、贮藏、保质期等序列，并按照保健食品产品技术要求编制指南编制。
>
> 五、保健食品产品技术要求是产品质量安全的技术保障。生产企业应当按照保健食品产品技术要求组织生产经营，食品药品监督管理部门应当将保健食品产品技术要求作为开展监督执法的重要依据。
>
> 六、保健食品产品技术要求适用于保健食品新产品的注册申请和产品的再注册。
>
> 七、保健食品产品技术要求编号按照 BJ＋G（或 J）＋年份＋0000 编制。"BJ"表示"保健食品"，"G（或 J）"表示国产或进口，"年份＋0000"为保健食品批准文号的年份和顺序号。
>
> 八、本规范自 2011 年 2 月 1 日起施行。

第二节 保健食品检验的基本程序

扫码"学一学"

☞ 案例讨论

案例： 某品牌保健食品宣称产品配方中含冬虫夏草，其企业标准中规定功效成分虫草酸（D－甘露糖醇）含量应不低于 0.2 g/100 mL，采用滴定法测定功效成分的含量。按照企业标准检验，该样品中虫草酸（D－甘露糖醇）含量为 0.3 g/100 mL。

问题： 1. 按照企业标准判定，该保健食品是否合格？

2. 企业标准选择虫草酸（D－甘露糖醇）作为产品的功效成分指标，并采用滴定法检测其含量，是否合理？

3. 冬虫夏草能否作为原料用于保健食品生产？

一、保健食品的收检

样品收发员在接收样品时，应根据客户的检验需求，认真检查所受理的样品及资料的完整性，查看样品状态及样品信息是否与委托书相符，查看样品数量是否满足要求，查看样品有无混批的现象等。对于监督抽检样品，应检查抽样封签是否完整、有效，运输过程中有无损坏，签名是否清晰等。查看抽样单，核对样品信息是否与抽样单一致，必要时会同抽样人员进行验收。若发现样品出现异常或偏离等情况，收样人员应及时与抽样人或客户协调解决，并记录解决的过程。

收样后，收样人员对样品进行唯一性标识编号，以保证样品识别的唯一性和可追溯性，并按样品处置程序进行预留样、录入信息、打印检验卡、对样品加贴标识。样品的收样量应为一次全检量的 3 倍，其中 1/3 作为留样，用于复验等情况，封签后由收样部门专人管理。其余样品交检验部门作为正常检验检测和复试用，检验检测和复试后剩余的样品，封签后交收样部门专人管理。

二、保健食品的检验

检验工作一般分为检验准备、检验过程、复试与复核、结果审核等步骤。

1. 检验准备　检验部门在接收样品时应核对样品数量和包装的完整性，核对样品的名称、生产企业、规格、批号、有效期、检验目的等信息是否与检验卡一致。检验部门负责标准方法的确认，优先选用现行有效的质量标准。

2. 检验过程　检验部门应根据样品包装和数量合理分配和使用样品，最大限度地减少样品的损耗量。样品应由具备上岗资格的专业技术人员检验，见习期人员、进修或实习人员不得独立出具检验检测数据。检验人员应严格按照质量标准和有关方法及操作规程进行检验，并按相关要求书写检验记录。在检验检测过程中出现特殊情况，原质量标准不能达到检验要求时，需进行偏离，经相关程序审批后实施，必要时还必须征得客户的同意。

检验分析时，除另有规定外，对每一批供试品。定性分析检验一般取 1 份样品进行实验，定量分析检验一般取 2 份样品进行实验。采用精密度较差的测定法进行分析时，应适当增加平行测定的次数。对于样本基质或试剂可能存在干扰的项目，需增加空白实验。对于重金属、农药残留、真菌毒素等痕量物质检测，或其他处理过程中可能检测成分有较大损失的项目，需增加随行质控样一起检测。质控样优先选择国家已有定值的物质（基准物或基准工作对照），基准物的基质需与待测样品相同或接近。如保健食品重金属含量分析，常选择国家标准物质中心提供的茶树叶基准物或菠菜基准物等，这些基准物的证书给出了铅、砷、汞等十几种元素的含量及不确定度结果。处理待检样品时，可取 1～2 份基准物一起处理和检测，若基准物的检测结果在证书上相应元素的不确定度范围内，则说明检测结果是较准确、可靠的。对于找不到合适基准物的样品和项目，也可以采用添加回收的方式作为质控样，其回收率一般应满足 GB/T 27404—2008《实验室质量控制规范 食品理化检测》附录 F 的回收率范围，或参考该实验依据的检验标准所附的回收率。若质控样的测定结果超出了标称值/理论值的含量范围，则本轮试验很可能存在问题，一起测试的所有样品的检测结果均不可信，需重新测试。

检验过程中，检验人员应按原始记录要求及时如实记录，严禁事先记录、补记或转抄。记录应原始、真实，内容完整、齐全，书写清晰、整洁。实验中用到的标准物质和仪器设备，均应完成相应的使用登记，以便溯源。实验中若遇到异常现象，或检验方法出现了偏离，应详细记录，并鲜明标出，以引起复核人和结果审核人的注意，重点审核。如发现记录有误，可用单线划去并保持原有的字迹可辨，不得擦抹涂改，并应在修改处签名或盖章，以示负责。实验结果，无论成败（包括复试），均应详细记录、保存。对废弃的数据或失败的实验，应及时分析其可能的原因，并在原始记录上注明。

3. 复试与复核 初次检验检测结果不符合规定的检品，检验者应考察该实验的各种影响因素，并进行复试。若仍不符合规定，则报请室负责人安排同级或上一级技术人员进行复试。原则上凡检验检测结果不符合规定的检品，除标准规定以一次检验检测结果为准的项目外，均应进行复试。对结果处在判断边缘的，也应按程序进行再复试处理。复试人员应独立操作，重新处理样品，所用试剂也应重新配制，注意更换所用的标准物质及试剂的生产厂家和批号，更换不同型号的仪器进行测试。也可选择其他检验方法对检验结果进行佐证，但最终出具的结果仍应使用按原标准检验得到的结果。

检验检测工作完成后（包括转检项目结果），由主检人员按相关要求书写检验卡和检验报告书底稿，交复核人员复核。复核人员对检验者提交的原始记录和检验检测报告书底稿进行全面复核，复核原始记录、计算公式、运算过程、检验检测报告书底稿填写等的正确性和规范性。

4. 结果审核 部门负责人对样品信息的准确性、依照标准检验的规范性、实验内容的完整性、计算结果的准确性和判断结论的合理性等进行审核并签名。审核后将签封后的剩余样品、审签后的检验卡、检验原始记录及所有相关资料一并交留样管理人员。

三、保健食品的留样

样品接收时，收样部门即对样品进行预留样，留样数量不得少于一次检验的用量。该样品用于复检，不能轻易调出，原则上留样量少于 2 个独立包装的不能挪为他用。如因特殊情况确实需要使用留样，必须严格按照实验室相关管理程序进行。

检验剩余样品由检验人员填写留样记录，注明唯一性标识编号、数量和留样日期，清点登记、签封后入库保存。留样室由专人管理，其他人不能随意出入，因特殊原因需要进入留样室的应与留样管理员一同进入。留样室的设备设施应符合样品规定的贮存条件。

保健食品的留样期限一般为自报告书签发之日起保存一年。不合格样品的留样应当保存至样品保质期结束。

留样人员对部门负责人送交的剩余样品进行留样处理并签字登记，检验检测报告书底稿和资料交业务部负责人进行审核签字。

四、保健食品的检验报告

业务部负责人对检验原始记录和检验检测报告书底稿进行再次审查，重点审查、确认报告判断结论的正确性，报告书格式和用语的规范性，附加说明的正确性，应发出的相关文件、复核说明的符合性，依据、结论、原始记录和检验检测报告书底稿的一致性。

业务部负责人审签后的检验检测报告书底稿等资料交授权签字人审核签字。授权签字人负责本检验机构结果报告的签发，对发出的结果报告的公正性、准确性、规范性负责。

授权签字人审核签字后的检验报告书底稿由报告书打印人员打印。业务管理部门负责授权签字人签发报告的存档；经过有关部门认证的检验检测部门根据本检验机构获准的检测能力范围，加盖检验专用章和计量认证专用标志以及实验室认可专用标识等。

第三节 保健食品样品处理方法

扫码"学一学"

☞**案例讨论**

　　案例：保健食品×××牌口服液需采用高效液相色谱法测定山梨酸的含量，该厂检验员按照标准的检验方法，取样后加水稀释，直接上机测定，结果连续进样多针后发现样品中山梨酸含量越来越低。取山梨酸标准溶液进样，其信号响应值明显偏低，且样品图中出现了其他杂峰。

　　问题：1. 信号响应值降低是由于什么原因？

　　　　　　2. 遇到上述问题如何解决？

一、保健食品样品处理的概念及意义

样品处理是指样品的制备和对样品中待测组分进行提取、净化、浓缩的过程。

保健食品的基质一般比较复杂，对测定的干扰较大，可能会掩盖待测组分；一些待测组分在样品中的含量很低，可能需要浓缩、富集后才能被检测到；另外，样品溶液中杂质太多，可能会在色谱柱前端累积，影响色谱分离效果，缩短色谱柱的使用寿命。因此，需要对样品进行处理，从而消除基质干扰，完整保留待测组分，保护仪器，提高方法的准确度、精密度、选择性和灵敏度。

建立样品处理方法之前，应先了解待测组分的物理化学性质，如溶解性、挥发性、稳定性和活性基团等，了解样品基质的物理、化学性质，再选择合适的处理方法将待测组分与样品基质分离；应了解待测组分的浓度范围和所使用检测仪器的检测低限，以确定合适的样品稀释倍数，使之在仪器的最佳检测范围内；还应了解样品处理过程中可能存在的交叉污染，避免出现假阳性和假阴性结果。

一般来说，多数含量高、无干扰的待测组分可采用简单的前处理后直接分析，某些含量低、存在干扰的待测组分还需净化、富集后才能检测。某些待测组分难以直接测定，需

进行衍生化处理后才能检测，如保健食品中牛磺酸、肌醇的测定等。

二、保健食品常用的处理方法

根据处理方式的不同，保健食品常用的处理方法一般分为溶剂提取法、化学分离法、蒸馏法、浓缩法、色谱分离法、有机物破坏法等。

1. 溶剂提取法 利用混合物中各种组分在某种溶剂中溶解度的不同而使混合物分离的方法，常使用浸提法和溶剂萃取法。

（1）浸提法 也称液固萃取法，利用适当的溶剂将固体样品中的某待测组分浸提出来。根据样品基质和待测组分的不同，提取溶剂可使用有机溶剂如乙醇、丙酮、石油醚等，也可使用无机溶剂如水、不同 pH 的盐溶液等。提取方式可分为震荡浸渍法、捣碎法、索氏提取法等。

浸提方法可分为冷浸法和热浸法。冷浸法一般耗时较长，推荐 48～72 小时，浸提中需注意不时混匀，加快待测组分从高浓度区域向低浓度区域扩散，以提高提取效率。热浸法常用加热回流的方式，增加待测物的溶解度和扩散速度，破坏溶质与基质之间的相互作用，降低溶剂的黏度（更好的穿透性）和降低表面张力（更好的润湿性），从而达到更好的提取效果。提取时间一般 4～6 小时即可。

（2）溶剂萃取法 也称液－液萃取法，利用待测组分在两种互不相溶的溶剂中分配系数的不同，使其从一种溶剂转移到另一种溶剂中，从而达到与其他组分分离的目的。萃取时待测组分在两相溶剂中分配系数相差越大，分离效率越高。如果在水提取液中的有效成分是亲脂性的物质，一般多用亲脂性有机溶剂，如石油醚或乙醚进行两相萃取；如果有效成分是偏于亲水性的物质，在亲脂性溶剂中难溶解，就需要改用弱亲脂性的溶剂，例如乙酸乙酯、正丁醇等。还可以在石油醚、乙醚中加入适量乙醇或甲醇以增大其亲水性。提取黄酮类成分时，多用乙酸乙酯和水进行两相萃取；提取皂苷类成分时，多用正丁醇和水进行两相萃取。不过，一般有机溶剂亲水性越大，与水进行两相萃取的效果就越不好，因为水相会保留部分待测组分，并且会使较多的亲水性杂质转移至有机相中，可能给后续测定带来较大的基质干扰。

2. 化学分离法 将试样中的待测组分与干扰物质彼此分离。常用的化学分离法有磺化法和皂化法、沉淀分离法、掩蔽法等。

（1）磺化法和皂化法 常用来除去样品中脂肪或处理油脂中其他成分，使本来疏水性的油脂变成亲水性化合物，从样品中分离出去。如保健食品中有机氯农药残留的检测中，试样经有机溶剂提取后，在提取溶液中加入硫酸，使有机杂质磺化后离心分层，可大大降低基质对测定的干扰。

（2）沉淀分离法 在试样中加入适当的沉淀剂，使被测组分沉淀下来或将干扰组分沉淀下来，再经过滤或离心把沉淀和母液分开。常用的沉淀剂有碱性硫酸铜、碱性醋酸铅等。

（3）掩蔽法 向样品中加入一种掩蔽剂使干扰成分仍在溶液中，而失去干扰作用。多用于络合滴定，钙元素测定也会使用氧化镧作为掩蔽剂，以去除其他元素对测定的干扰。

3. 蒸馏法 一种热力学的分离工艺。利用混合液体或液－固体系中各组分沸点不同，使低沸点组分蒸发，再冷凝以分离整个组分的单元操作过程，是蒸发和冷凝两种单元操作的联合。与其他的分离手段，如萃取、化学分离等相比，它的优点在于不需使用系统组分以外的其他溶剂，从而能保证不会引入新的杂质。

保健食品样品处理中，按照蒸馏方式的不同，可以分为常压蒸馏、减压蒸馏、水蒸气蒸馏等。常压蒸馏指在常压条件下操作的蒸馏过程；减压蒸馏（又称真空蒸馏）适用于高沸点物质和那些在常压蒸馏时未达到沸点就已受热分解、氧化或聚合的化合物的分离和提纯；水蒸气蒸馏系指将试样与水共同蒸馏，使挥发性成分随水蒸气一并馏出，经冷凝分取挥发性成分的浸提方法，适用于具有挥发性、能随水蒸气蒸馏而不被破坏、在水中稳定且难溶或不溶于水的待测组分的提取。在用凯氏定氮法测定蛋白质含量时，便会用到水蒸气蒸馏法，将消解后的样品试液中的氨蒸馏出来，并用硼酸溶液吸收。减压蒸馏法还常用于样品试液的浓缩、富集，如保健食品中 β - 胡萝卜素一般含量较低，且热稳定性差，需用减压蒸馏法回收溶剂，富集待测组分。

4. 色谱分离法　基于不同物质在由固定相和流动相构成的体系中具有不同的分配系数，在采用流动相洗脱过程中呈现不同保留时间，从而实现分离。按固定相材料及使用形式分类，可分为柱色谱、纸色谱、薄层色谱等。

（1）柱色谱　向玻璃管中填入固定相，被流动相溶剂浸润后在上方倒入待分离的溶液，再滴加流动相，通过待分离物质对固定相的吸附力不同，吸附力大的固着不动或移动缓慢，吸附力小的被流动相溶剂洗下来随流动相向下流动，从而实现分离。柱色谱法在保健食品处理过程中的使用很常见，如功效成分总皂苷、总黄酮等的测定，都会使用柱色谱法对试样溶液进行分离、纯化。

（2）纸色谱　以滤纸条为固定相，在纸条上点上待分离的混合溶液的样点，将纸条下端浸入流动相溶剂中悬挂，溶剂因为毛细作用会沿滤纸条上升，样点中的溶质从而被分离。

（3）薄层色谱　在玻璃板上涂以固定相涂层，然后点样，下端浸入溶剂，同样自下而上分离。纸色谱与薄层色谱在样品处理中应用较少，在一些试样的色素测定中可能会使用。

5. 有机物破坏法　将有机物在强氧化剂的作用下经长时间的高温处理，破坏其分子结构，有机物分解呈气态逸散，而使被测无机元素得以释放。保健食品中的无机元素，多数以结合的形式存在于有机物中，在分析和测定这些元素时，需将这些元素从有机物中游离出来，或者将有机物破坏后测定。

常用于有机物破坏的方法有干法灰化法、湿法消化法等。

（1）干法灰化法　将样品置于电炉上加热，使其中的有机物脱水、炭化、分解、氧化，再置于高温炉中灼烧灰化（500 ~ 600 ℃），直至残灰为白色或灰色为止，所得残渣即为无机成分。干法灰化法的优点是破坏有机物彻底，操作简单，试剂用量少，干扰小；缺点是不适宜于砷、汞等高温易挥发元素的检测。

（2）湿法消化法　在样品中加入氧化性强酸，并同时加热消煮，使有机物质分解氧化成 CO_2、水和各种气体，待测组分转化为无机物状态存在于消化液中。为加速氧化进行，可同时加入各种催化剂。常用的强氧化剂有浓硝酸、浓硫酸、高氯酸、高锰酸钾、过氧化氢等，一般配合使用，如硝酸 - 硫酸法、硝酸 - 高氯酸 - 硫酸法等。湿法消化法的优点是加热温度低，减少了金属元素的挥发；缺点是试剂用量大，空白值偏高，对实验的干扰大，且消化过程中会产生大量有害气体。

扫码"学一学"

第四节 保健食品检验结果分析与数据处理方法

👉案例讨论

案例： 某检验员采用原子荧光光谱法测定保健食品中砷的含量，其企业标准中规定砷的限量范围为"≤1.0 mg/kg"，此人检测完成后记录的 2 份平行样品的砷含量结果分别为 0.9 mg/kg 和 0.5 mg/kg，平均结果为 0.7 mg/kg，结论即为符合规定。

问题： 1. 该检验员的记录是否存在问题？

2. 该产品的砷含量能否直接判定为符合规定？

检验人员按照标准进行实验得到的原始数据，一般不能直接使用，需要先辨别哪些数据是可用的，哪些数据是可疑的。对于可疑的数据，应分析产生问题的原因，必要时应进行复试，重新验证结果。

一、数字修约

检验结果的有效数字不仅表示数值的大小，也反映测量的准确程度。保健食品检验的原始数据修约遵守 GB/T 8170—2008《数值修约规则与极限数值的表示和判定》的规定。测定值的运算和有效数字的修约应注意有效数字的位数，要与方法中测量仪器精度最低的有效数字的位数相同，并以此决定报告中测定值的有效数字的位数。一般最终结果之前的数据应多保留 1~2 位，最终结果再修约至检验标准中建议保留的位数，或者采用企业标准保留位数。

二、精密度

精密度是在一定条件下对同一被测物多次测定的结果与平均值偏离的程度，反映了随机误差的大小，常用标准差（S）或相对标准偏差（RSD）表示。

精密度还细分为重复性、日内精密度、日间精密度、重现性（再现性）等。重复性指在较短时间间隔内，在相同的操作条件下由同一分析人员测定所得结果的精密度。日内精密度指同一天测定的精密度，一般在 24 小时内每隔一定时间测定一次，至少测定 5 次，测得的结果再进行统计。日间精密度指不同天测定的精密度，一般应连续测定 3 天以上。重现性（再现性）指用同一种方法、同一样品，在不同实验室、不同时间，由不同分析人员各自测得的结果间相符合的程度。

三、准确度

准确度是用一个特定的分析程序所获得的分析结果与假定的或公认的真实值之间符合程度的度量。准确度是反映分析方法系统误差和随机误差的综合指标。

准确度通常采用加标回收率或测定标准参考物来进行评价。进行回收率实验时，对于功效成分的检测，对照加入量应与样品浓度相近，不得超过待测组分含量的 3 倍，且不能超过方法的线性范围；对于禁用组分，回收率应根据方法测定低限、两倍方法测定低限、十倍方法测定低限进行三水平实验，具体参照 GB/T 27404—2008《实验室质量控制规范 食品理化检测》关于回收率范围的规定。

用回收率评价准确度并非完全可靠，因为标准品与试样形态不同，与其他组分的关系不同。如保健食品中重金属元素含量的测定，如果试样未消解完全，从络合形态未完全转变为无机形态，即使加标回收率的结果很好，实际测得结果也是低于真实值的。另外，样品中某些组分对被测成分产生的干扰，有时很难靠回收率实验发现。

与回收率评价相比，选择与被测物样品基质相似的标准参考物同时试验得到的结果更加可靠。标准参考物应明确物质来源、批号、有效期、证书或者证明文件，最好选择国家权威机构提供的有证标准物质。目前，市场供应的标准参考物品种较少，使用标准参考物评价准确度受到局限，很多时候仍需采用回收率进行评价。

准确度及精密度验证结果应包括所有异常值，且准确度及精密度应综合评定，只看准确度结果或只看精密度结果，均可能导致最终结果出现问题。图 2-1 是甲、乙、丙、丁四人对同一样品进行的四次分析。

	1	2	3	4	平均
甲	29.46	29.52	29.51	29.39	29.47
乙	29.09	29.04	29.12	29.01	29.06
丙	28.31	28.05	28.49	28.65	28.37
丁	29.83	29.08	28.69	29.52	29.29

真实值：29.41

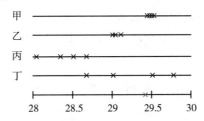

图 2-1 准确度及精密度应用举例

四个结果中，甲的精密度好、准确度不好；乙的都好；丙的都不好；丁的准确度好、精密度不好。因此只有准确度和精密度都符合要求，结果才是可信的。

四、检出限与定量限

检出限指对某一种特定的分析方法在给定的置信水平内可以从样品中检测到待测物质的最小浓度或最小量，即分析方法所能识别的极限。定量限指在限定误差能满足要求的前提下，用特定分析方法能准确地定量测定待测物质的最小浓度或量。不同的仪器方法，检出限与定量限的测定方式不同。

一般标准中给出的检出限和定量限，是标准起草时综合考虑了不同实验室给出的检出限与定量限而设定的最低值。实际检测中，未检出的指标应附有检出限，高于检出限但低于定量限的指标应报"≤ ＊＊＊"（小于定量限），且检出限与定量限的数值不得高于标准给出的数值。

五、校准曲线

校准曲线是在规定条件下，表示被测量值与仪器仪表实际测得值之间关系的曲线。校准曲线包括"校准曲线"和"工作曲线"。应用标准溶液制作校准曲线时，如果分析步骤与样品的分析步骤相比有某些省略时，则制作的校准曲线称为校准曲线。模拟被分析物质的成分，并进行与样品完全相同的分析处理，然后绘制的校准曲线称为工作曲线。某些组分测定时，样品基质可能会带来较大的干扰，常规方法难以排除，因此会选择不含目标成分的空白基质，添加系列浓度的标准物质作为工作曲线。

校准曲线应至少包含 5 个不同浓度点（不含空白浓度点），且应涵盖整个测定范围，最好包含最低定量限浓度点，对于宽范围测定体系，可考虑两条校准曲线，但是二者需有交叉。也可使用加权回归方程检查校准曲线的线性，此方法计算回归直线的斜率和截距，可使测定结果与理论值的相对偏差在不同的浓度区间内比较均衡。不可利用趋势线进行超范围计算。

对于校准曲线的要求，除相关系数 $r > 0.99$ 外，还要求经校准曲线反算浓度要在真实浓度的 $\pm 15\%$ 范围内，校准曲线最高点和最低点在 $\pm 20\%$ 范围内。校准曲线的浓度范围和浓度点一经确定，在每个分析批次中，不能为了达到以上对于线性的要求而对校准曲线各个组成点进行舍弃处理。只有当校准曲线中某点的反算浓度超过真实浓度的 15% 时，才能进行舍弃处理，并要保证舍弃后校准曲线至少包括 5 个点（空白点除外）。

六、日常检测与质量控制

日常检测中，所有样品都应在检测方法稳定性许可时间范围内完成所有检验。样品应进行两次平行测定，并控制相对偏差不大于 10%。一次测定中应包括标准品、空白样品、供试品以及质控样品（禁限用物质检测必须加入质控样品，低含量组分检测可考虑加入）。多个样品连续测定时，应每隔一定时间插入质控样品（或校准曲线的中间某浓度点），以考察仪器回收率是否满足要求。

质控样品的测定结果决定了运行的继续或者结束。至少 2/3 的质控样品相对偏差在 5% 以内（与标示值或理论值比较），1/3 的样品可以超出 5%，但不能大于 10%，并且不能在同一浓度水平出现。若出现超限情况，实验应停止。

对于大批量检测或长期检测的项目，可以采用质量控制图（图 2-2）的方式实时监测检测数据的有效性。可选取一个测定含量稳定、样品基体均匀、便于保存的样本为测试控制样（标准参照物更佳），以相同的测试条件连续测定 n 次，经过计算得到平均值 X、偏差 S。每次测试时，与样品同样条件测定质量控制样，当控制样测定结果在 $\pm 1S$ 之间时，结

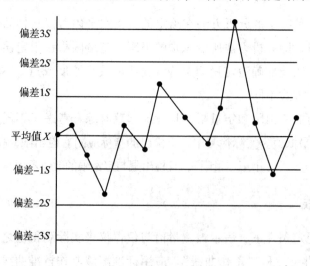

图 2-2　质量控制图

果为满意；当控制样测定结果在（±1～2）S之间时，结果为可疑；当控制样测定结果 > ±2S 时，结果为不可接受。在正常检测过程中，与样品同样条件测定控制样，如果连续出现控制样测定值向上或向下偏离平均值，则可以判定出现正负系统性误差，应提醒测试者查找原因。出现正偏差系统误差的原因有可能是样品受到污染，设备分离度下降，标准物质浓度降低等；出现负偏差的原因有可能是样品提取不完全、转移损失、标准物质介质挥发、仪器检测灵敏度下降等。

对于不合格样品或边缘值样品，应进行复试，一般应通过多次（3 次为基数）测定确定结果。

第五节 保健食品检验记录及结果报告

扫码"学一学"

一、检验报告的概念及要求

检验报告是对保健食品质量做出的技术鉴定，是具有法律效力的技术文件，要求做到依据准确、数据无误、结论明确、文字简洁、书写清晰、格式规范。同一品种的检验检测报告的格式、内容、描述应一致。原始记录应记录原始，数据真实，内容完整、齐全，书写清晰、整洁。检验、检测报告、检品卡、原始记录中划"/"修改处要签名或盖章。

二、检验记录与结果报告具体书写及注意事项

检验人员接受检品后，应检查唯一性标识、检品标签与委托书或抽样记录、流程卡、检品卡的内容是否相符，逐一查对检品名称、检品编号、生产单位/产地、批准文号、批号、规格、包装规格、生产日期/有效期、检验目的、检验项目、收样日期、检验依据及检品数量等是否正确，样品包装是否完整。注册检验还应注意检查注册检验通知单、现场考核抽样表及相关资料是否齐全，有问题及时通知相关部门给予修改和补充。

每一份检验检测报告只针对一批样品。检验检测报告、检品卡、原始记录中表头基本信息应一致，表头各项目均不能为空，无内容或不便填写的均划"/"。

对于保健食品品名的书写，应为"品牌名＋通用名＋属性名（经销商的注册商标等其他信息）"。对于只有一个注册商标的，注册商标写在通用名和属性名之前；对于既有品牌名又有注册商标的，写成"品牌名＋通用名＋属性名（注册商标）"；对于标签标识或说明书上专门有"产品名称"一栏的，以产品名称为准，其他信息以括号加注。

对于生产单位的书写，委托加工或委托生产的先填写委托方的单位全称，接着在括号内填写受托方单位全称，即"委托方单位名称（受托方：×××××）"，如，广州市×××贸易发展有限公司（受托方：广州市×××生物科技有限公司）；对于进口保健食品，应标明原产国，接着在括号内填写国内经销商/代理商全称，即"原产国：×××××（经销商：×××××）"，如，原产国：美国（经销商：广州市×××保健品有限公司）。

对于规格、批号、有效期等内容，按照样品外包装实际填写。

检验目的根据委托方提供的资料及实际情况填写"抽查检验""委托检验""注册检验""复核检验"，或按国家指令性任务的要求填写（如"国家评价抽验"）等，如需进一步分类可在检验目的后加括号，填写具体添加内容。

对于检验项目，委托人（或单位）按照标准或约定申请检验项目的内容。若按照标准或约定申请全部内容的检验此处填写"全检"；按照标准或约定申请单独一项内容的检验此处填写具体检验项目名称，如"含量测定"；按照标准或约定申请一个以上检验项目的此处填写"部分检验"，并可在备注栏中填写具体项目内容，如：含量测定。

每批样品原始记录中需附相应抽样单或委托协议书，有说明书的要贴在原始记录首页背面。整个检验工作完成后，应将检验原始记录与图谱连续编页码，并注明第×页共×页。所有图谱要求一起附在最后，不要把图谱分开附在各相应项目的原始记录后面。每张图谱均应有标识（如对照品或样品名称、批号、编号、检验项目名称等）、检验者和校对者的手写签名。具体参见以下模板。

保健食品报告书模板

检验机构全称
检验报告

检验受理编号：_____ 第　　页/共　　页

样品名称_____　　样品数量_____

样品性状_____　　样品规格_____

保存条件_____　　样品批号_____

申请单位_____　　保质期_____

生产企业_____　　收样日期_____

检验类别_____　　检验日期_____

检验项目及依据_____

_____

检验结果：

　　检验机构应出具检测结果是否符合现行法规、规范性文件、强制性国家标准和产品技术要求等的结论。

检 验 人_____（签字）　　年 月 日

审 核 人_____（签字）　　年 月 日　　检验机构公章

授权签字人_____（签字）　　年 月 日

? 思考题

1. 简述保健食品检验标准分类。
2. 简述保健食品检验的基本程序及注意事项。
3. 简述保健食品样品处理方法。

扫码"练一练"

（殷帅　周艳华）

第三章 保健食品的感官检验

任何食品的产品标准均包括三项内容，即感官指标、理化指标和微生物指标，并且感官指标往往是第一项必检内容，保健食品也不例外，感官检验的基本功能就是进行有效、可靠的检验测试，为正确合理的决定提供依据。此外，感官检验对保健品原料质量控制、新产品开发等方面也有重要意义。

第一节 保健食品感官检验基础知识

扫码"学一学"

👉 案例讨论

案例： 欧美国家在感官检验的研究与应用发展较成熟，研究范围较广泛，尤其是 20 世纪 60~70 年代，随食品加工工业的起飞发展迅速，在此期间各种评价方法、标示方法、评价观念、评价结果的表现方式等不断被提出、讨论及验证。国内感官检验发展相比国外要晚，20 世纪 90 年代后，"感官检验"被大量地应用在食品科学的研究中。

问题： 1. 当代分析科学发展迅速，气相色谱、液相色谱以及质谱等高精密仪器可以分析数以万计的物质，这些技术在保健食品品质分析中所发挥的作用也日趋重要，为什么还要建立和研究感官分析？

       2. 感官分析与仪器分析相比具有什么优点？

一、感官检验的概念

感官检验是一种借助人类的感觉器官（视觉、嗅觉、味觉、触觉和听觉）对保健食品的感官特性进行评定（唤起、测量、分析、解释），并结合心理、生理、化学及统计学等学科，对保健食品进行定性、定量的测量与分析，了解人们对这些产品的感受或喜欢程度，并测知产品本身质量特性的科学方法。

感官检验分析过程常包括四种活动：组织、测量、分析和结论。

1. 组织　包括评价员的组成、评价程序的建立、评价方法的设计和评价时的外部环境的保障。其目的在于感官分析实验应在一定的控制条件下制备和处理样品，在规定的程序下进行实验，从而使各种偏见和外部因素对结果的影响降到最低。

2. 测量　评价员通过视觉、嗅觉、味觉、听觉和触觉的行为反应来采集数据，在产品性质和人的感知之间建立一种联系，从而表达产品的定性、定量关系。

3. 分析　采用统计学的方法对来自品评的数据进行分析统计，它是感官分析过程的重要部分，可借助计算机和优良软件完成。

4. 结论　在基于数据、分析和实验结果的基础上进行合理判断，包括所采用的方法、实验的局限性和可靠性。

二、感官检验的特点和意义

保健食品的质量最直接地表现在它的感官性状上，所以可以通过产品的色泽、风味和组织状态的变化来鉴别其质量的好坏，因而感官检验是保健食品品质检验的一个重要组成部分，其具有如下特点。

1. 能对保健食品的质量特性进行综合性评价，有利于对保健食品的可接受性做出判断。

2. 能及时检查出保健食品的优劣与真伪，准确鉴别出质量有无异常，以便于早期发现问题并及时进行处理，避免可能造成的安全性事故发生。

3. 能觉察出保健食品原料质量发生的变化或特殊性污染。如原料中混有杂质、异物，发生霉变、变味等，并据此提出必要的理化检验和微生物检验项目。

4. 不需要专门仪器和设备就能进行检验，方法简便、直观。

5. 能反映消费者对食品的偏爱倾向，有利于进行产品改进和新产品研发。

感官检验往往作为保健食品检验中的第一项目，如果感官检验不合格，即可判定产品不合格，不需要再进行其他项目的检验。与各种仪器设备相比，该方法简便易行、灵敏度高、直观。没有任何仪器能完全代替人的感官。感官检验是从事保健食品生产、新产品研发、营销管理的人员所必须掌握的一门知识。

三、感官检验的基础

保健食品感官检验借助于人的感官对产品进行评价和分析，其实质是产品的某些感官特性，如色泽、形状、气味、滋味、质地等对人的感觉器官（眼、耳、鼻、舌、身等）产生刺激后，再通过神经传到大脑后所产生的相应感觉。感觉是客观事物（刺激物）的各种特性和属性刺激人的不同感官后在大脑中引起的心理反应。

1. 感官的基本特征　感官由感觉受体或一组对外界刺激有反应的细胞组成，这些受体物质获得刺激后，能将这些刺激信号通过神经传导到大脑。感官通常具有以下特征。

（1）一种感官只能接受和识别一种刺激。

（2）只有刺激量在一定范围内才会对感官产生作用。

（3）某种刺激连续施加到感官上一段时间后，感官会产生疲劳、适应现象，感觉灵敏度随之明显下降。

（4）心理作用对感官识别刺激有影响。

（5）不同感官在接收信息时，会相互影响。

2. 影响感觉的因素　在大脑中产生的不同感觉之间会产生相互影响，使不同的感觉或增强或减弱；当同一类感觉以不同的刺激作用于同一感受器时，会引起感觉的适应、对比、协同、拮抗和掩蔽等现象。在感官检验中，这种不同刺激之间的相互作用和对感受器的影响，应引起充分的重视，特别是在样品制备、检验程序和试验环境的设立时，不应忽视这些作用或现象的存在，应予以充分考虑，以消除对评价结果正确判断的影响。

（1）适应现象　也称感觉疲劳，指感觉在同一刺激物的持续或重复作用下，敏感性发生变化的现象。通常强刺激的持续作用使敏感性降低，微弱刺激的持续作用使敏感性提高。适应现象多表现在嗅觉和听觉上。"入芝兰之室，久而不闻其香；入鲍鱼之肆，久而不闻其臭"，就是典型的嗅觉适应现象。

（2）对比现象　两个不同的刺激物同时或相继存在时产生的现象。同时给予两种刺激时，称为同时对比；先后连续给予两个刺激时，称为相继对比或先后对比。如在15%的蔗糖溶液中加入0.017%的食盐，会感觉到其甜味比不加食盐时要甜，这是同时对比效应；吃过糖后再吃橘子，会觉得甜橘子变酸，这是先后对比效应。各种感觉都存在对比现象。在进行感官检验时，应尽可能避免对比效应的发生。例如在品尝每种食品前，都应彻底漱口；品尝不同浓度的食品时应先淡后浓，刺激强度应从弱到强，以避免对比效应所带来的影响。

（3）协同效应和拮抗效应　两种或多种刺激同时存在时，引起的感觉水平超过每种刺激单独作用效果叠加的现象。如谷氨酸与氯化钠共存时，能使谷氨酸的鲜味加强；0.02%谷氨酸与0.02%肌苷酸共存时，能鲜味显著增强，且超过两者鲜味的加合；麦芽糖添加到饮料或糖果中可使其他甜味增强。

与协同效应相反的是拮抗效应，又称相抵效应。它是指因一种刺激的存在而使另一种刺激强度减弱的现象。

（4）掩蔽现象　也称阻碍现象或消杀作用。指两种强度相差较大的刺激物同时存在时，往往只能感觉到其中一种的刺激，即一种刺激掩盖了另一种刺激。例如当两个强度相差很大的声音传入双耳，我们只能感觉到强度较大的一个声音；加入葱、姜、酒等调味料，可使鱼、肉的腥味减轻。

四、感官检验的类型

感官检验，一般分为两大类型，即分析型感官检验和偏爱型感官检验。在实践中应根据试验目的选定其中一种类型。

1. 分析型感官检验　也称为Ⅰ型或A型感官检验，是指用人的感觉器官作为一种分析仪器，来测定物品的质量特性或鉴别物品之间的差异等。例如，原材料质量检验、保健食品品质鉴定等都属于这种类型。进行分析型感官检验时，为了降低个人感觉之间的差异，提高测试精度，需要注意以下几个方面。

（1）评价基准和尺度统一、标准化　防止评价员采用各自的评价基准和尺度，使评价结果难以统一和比较，对于每一个测定评价项目都要有明确、具体的评价尺度和评价基准物。在对同类物品进行感官检验时，其基准物和评价尺度必须具有连贯性和稳定性。制作标准样本是评价基准标准化最有效的方法。

（2）试验条件规范化　感官检验很容易受环境条件的影响，因此，感官检验的试验条件要规范化，以避免试验结果因受环境条件的影响而出现大的波动。

（3）评价员应经过选择和训练　分析型感官检验要求评价员对物品进行客观的评价，其分析结果应不受评价员主观意志的干扰。因此，参加分析型感官检验试验的评价员，必须经过恰当的选择和严格的训练。只有具备一定水平的评价员，才能保证感官检验结果的准确性和可靠性。

2. 偏爱型感官检验　也称Ⅱ型或 B 型感官检验，它不像分析型感官检验那样需要统一的评价标准，而是以人的感觉程度和主观判断评价是否喜爱或接受所试验的产品，以及喜爱和接受的程度，以样品去测量人群对它的感官反应。偏爱型感官检验的分析结果受到生活环境、生活习惯、审美观点等多方面因素的影响，因此其结果经常与时间、地点和参评人员有密切的关系。在新产品开发过程中对产品的感官检验及市场调查中使用的感官检查，都属于偏爱型感官检验。例如，研制一种新型保健食品时，其口味的调配就可进行偏爱型感官检验试验，以确定它在市场上受欢迎的程度。

> **拓展阅读**
>
> **人类的感官与感觉**
>
> 感觉是人类认识客观世界的本能，食品作为一种刺激物，能刺激人的各种感官而产生多种感官反应。通常，人有五种基本感觉，即视觉、听觉、触觉、嗅觉和味觉。除此之外，人可辨认的感觉还有温度觉、痛觉、疲劳觉、口感等多种感官反应。

扫码"学一学"

第二节　保健食品感官检验基本条件的控制

由于感官检验是利用人的感觉器官进行的试验，而人的感官状态又常受环境、自体、感情等多因素的影响，为减少干扰，确保感官检验试验结果数据的准确性、可靠性和重现性，感官检验一定要在被控制的条件下进行，对感官检验试验条件、样品制备和评价员有一定要求。

一、感官检验实验室的要求

感官检验实验室应建立在环境清净、交通便利、评价员易于到达之地，周围不应有外来气味或噪声。设计感官分析实验室时，一般要考虑的条件有噪声、振动、室温、湿度、色彩、气味、气压等，针对检查对象及种类，还需满足适合各自对象的特殊要求。

感官检验实验室由两个基本部分组成：试验区和样品制备区。若条件允许，也可设置一些附属部分，如办公室、休息室、更衣室、盥洗室等。如图 3-1 所示。

试验区是感官检验人员进行感官检验的场所，专业的试验区应包括品评区、讨论区以及评价员等候区等。最简单的试验区可能就像一间大房子，里面有可以将评价员分隔开的、互不干扰的独立工作台和座椅，其大小和个数，应视检验样品数量的多少及种类而定。

样品制备区是准备试验样品的场所。该区域应靠近试验区，但又要避免试验人员进入试验区时经过制备区，以免看到所制备的各种样品和（或）嗅到气味后产生影响，也应该防止制备样品时的气味传入试验区。

休息室是供试验人员在样品试验前等候，多个样品试验时中间休息的地方，有时也可用作宣布一些规定或传达有关通知的场所。如果有多功能考虑，兼作讨论室也是可行的。

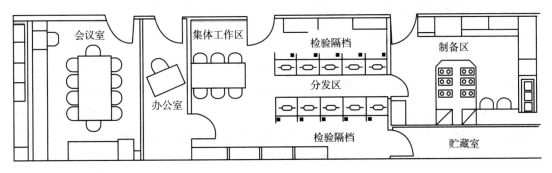

图 3-1　感官检验实验室平面图

二、样品的制备和呈送

样品是感官检验的受体，样品制备的方式及制备好的样品呈送至检验人员的方式，对检验结果会有重要的影响。

（一）样品制备的要求

1. 均一性　所制备样品的各项特性均应完全一致，包括每份样品的量、颜色、外观、形态、温度等。在样品制备中要达到均一的目的，除精心选择适当的制备方式以减少出现特性差异的机会外，还可选择一定的方法以掩盖样品间的某些明显的差别。对不希望出现差别的特性，可选择适当的方法予以掩盖。例如，在品评某样品的风味时，就可使用无味色素物质掩盖样品间的色差，使检验人员在品评样品风味时，不受样品颜色差异的干扰。

2. 样品量　由于物理、心理因素，提供给检验员的实验样品量，对他们的判断会产生很大影响。因此，在试验中要根据样品品质、试验目的，提供合适的样品个数和每个样品的样品量。

感官分析人员在感官检验期间，理论上可以检验许多不同类型的样品，但实际能够检验的样品数，还取决于感官检验人员的预期值、感官检验人员的主观因素以及检验样品的特性。

大多数食品感官检验在考虑到各种因素影响后，每组试验的样品数在 4~8 个，每评价一组样品后，应间歇一段时间再评。每个样品的数量应随试验方法和样品种类的不同而有所差别。通常，对于差别试验，每个样品的分量控制在液体 30 mL，固体 30~40 g 为宜；偏爱试验的样品分量可比差别试验多一倍；描述性试验的样品分量可依实际情况而定，应提供给检验人员足够试验的量。

3. 样品的温度　恒定和适当的样品温度才可能获得稳定的结果。样品温度的控制应以最容易感受所检验特性为基础，通常是将样品温度保持在该产品日常食用的温度，如评价啤酒的最佳温度为 11~15 ℃，食用油为 55 ℃。

样品温度的影响除过冷、过热的刺激造成感官不适、感觉迟钝外，还涉及温度升高，挥发性气味物质挥发速度加快，影响其他的感觉，以及食品的质构和其他一些物理特性，如酥脆性、黏稠性会随温度的变化产生相应的变化而影响检验结果。在试验中，可事先制备好样品保存在恒温箱内，然后统一呈送，保证样品温度恒定和一致。

4. 器皿　呈送样品的器皿以素色、无气味、清洗方便的玻璃或陶瓷器皿为宜。同一试验批次的器皿，外形、颜色和大小应一致。试验器皿和用具的清洗应选择无味清洗剂洗涤。器皿和用具的贮藏柜应无味，不相互污染。

（二）样品的编码与呈送

所有呈送给检验人员的样品都应编码，推荐的编码方法采用随机的三位数字编码，同次试验中所用编号位数应相同，同一样品应编几个不同号码，保证每个评价员所拿到的样品编号不重复，并随机地分发给评价员，避免因样品分发次序的不同而影响评价员的判断。样品的摆放顺序应避免可能产生的某种暗示，或者对感觉顺序上的误差，通常使样品在每个位置上出现的概率相同或采用圆形摆放法。

（三）不能直接感官分析的样品的制备

有些试验样品由于食品风味浓郁或物理状态（黏度、颜色、粉状度等）原因而不能直接进行感官分析，如香精、调味料、糖浆等。为此，需根据检查目的进行适当稀释，或与化学组分确定的某一物质进行混合，或将样品添加到中性的食品载体中，再按照常规食品的样品制备方法进行制备与分发、呈送。

三、感官检验人员的基本要求

感官检验小组如同"测量仪器"，因而检测分析的结果有赖于每个成员。因此投入一定的时间和经费，严格而谨慎地招聘热爱这项工作并具备相应能力的人员极为重要。感官检验人员依据其在感官检验上的经验和相应的训练层次分为五类：专家型、消费者型、无经验型、有经验型和训练型。

（一）感官检验人员的基本条件

1. 感官检验小组人员负责感官检验试验的组织与实施，包括试验设计，样品处理方法确定，数据收集分析及召集讨论会等，应具有很强的感官检验能力，可以把握住检验的难易程度，并熟悉各种感官检验方法，有数理统计的基本知识和技能，可根据不同试验目的选择不同的统计方法，给以正确分析结果，并拥有一定组织能力和号召力。

2. 不同的检验对评价员的要求也不尽相同，但通常应具备的基本条件有以下几个。

（1）身体健康不能有任何感觉方面的缺陷。

（2）各评价员之间及评价员本人的感官要一致，具备正常的敏感性。

（3）对感官分析感兴趣。

（4）个人卫生条件较好，无明显个人气味。

（5）具备对检验产品的知识，并对产品无偏见。

（6）检验过程中应集中精力，避免任何因素干扰，不能用语言或表情传播结果。

（7）按时出席，对经常出差或旅行或工作繁忙的人应排除在外。

此外，在感官检验前评价员还应注意以下问题：①检验开始前30分钟内，避免食用浓香食物、饮料糖果或口香糖。②检验前，禁止使用强气味的化妆品，如洗面乳、发乳、唇膏等。③衣服、手、身体洁净。衣服上无汗味或由其他环境中带入的强刺激气味。④评价员不能过饱或过饥，检验前1小时内不抽烟、不吃东西，身体处于过度紧张、劳累、激动或感冒等状态时不应参加评定工作。

（二）感官检验人员的筛选

参加感官检验的人员大多数都要经过筛选程序确定。筛选就是通过一定的筛选试验方法观察候选人员是否具有感官检验能力，诸如普通的感官分辨能力，对感官评定，试验的兴趣；分辨和再现试验结果的能力和适当的感官鉴评人员素质（合作性、主动性和准时性等）。根据筛选试验的结果，获知每个参加筛选试验人员在感官评定试验上的能力，决定候选人员适宜参加哪种类型的感官评定，或不符合参加感官评定试验的条件而被淘汰。筛选试验通常包括基本识别试验（基本味或气味识别试验）和差异试验（三点检验、二－三点检验等）。有时，根据需要也会设计一系列试验来多次筛选人员或者将初步选定的人员分组进行相互比较性质的试验。有些情况下，也可以将筛选试验和训练内容结合起来，在筛选的同时进行人员训练。

在评价员的筛选过程中，应注意以下几个问题。

1. 最好使用与正式感官评定试验相类似的试验材料，这样既可以使参加筛选试验的人员熟悉今后试验中将要接触的样品的特性，也可以减少由于样品间差距而造成人员选择的不适当。

2. 在筛选过程中，要根据各次试验的结果随时调整试验的难度。难易程度取决于参加筛选试验人员的整体水平，大多数人能够分辨出差别或识别出味道（气味），但其中少数人员不能正确分辨或识别。

3. 参加筛选试验的人数要多于预定参加实际感官评定试验的人数。若是多次筛选，则应采用一些简单易行的试验方法，并在每一步筛选中随时淘汰明显不适合参加感官评定的人选。

4. 多次筛选以相对进展为基础，连续进行，直至挑选出人数适宜的最佳人选。

（三）感官检验人员的训练

经过一定程序和筛选试验挑选出来的人员，常常还要参加特定的训练才能真正适合感官评定的要求，以在不同的场合及不同的试验中获得均一而可靠的结果。

首先，要向评价员详细介绍样品处理方法、打分表的使用及试验目的等内容。然后，对鉴评员进行培训，使其熟悉以下内容。

1. 评定过程　必须让所有评价员事先明确，如一次品尝多少样品、递送方式（勺子、杯子、盘）、品尝时间的长短（包括吸吮、闻、咬或咀嚼）、品尝后样品处置（吞咽、吐出、脱离接触等）。

2. 评分表的设计　包括评价的指令、问题、术语和判断的尺度，这些都必须让所有评价员理解和熟悉。

3. 评定方式　感官评定要使用哪种检验或分析方法（差异分析、描述性分析、嗜好检验、接受性检验）。

所有的评价员都必须牢牢掌握以上几点，每次试验前都要合理地部署，并在试验中灵活运用，这样才能成为合格的感官检验人员。

（四）感官检验人员数量的确定和品评原则

在感官分析过程中，所需要的评价员的数量与所要求结果的精度、检验的方法、评价员等级水平等因素有关。一般来讲，要求的精度越高，方法的功效越低，评价员水平越低，需要的评价员的数量越多。考虑到实际中评价员可能缺席的情况，因此评价员数量应超过所要求的评价员的数目，一般多出50%。为保证评价质量，要求评价员在感官分析期间具有正常的生理状态，一般选择上午或下午的中间时间，这时评价员的敏感性较高。评价员不能饥饿或过饱，在检验前1小时内不抽烟、不吃东西，但可以喝水。评价员不能使用有气味的化妆品，身体不适时不能参加检验。

扫码"学一学"

第三节　保健食品感官检验方法的选择

检验的方法很多，在选择适宜的检验方法之前，首先要明确检验的目的、要求等。根据检验的目的、要求及统计方法的不同，感官检验方法可分为差别检验、类别和标度检验、分析或描述性检验。

一、差别检验

检验法要求评价员评定两个或两个以上的样品中是否存在感官差异（或偏爱其一），是感官分析中经常使用的两类方法之一。让评价员回答两种样品之间是否存在不同，一般不允许"无差异"的回答（强制选择），即评价员未能觉察出样品之间的差异。差别检验的结果分析是以每一类别的评价员数量为基础的。例如，有多少人回答样品 A，多少人回答样品 B，多少人回答正确。结果的解释基于频率和比率的统计学原理，根据能够正确挑选出产品差别的评价员的比率来推算出两种产品间是否存在差异。

检验是对样品进行选择性比较，一般先于其他试验，在许多方面有广泛的用途。例如在贮藏试验中，可以比较不同的贮藏时间对食品味觉、口感、鲜度等质量指标的影响。又如在外包装试验中，可以判断哪种包装形式更受欢迎，成本高的包装形式有时不一定受消费者欢迎，都可以采用差别检验。

试验中常用的方法有：成对比较检验法、二－三点检验法、三点检验法、"A"－"非A"检验法、五中取二检验法、选择试验法、配偶试验法。

（一）成对比较检验法

以随机顺序同时出示给两个样品给评价员，要求评价员对这两个样品进行比较，以此判定整个样品或者某些特征强度顺序的一种评价方法称为成对比较检验法或者两点检验法。成对比较试验有两种形式，一种叫作定向成对比较法（单边检验），也叫简单差别试验和异同试验，另一种叫差别成对比较（双边检验）。决定采取哪种形式的检验，取决于研究的目的。如果感官检验员已经知道两种产品在某一特定感官属性上存在差别，那么就应采用定向成对比较试验。如果感官检验员不知道样品间何种感官属性不同，那么就应采用差别成对比较试验。

1. 定向成对比较法　在定向成对比较试验中，受试者每次得到2个（一对）样品，组织者要求回答这些样品在某一特性方面是否存在差异，比如甜度、酸度、色度、易碎度等。两个样品同时呈送给评价员，要求评价员识别出在这一指定的感官属性上程度较高的样品。

（1）试验中，样品有 2 种可能的呈送顺序（AB、BA），且呈送顺序应该具有随机性，评价员先收到样品 A 或样品 B 的概率应相等。

（2）评价员必须清楚地理解感官专业人员所指定的特定属性的含义。评价员不仅应在识别指定的感官属性方面受过专门训练，而且在如何执行评分单所描述的任务方面也应受过训练。

（3）该检验是单向的。定向成对比较检验的对立假设：如果感官检验员能够根据指定的感官属性区别样品，那么在指定方面程度较高的样品，由于高于另一样品，因此被选择的概率较高。该检验结果可给出样品间指定属性存在差别的方向。

（4）必须保证两个样品只在单一的所指定的感官方面有所不同，否则此检验法不适用。比如，增加蛋糕中的糖量，会使蛋糕变得比较甜，但同时会改变蛋糕的色泽和质地。在这种情况下，定向成对比较法并不是一种很好的区别检验方法。

2. 差别成对比较试验 评价员每次得到 2 个（一对）样品，被要求回答样品是相同还是不同。在呈送给评价员的样品中，相同和不相同的样品数是一样的。比较观察的频率和期望的频率，根据 χ^2 分布检验分析结果。

（1）差别成对比较试验中，样品有 4 种可能的呈送顺序（AA、BB、AB、BA）。这些顺序应在评价员中交叉进行随机处理，每种顺序出现的次数相同。

（2）评价员的任务是比较两个样品，并判断它们是相同还是相似。这种工作比较容易进行。评价员只需熟悉评价的感官特性，理解评分单中所描述的任务，但他们不需要接受评价特定感官属性的训练。一般要求 20 ~ 50 名评价员来进行试验，最多可以用 200 人，或者 100 人。试验人员要么都接受过培训，要么都没接受过培训，但在同一个试验中，参评人员不能既有受过培训的也有没受过培训的。

（3）该检验是双边的。差别成对比较检验的对立假设规定：样品之间可觉察出不同，而且评价员可正确指出样品间是相同或不相同的概率大于 50%。此检验只表明评价员可辨别两种样品，并不表明某种感官属性方向性的差别。

（4）当试验的目的是要确定产品之间是否存在感官上的差异，而产品由于供应不足而不能同时呈送 2 个或多个样品时，选取此试验较好。

（二）二 - 三点检验法

先提供给评价员一个对照样品，接着提供两个样品，其中一个与对照样品相同或者相似。要求评价员在熟悉对照样品后，从后者提供的两个样品中挑选出与对照样品相同的样品，这种方法，也被称为一 - 二点检验法。二 - 三点检验的目的是区别两个同类样品是否存在感官差异，但差异的方向不能被检验指明，即感官检验员只能知道样品可觉察到差别，而不知道样品在何种性质上存在差别。

二 - 三点检验法有两种形式：一种叫作固定参照模式；另一种叫作平衡参照模式。在固定参照模式中，总是以正常生产为参照样；而在平衡参照模型中，正常生产的样品和要进行检验的样品被随机用作参照样品。当参评人员是受过培训的，在他们对参照样品很熟悉的情况下，使用固定参照模式；当参评人员对两种样品都不熟悉，而他们又没有接受过培训时，使用平衡参照模式。在平衡参照模式中，一般来说，参加评定的人员可以没有专家，但要求人数较多，其中选定评价员通常 20 人，临时参与的可以多达 30 人，即 50 人之多。

（三）三点检验法

三点检验法是差别检验当中最常用的一种方法，在检验中同时提供 3 个编码样品，其中有 2 个是相同的，另外 1 个样品与其他 2 个样品不同，要求评价员挑选出其中不同于其他 2 个样品的检验方法，也称为三角试验法。三点检验法可使感官检验人员确定两个样品间是否有可觉察的差别，但不能表明差别的方向。

三点检验法常被应用在以下几个方面。

1. 确定产品的差异是否来自成分、工艺、包装和贮存期的改变。

2. 确定两种产品之间是否存在整体差异。

3. 筛选和培训检验人员，以锻炼其发现产品差别的能力。

（四）"A" – "非 A"检验法

评价员先熟悉样品 "A" 以后，再将一系列样品呈送给这些检验人员，样品中有 "A"，也有 "非 A"。要求参评人员对每个样品做出判断，哪些是 "A"，哪些是 "非 A"。这种检验方法被称为 "A" – "非 A" 检验法。这种是与否的检验法，也称为单项刺激检验。此试验适用于确定原料、加工、处理、包装和贮藏等各环节的不同所造成的两种产品之间存在的细微的感官差别，特别适用于检验具有不同外观或后味样品的差异检验，也适用于确定评价员对产品某一种特性的灵敏性。

（五）五中取二检验法

同时提供给评价员 5 个以随机顺序排列的样品，其中 2 个是同一类型，另 3 个是另一种类型，要求评价员将这些样品按类型分成两组的检验方法称为五中取二检验法。该方法在测定上更为经济，统计学上更具有可靠性，但在评定过程中容易出现感官疲劳。

（六）选择试验法

从 3 个以上的样品中，选择出一个最喜欢或最不喜欢的样品的检验方法。它常用于偏爱性调查。试验简单易懂，不复杂，技术要求低；不适用于一些味道很浓或延缓时间较长的样品。这种方法在做品尝时，要特别强调漱口，在做第二试验之前，必须彻底地洗漱口腔，不得有残留物和残留味的存在。对评价员没有硬性规定要求必须经过培训，一般在 5人以上，多则 100 人以上。常用于嗜好调查，出示样品的顺序是随机的。

（七）配偶试验法

将两组试样逐个取出，对各组的样品进行两两归类的方法叫作配偶试验法。此方法可应用于识别检验评价员能力，也可用于识别样品间的差异。检验前，两组样品的顺序必须是随机的，但样品的数目可不尽相同，如 A 组有 m 个样品，B 组中可有 m 个样品，也可有 $(m+1)$ 或 $(m+2)$ 个样品，但配对数只能是 m 对。

二、标度和类别检验

标度和类别检验的目的是估计样品差别的顺序或大小，或者样品应归属的类别和等级。

要求评价员对 2 个以上的样品进行评价，并判定出哪个样品好，哪个样品差，以及它们之间的差异大小和差异方向等，通过检验可得出样品间差异的顺序和大小，或者样品应归属的类别或等级。选择何种手段解释结果数据，取决于检验的目的及样品数量。此类检验法常有排序检验法、分类检验法、加权评分法、模糊数学法等。

（一）排序检验法

比较数个样品，按照其某项品质程度（例如某特性的强度或嗜好程度等）的大小进行排序的方法，称为排序检验法。该法只排出样品的次序，表明样品之间的相对大小、强弱、好坏等，属于程度上的差异，而不评价样品间的差异大小。此法的优点是可利用同一样品，对其各类特征进行检验，排出优劣，且方法较简单，结果可靠，即使样品间差别很小，只要评价员很认真，或者具有一定的检验能力，都能在相当精确的程度上排出顺序。

当试验目的是就某一项性质对多个产品进行比较时，比如，甜度、新鲜程度等，使用排序检验法是进行这种比较的最简单的方法。排序法比任何方法都更节省时间。它常被用于以下几个方面。

1. 确定由于不同原料、加工、处理、包装和贮藏等各环节而造成的产品感官特性差异。

2. 当样品需要为下一步的试验预筛或预分类，即对样品进行更精细的感官分析之前，可应用此方法。

3. 对消费者或市场经营者订购产品的可接受性调查。

4. 企业产品的精选过程。

5. 评价员的选择和培训。

（二）分类试验法

评价员品评样品后，划出样品应属的预先定义的类别，这种评价试验的方法称为分类试验法。它是先由专家根据某样品的一个或多个特征，确定出样品的质量或其他特征类别，再将样品归纳入相应类别的方法或等级的办法。此法使样品按照已有的类别划分，可在任何一种检验方法的基础上进行。

（三）评分法

评分法要求评价员把样品的品质特性以数字标度形式来品评的一种检验方法。在评分法中，所用的数字标度为等距或比率标度，如 1~10（10 级），−3~3（7 级）的等数值尺度。评价员根据各自的评定基准进行判断。检验前，首先要确定所使用的标度类型，使评价员对每一个评分点所代表的意义有共同的认知。

此方法可同时评价一种或多种产品的一个或多个指标的强度及其差异，所以应用较广，尤其适用于评价新产品。

三、分析或描述性检验

感官分析中用于了解产品之间的差异所在，采用描述分析型检验可以获得关于产品完整的感官描述。描述性检验要求评价员对食品的质量指标用合理、清楚的文字进行准确的描述，其主要用途有：新产品的研制与开发；鉴别产品间的差别；质量控制；为仪器检验提供感官数据；提供产品特性的永久记录；监测产品在贮藏期间的变化等。

因为感官感觉中任何一个器官的机能活动，不仅取决于直接刺激该器官所引起的响应，而且受到其他感觉系统的影响，即感觉器官之间相互联系、相互作用。所以，感官感觉是不同强度的各种感觉的总和，并且各种不同刺激物的影响性质各不相同，因此，在感官检验中，既要控制一定条件来恒定一些因素的影响，又要考虑各种因素之间的互相关联作用。分析或描述实验可适用于一个或多个样品，以便同时定性和定量地表示一个或多个感官指标，如外观、嗅闻的气味特性、口中的风味特性（味觉，嗅觉及口腔的冷、热、收敛等知觉和余味）、组织特性和几何特性等。因此，这就要求评价员除具备感知保健品质特性和次序的能力外，还应具备掌握熟练应用专有名词描述保健食品品质特性的能力，以及对总体印象、总体风味特性和总体差异的分析能力。

目前常用的分析和描述性检验方法主要有简单描述检验法及定量描述和感官剖面检验法。

（一）简单描述检验法

评价员对构成产品特性的各个指标进行定性描述，尽量完整地描述出样品品质的检验方法，描述检验按评价内容可分为风味描述和质地描述。

按评价方式可分为自由式评价和界定式描述。自由式描述指评价员可用任意的词汇，对样品特性进行描述，但评价员一般需要对产品特性非常熟悉或受过专门训练；界定式描述则在评价前由评价组织者提供指标检验表，评价员是在指标检验表的指导下进行评价的。该方法多用在食品加工中质量控制、产品贮藏期间质量变化，以及鉴评员培训等情况。最后，在完成品评工作后，要由评价组织者统计结果，并将结果公布，由小组讨论确定鉴评结果。

（二）定量描述和感官剖面检验法

评价员尽量完整地描述食品感官特性以及这些特性强度的检验方法。这种方法多用于产品质量控制、质量分析、判定产品差异性、新产品开发和产品品质改良等方面，还可以为仪器检验结果提供可对比的感官数据，使产品特性可以相对稳定地保存下来。

定量描述和感官剖面检验法依照检验方法的不同可分为一致方法和独立方法两大类型。一致方法指在检验中所有的评价员（包括评价小组组长）都以一个集体的一部分工作，目的是获得一个评价小组赞同的综合结论，使对被评价的产品的风味特点达到一致的认识。可借助参比样品来进行，有时需要多次讨论方可达到目的。独立方法是由评价员先在小组内讨论产品的风味，然后由每个评价员独立工作，记录对食品感觉的评价成绩，最后用统计的平均值作为评价的结果。无论是一致方法还是独立方法，在检验开始前，评价组织者和评价员均应完成以下工作：①制定记录样品的特性目录；②确定参比样；③规定描述特性的词汇；④建立描述和检验样品的方法。

此种方法的检验内容通常包括以下几个方面。

1. 特性特征的鉴定 用叙词或相关的术语描述感觉到的特性特征。

2. 感觉顺序的确定 记录显示和觉察到的各特性特征所出现的顺序。

3. 强度评价 每种特性特征所显示的强度，特性特征的强度可用多种标度来评估。

4. 余味和滞留度的测定 样品被吞下（或吐出）后，出现的与原来不同的特性特征，称为余味；样品已被吞下（或吐出）后，继续感觉到的特性特征，称为滞留度。在一些情况下，可要求评价员鉴别余味并测定其强度，或者测定滞留度的强度和持续时间。

5. 综合印象的评估 综合印象是对产品的总体评估，通常用三点标度评估，即以低、中、高表示。

6. 强度变化的评估　评价员在接触到样品时所感受到的刺激到脱离样品后存在的刺激的感觉强度的变化，例如食品中的甜味、苦味的变化等。

选择感官检验的方法可参见表 3－1。

表 3－1　感官检验方法的选择

实际应用	检验目的	方法
生产过程中的质量控制	检出与标准品有无差异	成对比较检验法（单边） 成对比较检验法（双边） 三点检验法 选择法 配偶法
原料品质控制检查	原料的分等	评分法 分类试验法
成品质量控制检查	检出趋向性差异	评分法 分类试验法
消费者嗜好调查，成品品质研究	获知偏爱程度或品质好坏	成对比较检验法 三点检验法 排序法 选择法
	嗜好程度或感官品质 顺序评分法的数量化	评分法 多重比较法 配偶法
品质研究	分析品质内容	描述法

? 思考题

　1. 感官检验要做好哪三个方面的控制？

　2. 简述样品的编号原则。

　3. 食品进行分析或描述试验时，要求评价员具备哪三种能力？

（李　景）

扫码"练一练"

第四章 保健食品一般成分测定

知识目标

1. **掌握** 保健食品中水分、灰分、酸度、碳水化合物、脂类、蛋白质、氨基酸、维生素和膳食纤维等一般成分的测定原理和测定方法。
2. **熟悉** 样品的采集与处理的原则。
3. **了解** 保健食品中一般成分的测定意义。

能力目标

1. 能够根据样品类型及检验目的选择合理的测定方法。
2. 能够按照标准方法测定保健食品中水分、灰分、酸度、碳水化合物、脂类、蛋白质、氨基酸、维生素和膳食纤维等一般成分。

保健食品的一般成分包括水分、灰分、酸度、碳水化合物、脂类、蛋白质、维生素和膳食纤维等，它们赋予保健食品外观、风味、组织结构及营养价值，其含量的高低是确定保健食品品质的关键指标，其检测数据是质控部门的管理依据。依据 GB 16740—2014《食品安全国家标准 保健食品》规定，保健食品的理化指标应符合相应类属食品的食品安全国家标准的规定。

扫码"学一学"

第一节 水分的测定

案例讨论

案例： 某省食品药品监督管理局在 2018 年第 16 期食品安全监督抽检的保健食品项目中，发现某品牌的改善睡眠胶囊和洋参胶囊的水分项目均不合格。水分不合格的主要原因可能是生产工艺控制不到位、包装材料密封性差、储运时的环境条件不符合要求等。水分超标可能引起保健食品霉变、功效成分或营养物质产生变化等。

问题： 1. 水分在不同剂型的保健食品中如何存在？是不是我们平时见到的比较湿润的蜜丸和膏剂，挤压后可以看到的水渍？而如片剂、颗粒剂、袋装茶剂中是否含有水分？

2. 如何判断某种保健食品的水分含量是否合格？

水分是保健食品的重要组成成分，硬胶囊、颗粒剂、片剂、袋装茶剂、蜜丸、水蜜丸等剂型的保健食品都要求测定其水分指标。控制保健食品中的水分含量，对于维持保健食品的外观、风味、质量、新鲜程度有着十分重要的作用。例如，保健茶剂的水分含量在 3% 左右时，茶叶成分与水分子几乎呈单层分子关系，能对脂质与空气中氧分子起到较好的隔离作用，阻止脂质的氧化变质，同时可抑制微生物生长繁殖，延长保质期；而当其水分含量超过12%时，会使叶绿素变性分解，色泽由褐变深，茶多酚和氨基酸等生物活性物质迅速减少，失去其抗衰老、抗过敏、降血脂、抗肿瘤等多重保健功效。此外，按保健食品生产原料中水分含量进行物料衡算，可为品质评价、进行成本核算、实行工艺监督等提供参考。

一、水分含量的测定

依据 GB 5009.3—2016《食品安全国家标准 食品中水分的测定》，保健食品中水分含量的测定方法有直接干燥法、减压干燥法、蒸馏法、卡尔·费休法等。本节以直接干燥法为例，介绍如下。

1. 原理 利用保健食品中水分的物理性质，在 101.3 kPa（1 个大气压），温度 101 ~ 105 ℃下采用挥发方法测定样品中干燥减失的重量，包括吸湿水、部分结晶水和该条件下能挥发的物质，再通过干燥前后的称量数值计算出水分的含量。

2. 试剂 除非另有说明，本方法所用试剂均为分析纯，水为 GB/T 6682 规定的三级水。

（1）盐酸溶液（6 mol/L） 量取 50 mL 盐酸，加水稀释至 100 mL。

（2）氢氧化钠溶液（6 mol/L） 称取 24 g 氢氧化钠，加水溶解并稀释至 100 mL。

3. 仪器 一扁形铝制或玻璃制称量瓶；电热恒温干燥箱；干燥器（内附有效干燥剂）；分析天平（感量 0.1 mg）。

4. 分析步骤 取洁净铝制或玻璃制的扁形称量瓶，置于 101 ~ 105 ℃干燥箱中，瓶盖斜支于瓶边，加热 1.0 小时，取出盖好，置干燥器内冷却 0.5 小时，称量，并重复干燥至前后两次质量差不超过 2 mg，即为恒重。将混合均匀的试样迅速磨细至颗粒小于 2 mm，不易研磨的样品应尽可能切碎，称取 2 ~ 5 g 试样（精确至 0.0001 g），放入此称量瓶中，试样厚度不超过 5 mm，如为疏松试样，厚度不超过 10 mm，加盖，精密称量后，置于 101 ~ 105 ℃干燥箱中，瓶盖斜支于瓶边，干燥 2 ~ 4 小时后，盖好取出，放入干燥器内冷却 0.5 小时后称量。然后再放入 101 ~ 105 ℃干燥箱中干燥 1 小时左右，取出，放入干燥器内冷却 0.5 小时后再称量。并重复以上操作至前后两次质量差不超过 2 mg，即为恒重。

注：两次恒重值在最后计算中，取质量较小的一次称量值。

5. 分析结果的表述 试样中的水分含量，按式 4-1 进行计算。

$$X = \frac{m_1 - m_2}{m_1 - m_3} \times 100 \qquad (4-1)$$

式中，X——试样中水分的含量，g/100 g；m_1——称量瓶和试样的质量，g；m_2——称量瓶和试样干燥后的质量，g；m_3——称量瓶的质量，g；100——单位换算系数。

水分含量≥1 g/100 g 时，计算结果保留三位有效数字；水分含量 <1 g/100 g 时，计算结果保留两位有效数字。

6. 精密度 在重复性条件下获得的两次独立测定结果的绝对差值不得超过算术平均值的 10%。

7. 说明及注意事项

（1）采用本法测定的水分含量实际是在 101 ~ 105 ℃直接干燥的情况下所失去物质的总

质量，不完全是水分。

（2）含油脂的保健食品，在烘烤过程中会因脂肪氧化，使后一次质量增加，应以前一次质量计算。

（3）试样采集、处理、保存过程中要注意防止水分的丢失或受潮。有些保健食品，如蛋白粉、奶粉等很容易吸水，在称量时要迅速，否则越称越重；水分大于20%、易沸腾的试样在加热过程中要避免液体飞沫溅出造成质量损失，可先经低温（70~85℃）浓缩2~4小时后，再升温至101~105℃干燥。

（4）称量皿分为玻璃称量皿和铝制称量皿两种。玻璃称量皿耐酸碱，不受样品性质的限制，常用于干燥法。铝制称量皿质量轻，导热性强，但不适宜酸性保健食品，常用于减压干燥法。选择称量皿的大小要合适，一般以样品不超过皿高的1/3为宜。

拓展阅读

水分测定的其他方法

水分测定方法通常分为两大类——直接法和间接法。直接法是利用水分本身的物化性质来测定水分含量的方法，除文中介绍的方法之外，还有化学干燥法、微波烘箱干燥法、红外线干燥法、蒸馏法和卡尔·费休法。减压干燥法适用于高温易分解及水分较多的保健食品中水分的测定。蒸馏法适用于含水较多又有较多挥发性成分的保健食品中水分的测定。卡尔·费休法适用于保健食品中含微量水分的测定，该方法分为库伦法和容量法。间接法是利用物质的相对密度、折射率、电导率、介电常数等物理常数测定水分含量的方法，直接法的准确度高于间接法。

二、水分活度的测定

保健食品中含有水分，常因储藏不当而腐败变质。生产上常通过适当降低含水量来延长保健食品的保质期和货架期。水分含量相同的不同类保健食品，其贮藏性仍存在较大差距，其原因在于不同保健食品中水分活度的差异。

水分活度（A_w）是指保健食品中水分的饱和蒸汽压（p）与相同温度下纯水的饱和蒸汽压（p_0）的比值，即 $A_w = p/p_0$。A_w值反映了保健食品中水分存在形式和被微生物利用的程度，水分与其他成分结合程度越高，则 A_w 值越低，微生物利用度就越低。各种微生物的生命活动都需要一定的 A_w 值，0.85 是金黄色葡萄球菌产生毒素的最低水分活度。因此，$A_w > 0.85$ 的保健食品需要冷藏，不是货架稳定的产品。$0.60 < A_w < 0.85$ 的中等水分保健食品，不需要冷藏控制病原体，主要由酵母菌和霉菌引起腐败，因此有一个限定的货架期。$A_w < 0.6$ 以下的低水分保健食品，不需要冷藏，有较长的货架期。因此，A_w 值对于保健食品的贮藏稳定性，指导控制保健食品的 A_w 值以达到杀菌保存的目的具有重要的意义。

依据 GB 5009.238—2016《食品安全国家标准 食品水分活度的测定》，保健食品水分活度的测定方法有康卫氏皿扩散法和水分活度仪扩散法，本节以康卫氏皿扩散法为例，介绍如下。

1. 原理 在密封、恒温的康卫氏皿中，试样中的自由水与 A_w 较高和较低的标准饱和溶液相互扩散，达到平衡后，根据试样质量的变化量，求得样品的水分活度。

2. 试剂　除非另有说明，本方法所用试剂均为分析纯，水为 GB/T 6682 规定的三级水。按表 4 - 1 配制各种无机盐的饱和溶液。

表 4 - 1　饱和盐溶液的配制

序号	饱和盐溶液名称	试剂名称	试剂的质量 m/g（加入热水[a]200 mL）[b]	水分活度（A_W）（25 ℃）
1	溴化锂饱和溶液	溴化锂（$LiBr \cdot 2H_2O$）	500	0.064
2	氯化锂饱和溶液	氯化锂（$LiCl \cdot H_2O$）	220	0.113
3	氯化镁饱和溶液	氯化镁（$MgCl_2 \cdot 6H_2O$）	150	0.328
4	碳酸钾饱和溶液	碳酸钾（K_2CO_3）	300	0.432
5	硝酸镁饱和溶液	硝酸镁 $[Mg(NO_3)_2 \cdot 6H_2O]$	200	0.529
6	溴化钠饱和溶液	溴化钠（$NaBr \cdot 2H_2O$）	260	0.576
7	氯化钴饱和溶液	氯化钴（$CoCl_2 \cdot 6H_2O$）	160	0.649
8	氯化锶饱和溶液	氯化锶（$SrCl_2 \cdot 6H_2O$）	200	0.709
9	硝酸钠饱和溶液	硝酸钠（$NaNO_3$）	260	0.743
10	氯化钠饱和溶液	氯化钠（$NaCl$）	100	0.753
11	溴化钾饱和溶液	溴化钾（KBr）	200	0.809
12	硫酸铵饱和溶液	硫酸铵 $[(NH_4)_2SO_4]$	210	0.810
13	氯化钾饱和溶液	氯化钾（KCl）	100	0.843
14	硝酸锶饱和溶液	硝酸锶 $[Sr(NO_3)_2]$	240	0.851
15	氯化钡饱和溶液	氯化钡（$BaCl_2 \cdot 2H_2O$）	100	0.902
16	硝酸钾饱和溶液	硝酸钾（KNO_3）	120	0.936
17	硫酸钾饱和溶液	硫酸钾（K_2SO_4）	35	0.973

注：[a]以易于溶解的温度为宜；[b]冷却至形成固液两相的饱和溶液，贮于棕色试剂瓶中，常温下放置一周后使用。

3. 仪器　康卫皿［（带磨砂玻璃盖）结构如图 4 - 1 所示］；称量皿（直径 35 mm，高 10 mm）；分析天平（感量 0.0001 和 0.1 g）；恒温培养箱（精度 ±1 ℃）；电热恒温鼓风干燥箱。

4. 分析步骤

（1）试样制备　粉末状固体、颗粒状固体及糊状样品：取有代表性样品至少 2 ~ 5 g，混匀，置于密闭的玻璃容器内。

（2）预测定

①预处理。将盛有试样的密闭容器、康卫皿及称量皿置于恒温培养箱内，于（25 ±1）℃条件下，恒温 30 分钟。取出后立即使用及测定。

②预测定。分别取 12.0 mL 溴化锂饱和溶液、氯化镁饱和溶液、氯化钴饱和溶液、硫酸钾饱和溶液于 4 只康卫皿的外室，用经恒温的称量皿，在预先干燥并称量的称量皿中（精确至 0.0001 g），迅速称取与标准饱和盐溶液相等份数的同一试样约 1.5 g（精确至 0.0001 g），放入盛有标准饱和盐溶液的康卫皿的内室。沿康卫皿上口平行移动盖好涂有凡士林的磨砂玻璃片，放入（25 ±1）℃的恒温培养箱内，恒温 24 小时。取出盛有试样的称量皿，立即称量（精确至 0.0001 g）。

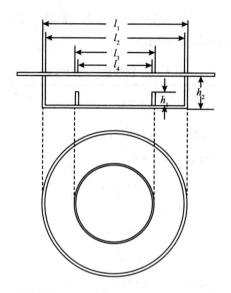

l_1. 外室外直径，100 mm；l_2. 外室内直径，92 mm；

l_3. 内室外直径，53 mm；l_4. 内室内直径，45 mm；

h_1. 内室高度，10 mm；h_2. 外室高度，25 mm

图 4-1 康卫皿示意图

③分析结果的表述。试样质量的增减量按式 4-2 计算。

$$X = \frac{m_1 - m}{m - m_0} \tag{4-2}$$

式中，X——试样质量的增减量，g/g；m_0——称量皿的质量，g；m——25 ℃扩散平衡前，试样和称量皿的质量，g；m_1——25 ℃扩散平衡后，试样和称量皿的质量，g。

④绘制二维直线图。以所选饱和盐溶液（25 ℃）的 A_w 数值为横坐标，对应标准饱和盐溶液的试样的质量增减数值为纵坐标，绘制二维直线图。取横坐标截距值，即为该样品的水分活度预测值，如图 4-2 所示。

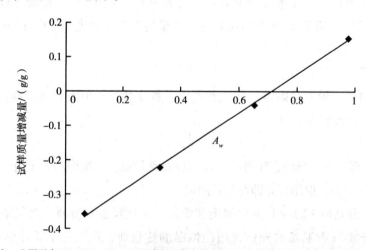

注：此图引自 GB 5009.238—2016《食品安全国家标准 食品水分活度的测定》附录。

图 4-2 水分活度预测结果二维直线图

（3）测定 依据（2）中预测定结果，分别选用 A_w 值大于和小于试样预测结果数值的饱和盐溶液各 3 种，各取 12.0 mL，注入康卫皿的外室，用经恒温的称量皿，在预先干燥并称量的称量皿中（精确至 0.0001 g），迅速称取与标准饱和盐溶液相等份数的同一试样约 1.5 g（精确至 0.0001 g），放入盛有标准饱和盐溶液的康卫皿的内室。沿康卫皿上口平行移动盖好涂有凡士林的磨砂玻璃片，放入（25±1）℃的恒温培养箱内，恒温 24 小时。取出盛有试样的称量皿，立即称量（精确至 0.0001 g）。

5. 分析结果的表述　计算方法同"（2）预测定中③分析结果的表述"。

取横轴截距值，即为该样品的 A_w 值。当符合精密度所规定的要求时，取三次平行测定的算术平均值作为结果。计算结果保留两位有效数字。

6. 精密度　在重复性条件下获得的两次独立测定结果的绝对差值不得超过算术平均值的 10%。

7. 说明及注意事项

（1）制备时，要迅速捣碎或切碎。

（2）所用器皿必须干燥、洁净。

拓展阅读

水分活度仪扩散法

GB 5009.238—2016《食品安全国家标准 食品水分活度的测定》中的第二法——水分活度仪扩散法测定保健食品水分活度的原理是在密闭、恒温的水分活度仪测量舱内，试样中的水分扩散平衡。此时水分活度仪测量舱内的传感器或数字化探头显示出的响应值（相对湿度对应的数值）即为样品的水分活度。此方法适用于水分活度范围为 0.60～0.90 的保健食品。

第二节　灰分的测定

扫码"学一学"

案例讨论

案例：桑叶茶中含有丰富的氨基酸、矿物质以及多种生物活性物质，具有降血糖、延缓衰老等多种保健功效，被誉为"长寿茶"。2016 年春季，某省食品药品监督管理局公布了食品安全监督抽检信息显示：某公司生产的桑叶茶总灰分超标。灰分是保健茶剂检测项目中唯——种既具有品质判断意义，又具有卫生检验意义的化学指标，一般而言，高档茶灰分含量较低，粗老、含梗多的茶叶总灰分含量较高。如掺杂作假会使灰分超标，地脚茶或细末多也会因泥沙等而使灰分超标。

问题：灰分是什么？大致可以怎么分类？可分为几类？

保健食品的组成复杂，除含有大量有机物外，还含有较丰富的无机成分。保健食品经高温灼烧，有机成分挥发逸散，无机成分残留下来，这些残留物称为灰分。灰分是标示保健食品中无机成分总量的一项指标。但灰分又不能准确代表无机物的总量，一方面保健食品在灼烧时，某些元素如氯、碘、铅等易挥发散失，磷、硫以含氧酸的形式挥发散失，使部分无机成分减少；另一方面，某些金属氧化物会吸收有机物分解产生的二氧化碳而形成碳酸盐，使无机成分增多。因此，通常把保健食品经高温灼烧后的残留物称为粗灰分（或总灰分）。总灰分中包括水溶性灰分、水不溶性灰分和酸不溶性灰分。

测定灰分具有十分重要的意义，可以评判保健食品的加工精度品质。总灰分含量还可以反映果胶、明胶等胶制品的胶冻性能。同时，测定灰分可以判断保健食品受污染的程度。如灰分含量超过了正常范围，说明保健食品中使用了不符合卫生标准的原料或保健食品添加剂，或保健食品在加工、贮藏、运输过程中受到污染。

保健食品中的硬胶囊、软胶囊、颗粒剂、粉剂、片剂、袋装茶剂、蜜丸、浓缩蜜丸等固体剂型通常要求检测灰分。依据 GB 5009.4—2016《食品安全国家标准 食品中灰分的测定》测定保健食品中总灰分、酸不溶性灰分、水溶性灰分和水不溶性灰分。

一、总灰分的测定

1. 原理　保健食品经灼烧后所残留的无机物质称为灰分。灰分数值经灼烧、称重后计算得出。

2. 试剂　除非另有说明，本方法所用试剂均为分析纯，水为 GB/T 6682 规定的三级水。

（1）乙酸镁溶液（80 g/L）　称取 8.0 g 乙酸镁，加水溶解并定容至 100 mL，混匀。

（2）乙酸镁溶液（240 g/L）　称取 24.0 g 乙酸镁，加水溶解并定容至 100 mL，混匀。

（3）10% 盐酸溶液　量取 24 mL 分析纯浓盐酸用蒸馏水稀释至 100 mL。

3. 仪器　高温炉（最高使用温度 ≥950 ℃）；分析天平（感量分别为 0.1 mg、1 mg、0.1 g）；石英坩埚或瓷坩埚；干燥器（内有干燥剂）；电热板；恒温水浴锅（控温精度 ±2 ℃）。

4. 分析步骤

（1）坩埚预处理　取大小适宜的石英坩埚或瓷坩埚置于高温炉中，在（550 ± 25）℃下灼烧 30 分钟，冷却至 200 ℃ 左右，取出，放入干燥器中冷却 30 分钟，准确称量。重复灼烧至前后两次称量相差不超过 0.5 mg 为恒重。

（2）称样　含磷量较高的保健豆制品和乳制品：灰分 ≥10 g/100 g 的试样称取 2 ~ 3 g（如需测定酸不溶性灰分，可称取试样 3 ~ 5 g），精确至 0.0001 g；灰分 ≤10 g/100 g 的试样称取 3 ~ 10 g（精确至 0.0001 g）。对于灰分含量更低的样品可适当增加称样量。如淀粉类保健食品，迅速称取样品 2 ~ 10 g，精确至 0.0001 g。将样品均匀分布在坩埚内，不要压紧。

（3）测定

①含磷量较高的保健豆制品和乳制品。称取试样后，加入 1.00 mL 乙酸镁溶液（240 g/L）或 3.00 mL 乙酸镁溶液（80 g/L），使试样完全润湿。放置 10 分钟后，在水浴上将水分蒸干，在电热板上以小火加热使试样充分炭化至无烟，然后置于高温炉中，在（550 ± 25）℃灼烧 4 小时。冷却至 200 ℃ 左右，取出，放入干燥器中冷却 30 分钟，称量前如发现灼烧残渣有炭粒时，应向试样中滴入少许水湿润，使结块松散，蒸干水分再次灼烧至无炭粒即表示灰化完全，方可称量。重复灼烧至前后两次称量相差不超过 0.5 mg 为恒重。空白实验：吸取 3 份相同浓度和体积的乙酸镁溶液，做 3 次试剂空白实验。当 3 次实验结果的标准偏差小于 0.003 g 时，取算术平均值作为空白值。若标准偏差 ≥0.003 g 时，应重新做空白值实验。

②淀粉类保健食品。将坩埚置于高温炉口或电热板上，半盖坩埚盖，小心加热使样品在通气情况下完全炭化至无烟，即刻将坩埚放入高温炉内，将温度升高至（900 ± 25）℃，保持此温度直至剩余的炭粒全部消失为止，一般 1 小时可灰化完全，冷却至 200 ℃，取出，

放入干燥器中冷却 30 分钟，称量前如发现灼烧残渣有炭粒时，应向试样中滴入少量水润湿，使结块松散，蒸干水分再次灼烧至无炭粒即表示灰化完全，方可称量。重复灼烧至前后两次称量相差不超过 0.5 mg 为恒重。

③其他保健食品。液体和半固体试样应先在沸水浴上蒸干。固体或蒸干后的试样，先在电热板上以小火加热使试样充分炭化至无烟，然后置于高温炉中，在（550 ± 25）℃灼烧 4 小时，冷却至 200 ℃左右，取出，放入干燥器中冷却 30 分钟，称量前如发现灼烧残渣有炭粒时，应向试样中滴入少许水湿润，使结块松散，蒸干水分再次灼烧至无炭粒即表示灰化完全，方可称量。重复灼烧至前后两次称量相差不超过 0.5 mg 为恒重。

5. 分析结果的表述

（1）以试样质量计　加入乙酸镁溶液试样和未加乙酸镁溶液的试样中灰分含量分别按式 4 – 3 和 4 – 4 计算。

$$X_1 = \frac{m_1 - m_2 - m_0}{m_3 - m_2} \times 100 \tag{4 – 3}$$

$$X_2 = \frac{m_1 - m_2}{m_3 - m_2} \times 100 \tag{4 – 4}$$

式中，X_1——加了乙酸镁溶液试样中灰分的含量，g/100 g；X_2——未加乙酸镁溶液试样中灰分的含量，g/100 g；m_1——坩埚和灰分的质量，g；m_2——坩埚的质量，g；m_0——氧化镁（乙酸镁灼烧后生成物）的质量，g；m_3——坩埚和试样的质量，g；100——单位换算系数。

（2）以干物质计　加入乙酸镁溶液试样和未加乙酸镁溶液的试样中灰分含量分别按式 4 – 5 和 4 – 6 计算。

$$X_1 = \frac{m_1 - m_2 - m_0}{(m_3 - m_2) \times \omega} \times 100 \tag{4 – 5}$$

$$X_2 = \frac{m_1 - m_2}{(m_3 - m_2) \times \omega} \times 100 \tag{4 – 6}$$

式中，X_1——加了乙酸镁溶液试样中灰分的含量，g/100 g；X_2——未加乙酸镁溶液试样中灰分的含量，g/100 g；m_1——坩埚和灰分的质量，g；m_2——坩埚的质量，g；m_0——氧化镁（乙酸镁灼烧后生成物）的质量，g；m_3——坩埚和试样的质量，g；ω——试样干物质含量（质量分数），%；100——单位换算系数。

6. 精密度　在重复性条件下获得的两次独立测定结果的绝对差值不得超过算术平均值的 5%。

7. 说明及注意事项

（1）灰化容器　通常选用坩埚作为灰化容器，如素瓷坩埚、石英坩埚、铂坩埚等。最常用的是素瓷坩埚，其具有耐高温、耐酸、价格低廉等优点，但耐碱性能较差，在灰化碱性保健食品时难以得到恒重。

（2）试样炭化前的预处理　水分含量较少的固体试样应先粉碎均匀；液体样品先在沸水浴上蒸至近干；含水分多的试样先置于烘箱内干燥；富含脂肪的样品，先提取脂肪；富含糖、蛋白质、淀粉的试样，在炭化前可加几滴纯植物油防止发泡膨胀。

（3）灰化温度　灰化的温度因试样不同而有所差异，大致为（550±25）℃。若温度过高，则易造成无机物的（NaCl、KCl）挥发损失，且磷酸盐和硅酸盐类熔融后将包裹炭粒使其无法氧化。若温度过低，则灰化速度慢，时间长，不易灰化完全，也不利于除去过剩的碱（碱性保健食品）吸收二氧化碳。加热速度亦不可太快，防急剧升温时灼热物的局部产生大量气体，而使微粒飞溅、易燃。因此，根据灰化试样的不同，在保证完全灰化的前提下，选择合适的灰化温度，缩短灰化时间，尽可能减少无机成分的挥发损失。

（4）灰化时间　一般灰化到白色（灰白色），无炭粒存在并达到恒重即可，需要 2~5 小时。有些试样即使完全灰化，残灰也达不到白色（灰白色），如含铁较高的试样，残灰呈褐色；含镁、铜较高的试样，则呈蓝绿色。

（5）对于一些难灰化的样品（如含蛋白质较高的保健食品），可采用以下方法加速灰化。

①改变操作方法。样品初步灼烧后取出坩埚，冷却，加少量去离子水充分润湿残灰（不可直接洒在残灰上，以防残灰飞扬损失），水溶性盐溶解使包裹的炭粒暴露，蒸去水分，在 120~130 ℃烘箱内干燥，再灼烧至恒重。

②添加灰化助剂。经初步灼烧后，放冷，加入几滴 HNO_3 或 H_2O_2，蒸干后再灼烧至恒重，此法能使未氧化的炭粒充分氧化并且生成 NO_2 和 H_2O，这类物质灼烧时完全消失，又不至于增加残灰重量。

③加惰性不溶物质。如 MgO、$CaCO_3$ 等，它们和灰分混杂在一起，使炭粒不被覆盖，此法使残灰增重，应做空白实验。

（6）将坩埚取出或者放入高温炉前，要将坩埚置于炉口片刻，使坩埚冷却或预热，防止坩埚因巨大温差而破裂。

（7）灼烧后，应待坩埚应冷却至 200 ℃以下再移入干燥器内，防止因热对流造成残灰飞散。且冷却速度慢，使干燥器内形成较大真空，从干燥器内取出坩埚时，应缓慢开盖，使空气缓慢流入，防止残灰飞散。

（8）用过的坩埚经初步洗刷后，可用盐酸浸泡 10~20 分钟，再用水冲洗干净。

二、水溶性灰分和水不溶性灰分的测定

水溶性灰分反映的是可溶性的钾、钠、钙、镁等的含量，水不溶性灰分反映的是污染泥沙和铁、铝等氧化物及碱土金属的碱式磷酸盐的含量，这两者的测定可基于总灰分之上进行。用热水提取总灰分，经无灰滤纸过滤、灼烧、称量残留物，测得水不溶性灰分，由总灰分和水不溶性灰分的质量之差计算水溶性灰分。

用约 25 mL 热蒸馏水分次将总灰分从坩埚中洗入 100 mL 烧杯中，盖上表面皿，用小火加热至微沸，防止溶液溅出。趁热用无灰滤纸过滤，并用热蒸馏水分次洗涤杯中残渣，直至滤液和洗涤体积约达 150 mL 为止，将滤纸连同残渣移入原坩埚内，放在沸水浴锅上小心地蒸去水分，然后将坩埚烘干并移入高温炉内，以（550±25）℃灼烧至无炭粒（一般需 1 小时）。待炉温降至 200 ℃时，放入干燥器内，冷却至室温，称重（准确至 0.0001 g）。再放入高温炉内，以（550±25）℃灼烧 30 分钟，如前冷却并称重。如此重复操作，直至连续两次称重之差不超过 0.5 mg 为止，记下最低质量。

（1）以试样质量计

①水不溶性灰分的含量，按式 4 – 7 计算。

$$X_1 = \frac{m_1 - m_2}{m_3 - m_2} \times 100 \tag{4-7}$$

式中，X_1——水不溶性灰分的含量，g/100 g；m_1——坩埚和水不溶性灰分的质量，g；m_2——坩埚的质量，g；m_3——坩埚和试样的质量，g；100——单位换算系数。

②水溶性灰分的含量，按式 4-8 计算。

$$X_2 = \frac{m_4 - m_5}{m_0} \times 100 \tag{4-8}$$

式中，X_2——水溶性灰分的含量，g/100 g；m_0——试样的质量，g；m_4——总灰分的质量，g；m_5——水不溶性灰分的质量，g；100——单位换算系数。

（2）以干物质计

①水不溶性灰分的含量，按式 4-9 计算。

$$X_1 = \frac{m_1 - m_2}{(m_3 - m_2) \times \omega} \times 100 \tag{4-9}$$

式中，X_1——水不溶性灰分的含量，g/100 g；m_1——坩埚和水不溶性灰分的质量，g；m_2——坩埚的质量，g；m_3——坩埚和试样的质量，g；ω——试样干物质含量（质量分数），%；100——单位换算系数。

②水溶性灰分的含量，按式 4-10 计算。

$$X_2 = \frac{m_4 - m_5}{m_0 \times \omega} \times 100 \tag{4-10}$$

式中，X_2——水溶性灰分的含量，g/100 g；m_0——试样的质量，g；m_4——总灰分的质量，g；m_5——水不溶性灰分的质量，g；ω——试样干物质含量（质量分数），%；100——单位换算系数。

试样中灰分含量 ≥10 g/100 g 时，计算结果保留三位有效数字；试样中灰分含量 <10 g/100 g 时，计算结果保留两位有效数字。在重复性条件下获得的两次独立测定结果的绝对差值不得超过算术平均值的 5%。

三、酸不溶性灰分的测定

用盐酸溶液处理总灰分，过滤、灼烧、称量残留物即得酸不溶性灰分，其反映的是污染泥沙和保健食品组织中存在的微量氧化硅的含量。

用 25 mL 10% 盐酸溶液将总灰分分次洗入 100 mL 烧杯中，盖上表面皿，在沸水浴上小心加热，至溶液由浑浊变为透明时，继续加热 5 分钟，趁热用无灰滤纸过滤，用沸蒸馏水少量反复洗涤烧杯和滤纸上的残留物，直至中性（约 150 mL）。将滤纸连同残渣移入原坩埚内，在沸水浴上小心蒸去水分，移入高温炉内，以（550±25）℃灼烧至无炭粒（一般需 1 小时）。待炉温降至 200 ℃时，取出坩埚，放入干燥器内，冷却至室温，称重（准确至 0.0001 g）。再放入高温炉内，以（550±25）℃灼烧 30 分钟，如前冷却并称重。如此重复操作，直至连续两次称重之差不超过 0.5 mg 为止，记下最低质量。

（1）酸不溶性灰分的含量（以试样质量计），按式 4-11 计算。

$$X_1 = \frac{m_1 - m_2}{m_3 - m_2} \times 100 \qquad (4-11)$$

式中，X_1——酸不溶性灰分的含量，g/100 g；m_1——坩埚和酸不溶性灰分的质量，g；m_2——坩埚的质量，g；m_3——坩埚和试样的质量，g；100——单位换算系数。

（2）酸不溶性灰分的含量（干物质计），按式 4-12 计算。

$$X_1 = \frac{m_1 - m_2}{(m_3 - m_2) \times \omega} \times 100 \qquad (4-12)$$

式中，X_1——酸不溶性灰分的含量，g/100 g；m_1——坩埚和酸不溶性灰分的质量，g；m_2——坩埚的质量，g；m_3——坩埚和试样的质量，g；ω——试样干物质含量（质量分数），%；100——单位换算系数。

试样中灰分含量≥10 g/100 g 时，保留三位有效数字；试样中灰分含量 <10 g/100 g 时，保留两位有效数字。在重复性条件下同一样品获得的测定结果的绝对差值不得超过算术平均值的 5%。

第三节　酸度的测定

 **案例讨论**

案例： 某公司生产的葡萄糖酸锌口服液，批准文号属于国食健字，被检测出 pH 为 5.9，但合格范围应为 4.0～5.0，因此被判定为不合格。

问题： 1. 除了 pH，保健食品的酸度测定还包括哪些项目？

　　　　2. 酸度高的保健食品，口感一定酸吗？

保健食品中的酸类物质包括有机酸、无机酸、酸式盐以及某些酸性有机化合物（如单宁、蛋白质分解产物等），这些酸类物质构成了保健食品的酸度。保健食品中的酸度可分为总酸度、有效酸度和挥发酸度。

测定保健食品的酸度具有十分重要的意义。

1. 对保健食品色调具有指导作用　保健食品所含色素的色调与酸度密切相关，色素会在不同的酸度条件下发生变色反应，只有测定出酸度才能有效地调控保健食品的色调。如叶绿素补充剂在酸性下会变成黄褐色的脱镁叶绿素；花青素补充剂在碱性环境中呈蓝色，而在酸性越强的环境中颜色越红。

2. 对保健食品口味具有调控作用　保健食品的口味取决于保健食品中糖和酸的种类、含量及其比例，酸度降低则甜味增加，酸度增高则甜味减弱。控制好适宜的酸甜度才能使保健食品具有各自独特的口感和风味。

3. 对保健食品稳定性具有控制作用　酸度的高低对保健食品的稳定性有一定影响。如降低 pH 能减弱保健食品中微生物的耐热性，甚至抑制其生长；有机酸可以提高维生素 C 制剂的稳定性，防止其氧化；若发酵型保健食品中有甲酸积累，则说明发生了细菌性腐败；若在油脂类保健食品中测出含有游离脂肪酸，则说明发生了油脂的酸败。

一、总酸度的测定

总酸度是指保健食品中所有酸性成分的总量，包括解离和未解离的酸的总和，可用标准碱溶液滴定的方法来测定，故总酸度又称"可滴定酸度"。依据 GB 12456—2008《食品中总酸的测定》，测定保健食品中总酸的方法主要有酸碱滴定法和 pH 电位法。本节以酸碱滴定法为例，介绍如下。

1. 原理 根据酸碱中和原理，用碱液滴定试液中的酸，以酚酞为指示剂确定滴定终点（溶液呈淡红色，且 30 秒不褪色），按碱液的消耗量计算保健食品中的总酸含量。

2. 试剂和标准溶液 所有试剂均使用分析纯试剂；分析用水应符合 GB/T 6682 规定的二级水规定或蒸馏水，使用前应经煮沸、冷却。

（1）1% 酚酞溶液 称取 1 g 酚酞，溶于 60 mL 95% 乙醇中，用水稀释至 100 mL。

（2）NaOH 标准滴定溶液（0.1 mol/L） 称取 110 g NaOH，溶于 100 mL 无 CO_2 的水中，摇匀，注入聚乙烯容器中，密闭放置至溶液清亮。用塑料管量取 5.4 mL 上层清液，用无 CO_2 的水稀释至 1000 mL，摇匀。

（3）NaOH 滴定液的标定 称取于 105 ~ 110 ℃ 电烘箱中干燥至恒重的 0.75 g 工作基准试剂邻苯二甲酸氢钾，加 50 mL 无 CO_2 的水溶解，再加 2 滴酚酞指示液（10 g/L），用配制的 0.1 mol/L NaOH 溶液滴定至溶液呈粉红色，并保持 30 秒，同时做空白实验。

NaOH 标准滴定液的浓度 c（NaOH）按式 4 – 13 计算。

$$c(\text{NaOH}) = \frac{m \times 1000}{(V_1 - V_2) \times M} \tag{4-13}$$

式中，X——总酸的含量，g/kg；m——邻苯二甲酸氢钾质量，g；V_1——NaOH 溶液体积，mL；V_2——空白实验消耗 NaOH 溶液体积，mL；M——邻苯二甲酸氢钾的摩尔质量 g/mol，[M（$KHC_8H_4O_4$）= 204.22]。

（4）NaOH 标准滴定溶液（0.01 mol/L） 量取 100 mL 0.1 mol/L NaOH 标准滴定溶液稀释到 1000 mL（用时当天稀释）。

（5）NaOH 标准滴定溶液（0.05 mol/L） 量取 100 mL 0.1 mol/L NaOH 标准滴定溶液稀释到 200 mL（用时当天稀释）。

3. 仪器 捣碎机；水浴锅；研钵；冷凝管。

4. 分析步骤

（1）试样制备

①液体试样。不含 CO_2 的样品：充分混合均匀，置于密闭玻璃容器内。含 CO_2 的样品：称取 5 ~ 10 mL 样品于 50 mL 烧杯中，置于电炉上，边搅拌边加热至微沸腾，保持 2 分钟，称量，用煮沸过的水补充至煮沸前的质量，置于密闭玻璃容器内。

②固体样品。取有代表性的样品 2 ~ 5 g，置于研钵或组织捣碎机中，加入与样品等量的煮沸过的水，用研钵研碎，或用组织捣碎机捣碎，混匀后置于密闭玻璃容器内。

③固、液样品。按样品的固、液体比例取 5 ~ 10 g，用研钵研碎，或用组织捣碎机捣碎，混匀后置于密闭玻璃容器内。

（2）试液制备

①总酸含量≤4 g/kg 的试样。将制备好的试样用快速滤纸过滤，收集滤液，用于测定。

②总酸含量>4 g/kg 的试样。称取 5～10 g 制备好的试样，精确至 0.001 g，置于 100 mL 烧杯中。用约 80 ℃煮沸过的水将烧杯中的内容物转移到 50 mL 容量瓶中。置于沸水浴中煮沸 30 分钟（摇动 2～3 次，使试样中的有机酸全部溶解于溶液中），取出，冷却至室温（约 20 ℃），用煮沸过的水定容至 50 mL，用快速滤纸过滤，收集滤液，用于测定。

（3）试样测定　称取 5.000～10.000 g 试液（也可量取 5.00～10.00 mL 试液，按试液的密度换算为质量数值），使之含 0.035～0.070 g 酸，置于 250 mL 三角瓶中。加 40～60 mL 水及 0.2 mL 1% 酚酞指示剂，用 0.1 mol/L NaOH 标准滴定液（如样品酸度较低，可用 0.01 mol/L 或 0.05 mol/L NaOH 标准滴定液）滴定至微红色 30 秒不褪色。记录消耗 0.1 mol/L NaOH 标准滴定液的体积的数值（V_1）。同一被测样品应测定两次。空白实验：用水代替试液。按上述步骤操作，记录消耗 0.1 mol/L NaOH 标准滴定液体积的数值（V_2）。

5. 分析结果的表述　试样中总酸的含量按式 4-14 计算。

$$X = \frac{c \times (V_1 - V_2) \times K \times F}{m} \times 1000 \qquad (4-14)$$

式中，X——试样中总酸的含量，g/kg；c——NaOH 标准滴定溶液浓度的准确数值，mol/L；V_1——滴定试液时消耗 NaOH 标准滴定溶液体积的数值，mL；V_2——空白实验时消耗 NaOH 标准滴定溶液体积的数值，mL；K——酸的换算系数，见表 4-2；F——试液的稀释倍数；m——试样质量，g。

计算结果表示到小数点后两位。

表 4-2　常见有机酸的换算系数

有机酸名称	换算系数（K）	有机酸名称	换算系数（K）
苹果酸	0.067	乙酸	0.060
酒石酸	0.075	柠檬酸	0.064
乳酸	0.090	一水合柠檬酸	0.070
盐酸	0.036	磷酸	0.049

6. 精密度　在重复性条件下获得的两次独立测定结果的绝对差值不得超过算术平均值的 2%。

7. 说明及注意事项

（1）总酸含量计算时，酸的换算系数以有机酸含量最高的那一项表示。如酒类保健食品中主要有机酸是乙酸，则换算系数为 0.060。

（2）溶剂试样浸渍、稀释用的蒸馏水应除去 CO_2，因为 CO_2 溶于水中可形成 H_2CO_3，使测定结果偏高。无 CO_2 蒸馏水的制备方法：将蒸馏水注入烧瓶中，煮沸 10 分钟，立即用装有钠石灰管的胶塞塞紧，冷却，必要时需经碱液抽真空处理；或将蒸馏水在使用前煮沸 15 分钟并迅速冷却备用。

（3）试样浸润、稀释的用水量应根据试样中总酸含量来慎重选择，为使误差不超过允许范围，一般要求滴定时消耗 0.1 mol/L NaOH 标准溶液不得少于 5 mL，最好在 10～15 mL。

（4）因保健食品中的有机酸均为弱酸，用强碱滴定的产物是强碱弱酸盐，滴定终点

pH≈8.2，故选用酚酞作指示剂。

（5）试液如果颜色较深，可加水稀释、用活性炭脱色等方法。若颜色过深或浑浊，可采用电位滴定法指示终点。

拓展阅读

pH 电位法测定保健食品中总酸的含量

依据 GB/T 12456—2008《食品中总酸的测定》，pH 电位法可测定保健食品中总酸含量，此法是根据酸碱中和原理，用碱液滴定试液中的酸，溶液的电位发生"突跃"时，即为滴定终点，按碱液的消耗量计算保健食品中的总酸含量。包括酸碱滴定法可测定的保健食品，色深或浑浊的试液，也可用 pH 电位法测定。

二、有效酸度的测定

有效酸度是指被测保健食品中呈游离状态的 H^+ 的浓度（活度），常用 pH 表示。在液态保健食品（如口服液、饮料）酸度测定中，pH 的测定往往比总酸度测定更有实际意义，更能表示食品介质的酸碱性。人的味蕾只对 H^+ 有感觉，故总酸度高的保健食品若 pH 较低，则口感不一定酸。在一定的 pH 下，味蕾对酸味的感受强度不同，其酸味的强度顺序为醋酸 > 甲酸 > 乳酸 > 草酸 > 盐酸。一般 pH < 5 为酸性保健食品，pH < 3.0 难以适口，pH 5 ~ 6 无酸味。

有效酸度的测定方法有化学法、比色法和电位法等，常用酸度计（pH 计）来测定。

1. 原理　以玻璃电极为指示电极，饱和甘汞电极为参比电极，插入待测溶液中组成原电池，该电池的电动势 E 与溶液的 pH 呈线性关系：$E = E^0 - 0.0591pH$。即在 25 ℃时，每相差一个 pH 单位就产生 59.1 mV 的电极电位，利用酸度计测定待测试液的电动势并直接用 pH 表示，故可从酸度计上读出待测试液的 pH。

2. 试剂和标准溶液

（1）草酸标准缓冲液（20 ℃）　精密称取（54 ± 3）℃干燥 4 ~ 5 小时的优级纯草酸三氢钾 12.71 g 溶于无 CO_2 的蒸馏水中，并稀释至 1000 mL。

（2）pH = 4.00 标准缓冲液（20 ℃）　精密称取（115 ± 5）℃干燥 2 ~ 3 小时的优级纯邻苯二甲酸氢钾 10.21 g 溶于无 CO_2 的蒸馏水，并稀释至 1000 mL。

（3）pH = 6.88 标准缓冲液（20 ℃）　精密称取（115 ± 5）℃干燥 2 ~ 3 小时的优级纯无水磷酸二氢钾 3.39 g 和无水磷酸氢二钠 3.53 g，溶于无 CO_2 的蒸馏水，并稀释至 1000 mL。

（4）pH = 9.22 标准缓冲液（20 ℃）　精密称取纯硼砂 3.81 g（注意：不能烘）溶于无 CO_2 的蒸馏水，并稀释至 1000 mL。置聚乙烯塑料瓶中密闭保存，以防止空气中的 CO_2 进入。

（5）标准缓冲液的 pH 随温度变化而变化，两者关系见表 4 - 3。

表 4 - 3　标准缓冲溶液的 pH

温度（℃）	草酸盐标准缓冲液（pH）	邻苯二甲酸氢钾标准缓冲液（pH）	磷酸盐标准缓冲液（pH）	硼砂标准缓冲液（pH）
0	1.67	4.01	6.98	9.64
5	1.67	4.00	6.95	9.40

温度（℃）	草酸盐标准缓冲液（pH）	邻苯二甲酸氢钾标准缓冲液（pH）	磷酸盐标准缓冲液（pH）	硼砂标准缓冲液（pH）
10	1.67	4.00	6.92	9.33
15	1.67	4.00	6.90	9.28
20	1.68	4.00	6.88	9.23
25	1.68	4.01	6.86	9.18
30	1.68	4.02	6.85	9.14
35	1.69	4.02	6.84	9.10
40	1.69	4.04	6.84	9.07
45	1.70	4.05	6.83	9.04
50	1.71	4.06	6.83	9.01
55	1.72	4.08	6.83	8.99
60	1.72	4.09	6.84	8.96

3. 仪器 酸度计；电磁搅拌器；组织捣碎机。

4. 分析步骤

（1）试样制备

①一般液体试样。摇匀后可直接取样测定。

②含 CO_2 的液体试样。试样制备同本节"酸碱滴定法测定保健食品中总酸"。

（2）酸度计校正

①复合电极预先在蒸馏水中浸泡 24 小时以上，使玻璃球表面形成水化凝胶层。

②测定试样溶液的试剂温度，根据实际温度调节温度补偿。

③选择两种 pH 约相差 3 个 pH 单位的标准缓冲液，并使试样溶液的 pH 处于两者之间（可用 pH 试纸测试）。取与试样溶液 pH 较接近的第一种缓冲液，冲洗复合电极的玻璃球，并将电极浸入缓冲液中，进行校正（定位），使仪器示值与表列数值一致。仪器定位后，再用第二种标准缓冲液核对仪器示值，误差应小于 ±0.02 pH 单位，若大于此偏差，则应小心调节斜率，使示值与第二种标准缓冲液的表列数值一致，否则需检查仪器或更换电极后，再进行校正至符合要求。

（3）测定 用无 CO_2 蒸馏水淋洗电极和烧杯，并用滤纸吸干，再用试样溶液冲洗电极，将两电极插入试样溶液中，待读数稳定后，记录试样溶液的准确 pH。测定完毕后，清洗电极，将电极护帽套上放好。

5. 精密度 以相关规定为准。

6. 说明及注意事项

（1）pH 计经标准缓冲液校正后，不得更换电极，否则需要重新校正。

（2）长期不用时，复合电极使用后应置于饱和氯化钾溶液中保存，使玻璃球表面湿润，以保证电极性能良好，延长电极的使用寿命。

（3）每次更换标准缓冲液或试样溶液前，应用蒸馏水充分洗涤电极，然后将水吸尽，或用所换的标准缓冲液或试样溶液润洗。

（4）标准缓冲液一般可保存 2～3 个月，但发现有浑浊、发霉或沉淀等现象时，不能继续使用。

三、挥发酸的测定

挥发酸的测定对象主要是醋酸、甲酸、丁酸等低碳链的直链脂肪酸，不包括可用水蒸气蒸馏的乳酸、琥珀酸、山梨酸以及 CO_2 和 SO_2 等。若生产中使用了不合格原料，或违反正常生产工艺，可造成保健食品中的糖发酵，使挥发酸增加。因此挥发酸的含量是保健食品的一项质量控制指标。

挥发酸的测定方法包括直接法和间接法。直接法是通过水蒸气蒸馏或溶剂萃取将挥发酸分离出来，然后用碱标准溶液滴定。直接法操作简便，适用于挥发酸含量较高的试样。间接法是将挥发酸蒸发除去后，用碱标准溶液滴定不挥发酸，然后从总酸度中减去不挥发酸，即得挥发酸的含量。间接法适用于挥发酸含量较低，蒸馏液有损失或污染的试样。本节以直接法为例，介绍如下。

1. 原理　试样经处理后，加入适量磷酸使结合态的挥发酸游离出来，用水蒸气蒸馏分离出挥发酸，经冷凝、收集后，以酚酞作指示剂，用 NaOH 标准溶液滴定，根据滴定液的消耗量，计算挥发酸的含量。

2. 试剂和标准溶液

（1）NaOH 标准滴定溶液（0.1 mol/L）、1% 酚酞溶液。配置方法同本节"酸碱滴定法测定保健食品中总酸"。

（2）10% 磷酸溶液　称取磷酸 10.0 g，用少量无 CO_2 蒸馏水溶解并稀释至 100 mL。

3. 仪器　水蒸气蒸馏装置（如图 4-3 所示）；电磁搅拌器；组织捣碎机。

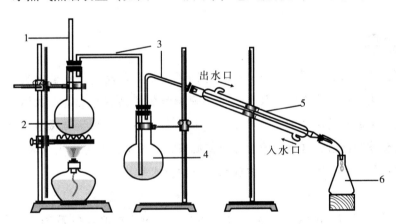

1. 安全管；2. 水蒸气发生瓶；3. 导气管；4. 蒸馏瓶；5. 冷凝管；6. 接收瓶

图 4-3　水蒸气蒸馏装置

4. 分析步骤

（1）试样制备

①一般保健饮料。可直接取样。

②含 CO_2 的保健饮料、保健发酵酒类。需排除 CO_2。方法是取 80~100 mL（g）样品于锥形瓶中，在用电磁搅拌器连续搅拌的同时，于低真空下抽气 2~4 分钟，以除去 CO_2。

③固体保健食品。加入定量水（冷冻保健食品需先解冻），用组织捣碎机捣成浆状，再称取处理试样 5~10 g，加无 CO_2 蒸馏水稀释至 25 mL。

（2）测定　将上述处理好的 25 mL 样品转移至蒸馏瓶中，加入 25 mL 无 CO_2 蒸馏水和

1 mL 10%磷酸溶液，连接水蒸气蒸馏装置，加热蒸馏至馏出液约 300 mL 为止。将馏出液加热至 60~65 ℃，加入 3~4 滴酚酞指示剂，用 0.1 mol/L NaOH 标准溶液滴定至微红色且 30 秒不褪色即为终点。同时做空白实验。

5. 分析结果的表述　试样中挥发酸的含量按式 4-15 计算。

$$X = \frac{(V - V_0) \times c \times 0.06}{m} \times 100 \qquad (4-15)$$

式中，X——试样中挥发酸的百分含量（以醋酸计），%；c——NaOH 标准溶液的浓度，mol/L；V——样品消耗 NaOH 滴定液的体积，mL；V_0——空白实验消耗 NaOH 滴定液的体积，mL；m——试样质量，g；0.06——每 1 毫摩尔 NaOH 相当于醋酸的克数，g/mmol。

6. 精密度　以相关规定为准。

7. 说明及注意事项

（1）蒸馏前，蒸汽发生器内的水必须先煮 10 分钟，或在其中加 2 滴酚酞并滴加 NaOH 使其呈微红色，以排除其中的 CO_2，并用蒸汽冲洗整个蒸馏装置。

（2）滴定前将馏出液加热至 60~65 ℃，使其终点明显，加快反应速度，缩短滴定时间并减少溶液与空气的接触，以提高测定精度。

（3）整套蒸馏装置的各个连接部件应密封，防止挥发酸的泄漏。

扫码"学一学"

第四节　碳水化合物的测定

👉**案例讨论**

　　案例： 肥胖已成为严重的全球性医疗问题和社会问题。伴随着审美和健康观念的改变，衍生出来了许多能够使人们达到瘦身目的、具有减肥功效的保健食品。然而有些减肥食品只是单纯地追求低能量，仅由氨基酸、维生素与微量元素组成，没有碳水化合物和脂肪，这类减肥食品会使肌肉含量下降，对身体极为有害。

　　问题： 保健食品营养标签上的碳水化合物指的是什么？

　　碳水化合物是动植物的主要能源物质，也是生命过程中必需的营养素，在生命过程中提供能量，增强人体的免疫功能，控制和调节细胞的分裂和生长。近年来研究发现，过多地摄入碳水化合物会导致肥胖、龋齿、冠心病、糖尿病等问题。在我国，碳水化合物常作为功能保健食品的有效成分，其种类和含量反映了其质量和营养价值，其中较为常用的有果糖、葡萄糖、蔗糖、麦芽糖、乳糖和木糖。因此，对保健食品中碳水化合物种类和含量进行快速、灵敏、有效的测定，对于保健食品安全和国民健康等都有重要的意义。

一、还原糖的测定

　　还原糖是指分子中含有还原性基团（如游离醛基或酮基）的糖，主要有葡萄糖、果糖、半乳糖、乳糖、麦芽糖等。有些糖（如蔗糖、糊精、淀粉等）本身不具有还原性，但可以通过水解形成具有还原性的单糖，再进行测定，然后换算成相应糖类的含量。

依据 GB 5009.7—2016《食品安全国家标准 食品中还原糖的测定》，测定保健食品中还原糖含量的方法主要有直接滴定法、高锰酸钾滴定法等。本节以直接滴定法为例，介绍如下。

1. 原理　试样经除去蛋白质后，以亚甲蓝作指示剂，在加热条件下滴定标定过的碱式酒石酸铜（已用还原糖标准溶液标定），根据样品消耗体积计算还原糖含量。

2. 试剂和标准溶液　除非另有说明，本方法所用试剂均为分析纯，水为 GB/T 6682 规定的三级水。

（1）盐酸溶液（1∶1，*V/V*）　量取盐酸 50 mL，加水 50 mL 混匀。

（2）碱性酒石酸铜甲液　称取硫酸铜 15 g 和亚甲蓝 0.05 g，溶于水中，并稀释至 1000 mL。

（3）碱性酒石酸铜乙液　称取酒石酸钾钠 50 g 和氢氧化钠 75 g，溶解于水中，再加入亚铁氰化钾 4 g，完全溶解后，用水定容至 1000 mL，贮存于橡胶塞玻璃瓶中。

（4）乙酸锌溶液　称取乙酸锌 21.9 g，加冰乙酸 3 mL，加水溶解并定容至 100 mL。

（5）亚铁氰化钾溶液（106 g/L）　称取亚铁氰化钾 10.6 g，加水溶解并定容至 100 mL。

（6）氢氧化钠溶液（40 g/L）　称取氢氧化钠 4 g，加水溶解后，放冷，定容至 100 mL。

（7）葡萄糖标准溶液（1.0 mg/mL）　准确称取经过 98～100 ℃烘箱中干燥 2 小时后的葡萄糖 1 g（CAS：50-99-7，纯度≥99%），加水溶解后加入盐酸溶液 5 mL，并用水定容至 1000 mL。此溶液每毫升相当于 1.0 mg 葡萄糖。

（8）果糖标准溶液（1.0 mg/mL）　准确称取经过 98～100 ℃干燥 2 小时的果糖 1 g（CAS：57-48-7，纯度≥99%），加水溶解后加入盐酸溶液 5 mL，并用水定容至 1000 mL。此溶液每毫升相当于 1.0 mg 果糖。

（9）乳糖标准溶液（1.0 mg/mL）　准确称取经过 94～98 ℃干燥 2 小时的乳糖（含水）1 g（CAS：5989-81-1，纯度≥99%），加水溶解后加入盐酸溶液 5 mL，并用水定容至 1000 mL。此溶液每毫升相当于 1.0 mg 乳糖（含水）。

（10）转化糖标准溶液（1.0 mg/mL）　准确称取 1.0526 g 蔗糖（CAS：57-50-1，纯度≥99%），用 100 mL 水溶解，置于具塞锥形瓶中，加盐酸溶液 5 mL，在 68～70 ℃水浴中加热 15 分钟，放置于室温，转移至 1000 mL 容量瓶中并加水定容至 1000 mL。此溶液每毫升相当于 1.0 mg 转化糖。

3. 仪器　分析天平（感量 0.1 mg）；水浴锅；可调温电炉；酸式滴定管（25 mL）。

4. 分析步骤

（1）试样制备

①含淀粉的保健食品。称取粉碎或混匀后的试样 2～5 g（精确至 0.001 g），置于 250 mL 容量瓶中，加水 200 mL，在 45 ℃水浴中加热 1 小时，并时时振摇，冷却后加水至刻度，混匀，静置，沉淀。吸取 200 mL 上清液置于另一 250 mL 容量瓶中，缓慢加入乙酸锌溶液 5 mL 和亚铁氰化钾溶液 5 mL，加水至刻度，混匀，静置 30 分钟，用干燥滤纸过滤，弃去初滤液，取后续滤液备用。

②保健酒类及保健饮品。称取混匀后的试样 5～10 g（精确至 0.01 g），置于蒸发皿中，用氢氧化钠溶液中和至中性，在水浴上蒸发至原体积的 1/4 后，移入 250 mL 容量瓶中，缓慢加入乙酸锌溶液 5 mL 和亚铁氰化钾溶液 5 mL，加水至刻度，混匀，静置 30 分钟，用干

燥滤纸过滤,弃去初滤液,取后续滤液备用。

③保健型碳酸饮料。称取混匀后的试样 5～10 g(精确至 0.01 g),置于蒸发皿中,在水浴上微热搅拌除去二氧化碳后,移入 250 mL 容量瓶中,用水洗涤蒸发皿,洗液并入容量瓶,加水至刻度,混匀后备用。

④其他保健食品。称取粉碎后的固体试样 2.5～5 g(精确至 0.001 g)或混匀后的液体试样 5～10 g(精确至 0.001 g),置于 250 mL 容量瓶中,加 50 mL 水,缓慢加入乙酸锌溶液 5 mL 和亚铁氰化钾溶液 5 mL,加水至刻度,混匀,静置 30 分钟,用干燥滤纸过滤,弃去初滤液,取后续滤液备用。

(2)碱性酒石酸铜溶液的标定 吸取碱性酒石酸铜甲液 5.0 mL 和碱性酒石酸铜乙液 5.0 mL,置于 150 mL 锥形瓶中,加水 10 mL,加入玻璃珠 2～4 粒,从滴定管中加葡萄糖标准溶液(或其他还原糖标准溶液)约 9 mL,控制在 2 分钟内加热至沸,趁热以 1 滴/2 秒的速度继续滴加葡萄糖(或其他还原糖标准溶液),直至溶液蓝色刚好褪去为终点,记录消耗葡萄糖(或其他还原糖标准溶液)的总体积,同法平行操作 3 份,取其平均值,计算每 10 mL(碱性酒石酸甲、乙液各 5 mL)碱性酒石酸铜溶液相当于葡萄糖(或其他还原糖)的质量(mg)。

(3)试样预测 吸取碱性酒石酸铜甲液 5.0 mL 和碱性酒石酸铜乙液 5.0 mL,置于 150 mL 锥形瓶中,加水 10 mL,加入玻璃珠 2～4 粒,控制在 2 分钟内加热至沸,保持沸腾以先快后慢的速度,从滴定管中滴加试样溶液,并保持沸腾状态,待溶液颜色变浅时,以 1 滴/2 秒的速度滴定,直至溶液蓝色刚好褪去为终点,记录样品溶液消耗体积。

当样液中还原糖浓度过高时,应适当稀释后再进行正式测定,使每次滴定消耗样液的体积控制在与标定碱性酒石酸铜溶液时所消耗的还原糖标准溶液的体积相近,约 10 mL,结果按式 4-16 计算;当浓度过低时,则直接加入 10 mL 样品液,免去加水 10 mL,再用还原糖标准溶液滴定至终点,记录消耗的体积与标定时消耗的还原糖标准溶液体积之差相当于 10 mL 样液中所含还原糖的量,结果按式 4-17 计算。

(4)试样测定 吸取碱性酒石酸铜甲液 5.0 mL 和碱性酒石酸铜乙液 5.0 mL,置于 150 mL 锥形瓶中,加水 10 mL,加入玻璃珠 2～4 粒,从滴定管滴加比预测体积少 1 mL 的试样溶液至锥形瓶中,控制在 2 分钟内加热至沸,保持沸腾继续以 1 滴/2 秒的速度滴定,直至溶液蓝色刚好褪去为终点,记录样液消耗体积,同法平行操作 3 份,得出平均消耗体积(V)。

5. 分析结果的表述

(1)试样中还原糖的含量(以某种还原糖计)按式 4-16 计算。

$$X = \frac{m_1}{m \times F \times V/250 \times 1000} \times 100 \qquad (4-16)$$

式中,X——试样中还原糖的含量(以某种还原糖计),g/100 g;m_1——碱性酒石酸铜溶液(甲、乙液各半)相当于某种还原糖的质量,mg;m——试样质量,g;F——系数,对含淀粉保健食品为 0.8,其余为 1;V——测定时平均消耗试样溶液体积,mL;250——样品定容体积,mL;1000——换算系数。

(2)当浓度过低时,试样中还原糖的含量(以某种还原糖计)按式 4-17 计算。

$$X = \frac{m_2}{m \times F \times 10/250 \times 1000} \times 100 \qquad (4-17)$$

式中，X——试样中还原糖的含量（以某种还原糖计），g/100 g；m_2——标定时体积与加入样品后消耗的还原糖标准溶液体积之差相当于某种还原糖的质量，mg；m——试样质量，g；F——系数，对含淀粉保健食品为 0.8，其余为 1；10——样液体积，mL；250——样品定容体积，mL；1000——换算系数。

还原糖含量 ≥10 g/100 g 时，计算结果保留三位有效数字；还原糖含量 <10 g/100 g 时，计算结果保留两位有效数字。

6. 精密度　在重复性条件下获得的两次独立测定结果的绝对差值不得超过算术平均值的 5%。

7. 说明及注意事项

（1）本方法具有试剂用量少，操作简单、快速，滴定终点明显等特点。但对深色的试样（如深色饮品），因色素干扰使终点难以判断，从而会影响其准确性。

（2）碱性酒石酸铜的氧化能力比较强，能同时氧化醛糖和酮糖，所测得的是总还原糖含量。

（3）碱性酒石酸铜甲液和乙液应该分开贮存，用时再混合，避免酒石酸钾钠铜络合物长期在碱性条件下会慢慢析出氧化亚铜沉淀，使试剂有效浓度降低。

（4）亚甲基蓝本身也是一种氧化剂，其氧化型为蓝色，还原型为无色，但在测定条件下其氧化能力比碱性酒石酸铜弱，还原糖将溶液中碱性酒石酸铜耗尽时，稍微过量一点的还原糖便会将亚甲基蓝还原，变为无色，指示滴定终点。但此反应是可逆的，当空气中的氧与无色亚甲基蓝结合时，又变为蓝色。因此，滴定时要保持沸腾状态，使上升蒸汽阻止空气侵入溶液中，且不能随意摇动锥形瓶，更不能把锥形瓶从热源上取下来滴定，以防止空气进入反应溶液。

（5）本方法对滴定操作条件要求严格，对碱性酒石酸铜溶液的标定、试样预测定和测定的操作条件应一致。还原糖浓度要求与还原糖标准溶液的浓度相近，在 1 mg/mL 为宜，使预测时消耗样液量在 10 mL 左右；继续滴定至终点的体积应控制在 0.5~1 mL，保证在 1 分钟内完成续滴工作；热源强度和煮沸时间应严格按照操作规定执行。

拓展阅读

高锰酸钾滴定法测定保健食品中还原糖的含量

高锰酸钾滴定法是 GB 5009.7—2016《食品安全国家标准 食品中还原糖的测定》中测定还原糖的第二法。其原理是试样经除去蛋白质后，其中还原糖把铜盐还原成氧化亚铜，加硫酸铁后，氧化亚铜被氧化为铜盐，经高锰酸钾溶液滴定氧化作用后生成的亚铁盐，根据高锰酸钾消耗量，计算氧化亚铜含量，再查表得还原糖量。此法适用于各种保健食品中还原糖的测定，其准确度和重现性都优于直接滴定法，但操作复杂、费时。

二、蔗糖的测定

蔗糖普遍存在于具有光合作用的植物中，是甜性保健食品中较常见的成分，也是保健食品工业中最重要的甜味剂。蔗糖由一分子葡萄糖和一分子果糖缩合而成。蔗糖是非还原性双糖，不能用测定还原糖的方法直接测定，但在一定条件下可以水解产生具有还原性的葡萄糖和果糖，再采用测定还原糖的方法测定蔗糖含量。

依据 GB 5009.8—2016《食品安全国家标准 食品中果糖、葡萄糖、蔗糖、麦芽糖、乳糖的测定》，保健食品中蔗糖的测定方法是酸水解－莱因－埃农氏法。

1. 原理 试样经除去蛋白质后，其中蔗糖经盐酸水解转化为还原糖，按还原糖测定。水解前后的差值乘以相应的系数即为蔗糖含量。

2. 试剂和标准溶液 除非另有说明，本方法所用试剂均为分析纯，水为 GB/T 6682 规定的三级水。

（1）乙酸锌溶液 称取乙酸锌 21.9 g，加冰乙酸 3 mL，加水溶解并定容至 100 mL。

（2）亚铁氰化钾溶液 称取亚铁氰化钾 10.6 g，加水溶解并定容至 100 mL。

（3）盐酸溶液（1∶1，V/V）量取盐酸 50 mL，缓慢加入 50 mL 水中，冷却后混匀。

（4）氢氧化钠溶液（40 g/L）称取氢氧化钠 4 g，加水溶解后，放冷，加水定容至 100 mL。

（5）甲基红指示液（1 g/L）称取甲基红盐酸盐 0.1 g，用 95% 乙醇溶解并定容至 100 mL。

（6）氢氧化钠溶液（200 g/L）称取氢氧化钠 20 g，加水溶解后，放冷，加水定容至 100 mL。

（7）碱性酒石酸铜甲液 称取硫酸铜 15 g 和亚甲蓝 0.05 g，溶于水中，加水定容至 1000 mL。

（8）碱性酒石酸铜乙液 称取酒石酸钾钠 50 g 和氢氧化钠 75 g，溶解于水中，再加入亚铁氰化钾 4 g，完全溶解后，用水定容至 1000 mL，贮存于橡胶塞玻璃瓶中。

（9）葡萄糖标准溶液（1.0 mg/mL）称取经过 98~100 ℃ 烘箱中干燥 2 小时后的葡萄糖 1 g（精确到 0.001 g）（CAS：50－99－7，纯度≥99%），加水溶解后加入盐酸 5 mL，并用水定容至 1000 mL。此溶液每毫升相当于 1.0 mg 葡萄糖。

3. 仪器 分析天平（感量 0.1 mg）；水浴锅；可调温电炉；酸式滴定管（25 mL）。

4. 分析步骤

（1）试样制备

①固体保健食品。取有代表性的样品 2~5 g，用粉碎机粉碎，混匀，装入洁净容器，密封，标明标记。

②半固体和液体保健食品。取有代表性的样品 5~10 g（mL），充分混匀，装入洁净容器，密封，标明标记。

③保健蜂蜜等易变质试样。于 0~4 ℃ 保存。

（2）试样处理 同本节"直接滴定法测定保健食品中还原糖含量"。

（3）酸水解 吸取 2 份试样各 50.0 mL，分别置于 100 mL 容量瓶中。转化前：其中一份用水稀释至 100 mL。转化后：另一份加（1∶1，V/V）盐酸 5 mL，在 68~70 ℃ 水浴中加热 15 分钟，冷却后加甲基红指示液 2 滴，用 200 g/L 氢氧化钠溶液中和至中性，加水至刻度。

（4）试样测定 同本节"直接滴定法测定食品中还原糖含量"。

5. 分析结果的表述

（1）试样中转化糖的含量（以葡萄糖计）按式 4－18 计算。

$$R = \frac{A}{m \times \dfrac{50}{250} \times \dfrac{V}{100} \times 1000} \times 100 \qquad (4-18)$$

式中，R——试样中转化糖的质量分数（以葡萄糖计），g/100 g；A——碱性酒石酸铜溶液（甲、乙液各半）相当于葡萄糖的质量，mg；m——试样质量，g；50——酸水解中吸取样液体积，mL；250——试样处理中样品定容体积，mL；V——滴定时平均消耗试样溶液体积，mL；100——酸水解中定容体积，mL；1000——换算系数；100——换算系数。

（2）试样中蔗糖的含量按式 4-19 计算。

$$X = (R_2 - R_1) \times 0.95 \qquad (4-19)$$

式中，X——试样中蔗糖的质量分数，g/100 g；R_2——转化后转化糖的质量分数，g/100 g；R_1——转化前转化糖的质量分数，g/100 g；0.95——转化糖（以葡萄糖计）换算为蔗糖的系数。

蔗糖含量≥10 g/100 g 时，计算结果保留三位有效数字；蔗糖含量＜10 g/100 g 时，计算结果保留两位有效数字。

6. 精密度 在重复性条件下获得的两次独立测定结果的绝对差值不得超过算术平均值的 10%。

三、淀粉的测定

淀粉是一种多糖，是植物性食品的重要组成成分，也是人体热量的主要来源。淀粉可逐步水解成短链淀粉、糊精、麦芽糖、葡萄糖，因此可通过测定葡萄糖含量来计算淀粉含量。淀粉测定常用的方法有酶水解法、酸水解法、旋光法、酸化酒精沉淀法。酶水解法适用于淀粉含量较高的样品测定，具有操作简单、应用广泛、选择性较好及准确性高的特点。酸水解法适用于淀粉含量较高，而能被水解为还原糖的多糖含量较少的样品，对含有半纤维素高的保健食品，不宜采用此方法。该法操作简单、应用广泛，但选择性和准确性都不如酶水解法。旋光法适用于淀粉含量较高，而可溶性糖类含量较少的样品，此法重现性好，操作简单。

依据 GB 5009.9—2016《食品安全国家标准 食品中淀粉的测定》，保健食品中淀粉的测定方法有酶水解法、酸水解法等，本节以酶水解法为例，介绍如下。

1. 原理 试样经去除脂肪及可溶性糖后，淀粉用淀粉酶水解成小分子糖，再用盐酸水解成单糖，最后按还原糖测定，并折算成淀粉含量。

2. 试剂和标准溶液 除非另有说明，本方法所用试剂均为分析纯，水为 GB/T 6682 规定的三级水。

（1）甲基红指示液（2 g/L） 称取甲基红 0.2 g，用少量乙醇溶解后，加水定容至 100 mL。

（2）盐酸溶液（1:1，V/V） 量取 50 mL 盐酸与 50 mL 水混合。

（3）氢氧化钠溶液（200 g/L） 称取 20 g 氢氧化钠，加水溶解并定容至 100 mL。

（4）碱性酒石酸铜甲液 称取 15 g 硫酸铜和亚甲蓝 0.05 g，溶于水中并定容至 1000 mL。

（5）碱性酒石酸铜乙液 称取 50 g 酒石酸钾钠和 75 g 氢氧化钠溶于水中，再加入 4 g

亚铁氰化钾，完全溶解后，用水定容至1000 mL，贮存于橡胶塞玻璃瓶内。

（6）淀粉酶溶液（5 g/L） 称取高峰氏淀粉酶0.5 g，加100 mL水溶解，临用时配制；也可加入数滴甲苯或三氯甲烷防止长霉，置于4 ℃冰箱中。

（7）碘溶液 称取3.6 g碘化钾溶于20 mL水中，加入1.3 g碘，溶解后加水定容至100 mL。

（8）85%乙醇溶液 取85 mL无水乙醇，加水定容至100 mL，混匀。也可用95%乙醇配制。

（9）葡萄糖标准溶液 准确称取1 g（精确到0.0001 g）经过98～100 ℃干燥2小时的D－无水葡萄（纯度≥98%，HPLC），加水溶解后加入5 mL盐酸，并加水定容至1000 mL。此溶液每毫升相当于1.0 mg葡萄糖。

3. 仪器 分析天平（感量为0.1 mg和1 mg）；恒温水浴锅（可加热至100 ℃）；组织捣碎机；可调温电炉。

4. 分析步骤

（1）试样制备

①易于粉碎的保健食品。将样品磨碎过0.425 mm筛（相当于40目），称取2～5 g（精确到0.001 g），置于放有折叠慢速滤纸的漏斗内，先用50 mL石油醚或乙醚分5次洗除脂肪，再用约100 mL 85%乙醇分次充分洗去可溶性糖类。根据样品的实际情况，可适当增加洗涤液的用量和洗涤次数，以保证干扰检测的可溶性糖类物质洗涤完全。滤干乙醇，将残留物移入250 mL烧杯内，并用50 mL水洗净滤纸，洗液并入烧杯内，将烧杯置沸水浴上加热15分钟，使淀粉糊化，放冷至60 ℃以下，加20 mL淀粉酶溶液，在55～60 ℃保温1小时，并时时搅拌。然后取1滴此液加1滴碘溶液，应不显现蓝色。若显蓝色，再加热糊化并加20 mL淀粉酶溶液，继续保温，直至加碘溶液不显蓝色为止。加热至沸，冷后移入250 mL容量瓶中，并加水至刻度，混匀，过滤，并弃去初滤液。取50.00 mL滤液，置于250 mL锥形瓶中，加5 mL盐酸（1∶1，V/V），装上回流冷凝器，在沸水浴中回流1小时，冷后加2滴甲基红指示液，用氢氧化钠溶液（200 g/L）中和至中性，溶液转入100 mL容量瓶中，洗涤锥形瓶，洗液并入100 mL容量瓶中，加水至刻度，混匀备用。

②其他保健样品。称取一定量样品，准确加入适量水在组织捣碎机中捣成匀浆，称取相当于原样质量2.5～5 g（精确到0.001 g）的匀浆，以下按上述"易于粉碎的试样"中自"置于放有折叠慢速滤纸的漏斗内"起依法操作。

（2）试样测定 同本节"直接滴定法测定保健食品中还原糖含量"。

试剂空白测定：同时量取20.00 mL水及与试样溶液处理时相同量的淀粉酶溶液，按反滴法做试剂空白实验，即用葡萄糖标准溶液滴定试剂空白溶液至终点，记录消耗的体积与标定时消耗的葡萄糖标准溶液体积之差相当于10 mL样液中所含葡萄糖的量。

5. 分析结果的表述

（1）试样中葡萄糖的含量按式4－20计算。

$$X_1 = \frac{m_1}{\frac{50}{250} \times \frac{V_1}{100}} \tag{4-20}$$

式中，X_1——试样中葡萄糖的含量，mg；m_1——10 mL 碱性酒石酸铜溶液（甲、乙液各半）相当于葡萄糖的质量，mg；50——测定用样品溶液体积，mL；250——样品定容体积，mL；V_1——测定时平均消耗试样溶液体积，mL；100——测定用样品的定容体积，mL。

（2）当浓度过低时，试样中葡萄糖的含量按式 4-21 和 4-22 计算。

$$X_2 = \frac{m_2}{\frac{50}{250} \times \frac{10}{100}} \tag{4-21}$$

$$m_2 = m_1 \left(1 - \frac{V_2}{V_s}\right) \tag{4-22}$$

式中，X_2——试样中葡萄糖的质量，mg；m_2——标定 10 mL 碱性酒石酸铜溶液（甲、乙液各半）时消耗的葡萄糖标准溶液的体积与加入试样后消耗的葡萄糖标准溶液体积之差相当于葡萄糖的质量，mg；50——测定用样品溶液体积，mL；250——样品定容体积，mL；10——直接加入的试样体积，mL；100——测定用样品的定容体积，mL；m_1——10 mL 碱性酒石酸铜溶液（甲、乙液各半）相当于葡萄糖的质量，mg；V_2——加入试样后消耗的葡萄糖标准溶液的体积，mL；V_s——标定 10 mL 碱性酒石酸铜溶液（甲、乙液各半）时消耗的葡萄糖标准溶液的体积，mL。

（3）试剂空白值按式 4-23 和 4-24 计算。

$$X_0 = \frac{m_0}{\frac{50}{250} \times \frac{10}{100}} \tag{4-23}$$

$$m_0 = m_1 \left(1 - \frac{V_0}{V_s}\right) \tag{4-24}$$

式中，X_0——试剂空白值，mg；m_0——标定 10 mL 碱性酒石酸铜溶液（甲、乙液各半）时消耗的葡萄糖标准溶液的体积与加入空白后消耗的葡萄糖标准溶液体积之差相当于葡萄糖的质量，mg；50——测定用样品溶液体积，mL；250——样品定容体积，mL；10——直接加入的试样体积，mL；100——测定用样品的定容体积，mL；V_0——加入空白试样后消耗的葡萄糖标准溶液的体积，mL；V_s——标定 10 mL 碱性酒石酸铜溶液（甲、乙液各半）时消耗的葡萄糖标准溶液的体积，mL。

（4）试样中淀粉的含量按式 4-25 计算。

$$X = \frac{(X_2 - X_0) \times 0.9}{m \times 1000} \times 100 \ \text{或} \ X = \frac{(X_1 - X_0) \times 0.9}{m \times 1000} \times 100 \tag{4-25}$$

式中，X——试样中淀粉的含量，g/100 g；0.9——还原糖（以葡萄糖计）换算为淀粉的系数；m——试样质量，g。

淀粉含量 <1 g/100 g 时，计算结果保留两位有效数字；淀粉含量 ≥1 g/100 g 时，计算结果保留三位有效数字。

6. 精密度　在重复性条件下获得的两次独立测定结果的绝对差值不得超过算术平均值的 10%。

7. 说明及注意事项

（1）淀粉酶具有专一性，能使淀粉分解为麦芽糖。酶在温度超过 85 ℃或有酸碱存在时会失去活性，所以淀粉酶应贮于冰箱保存，但长期贮存亦会降低酶的活性，故酶溶液应现配现用。

（2）酶活性测定方法：取已知量可溶性淀粉，加不同量的淀粉酶溶液，置于 55～60 ℃水浴保温 1 小时后，用碘液检查是否存在淀粉，以确定酶的活力及分解淀粉时所需加入的酶量。

> **拓展阅读**
>
> ### 酸水解法测定保健食品中淀粉的含量
>
> 依据 GB/T 5009.9—2016《食品安全国家标准 食品中淀粉的测定》，酸水解法可以测定保健食品中淀粉含量，原理是试样经除去脂肪及可溶性糖类后，其中淀粉用酸水解成具有还原性的单糖，然后按还原糖测定，并折算成淀粉。

扫码"学一学"

第五节　脂类的测定

脂类作为动植物细胞中各种膜性结构的基本成分及人体血浆中脂蛋白的必需成分，对人体有多种营养和保健作用。近些年来，人们越来越重视脂类保健食品的开发利用，常用的功能性脂类主要包括不饱和脂肪酸和磷脂类，具有抗衰老、维持神经系统的激动性、增强记忆功能、刺激细胞增生、促进血液循环、降血脂、降血糖、防止动脉粥样硬化、健脑抗疲劳等作用。

一、脂肪的测定

依据 GB 5009.6—2016《食品安全国家标准 食品中脂肪的测定》，保健食品中脂肪的测定方法有索氏抽提法、酸水解法、碱水解法、盖勃法等，本节以索氏抽提法为例，介绍如下。

1. 原理　脂肪易溶于有机溶剂。试样直接用无水乙醚或石油醚等溶剂抽提后，蒸发除去溶剂，干燥，即得到游离态脂肪的含量。

2. 试剂和材料　除非另有说明，本方法所用试剂均为分析纯，水为 GB/T 6682 规定的三级水。

（1）无水乙醚。

（2）石油醚（沸程 30～60）℃。

（3）石英砂。

（4）脱脂棉。

3. 仪器　索氏抽提器；恒温水浴锅；分析天平（感量 0.0001 g 和 0.001 g）；电热鼓风干燥箱；干燥器（内装硅胶等有效干燥剂）；滤纸筒；蒸发皿。

4. 分析步骤

（1）试样处理

①固体试样。称取充分混匀后的试样 2～5 g，准确至 0.001 g，全部移入滤纸筒内。

②液体或半固体试样。称取充分混匀后的试样 5 ~ 10 g，准确至 0.001 g，置于蒸发皿中，加入约 20 g 石英砂，于沸水浴上蒸干后，在电热鼓风干燥箱中于（100 ± 5）℃ 干燥 30 分钟后，取出，研细，全部移入滤纸筒内。蒸发皿及沾有试样的玻璃棒，均用沾有乙醚的脱脂棉擦净，并将棉花放入滤纸筒内。

（2）抽提　将滤纸筒放入索氏抽提器的抽提筒内，连接已干燥至恒重的接收瓶，由抽提器冷凝管上端加入无水乙醚或石油醚至瓶内容积的 2/3 处，于水浴上加热，使无水乙醚或石油醚不断回流抽提（6 ~ 8 次/小时），一般抽提 6 ~ 10 小时。提取结束时，用磨砂玻璃棒接取 1 滴提取液，磨砂玻璃棒上无油斑则表明提取完毕。

（3）称量　取下接收瓶，回收无水乙醚或石油醚，待接收瓶内溶剂剩余 1 ~ 2 mL 时在水浴上蒸干，再于（100 ± 5）℃ 干燥 1 小时，放干燥器内冷却 0.5 小时后称量。重复以上操作直至恒重（直至两次称量的差不超过 2 mg）。

5. 分析结果的表述　试样中脂肪的含量按式 4 – 26 计算。

$$X = \frac{m_1 - m_0}{m_2} \times 100 \tag{4 – 26}$$

式中，X——试样中脂肪的含量，g/100 g；m_1——恒重后接收瓶和脂肪的含量，g；m_0——接收瓶的质量，g；m_2——试样的质量，g；100——换算系数。

计算结果表示到小数点后一位。

6. 精密度　在重复性条件下获得的两次独立测定结果的绝对差值不得超过算术平均值的 10%。

二、脂肪酸的测定

依据 GB 5009.168—2016《食品安全国家标准 食品中脂肪酸的测定》，测定保健食品中不饱和脂肪酸的方法主要有内标法、外标法，本节以内标法为例，介绍如下。

1. 原理

（1）水解 – 提取法试剂　加入内标物的试样经水解 – 乙醚溶液提取其中的脂肪后，在碱性条件下皂化和甲酯化，生成脂肪酸甲酯，经毛细管柱气相色谱分析，内标法定量测定脂肪酸甲酯含量，依据各种脂肪酸甲酯含量和转换系数计算出总脂肪、饱和脂肪（酸）、单不饱和脂肪（酸）、多不饱和脂肪（酸）含量。

动植物油脂试样不经脂肪提取，加入内标物后直接进行皂化和脂肪酸甲酯化。

（2）酯交换法　适用于游离脂肪酸含量不大于 2% 的油脂。将油脂溶解在异辛烷中，加入内标物后，再加氢氧化钾甲醇溶液通过酯交换甲酯化，反应完全后，用硫酸氢钠中和剩余的氢氧化钾，以避免甲酯皂化。

2. 试剂和标准溶液　除非另有说明，本方法所用试剂均为分析纯，水为 GB/T 6682 规定的一级水。

（1）氨水。

（2）焦性没食子酸。

（3）无水硫酸钠。

（4）95% 乙醇。

（5）15%三氟化硼甲醇溶液。

（6）异辛烷（色谱纯）。

（7）硫酸氢钠。

（8）乙醚－石油醚（沸程30~60℃）混合液（1:1，*V/V*）。

（9）盐酸溶液（8.3 mol/L）　量取250 mL盐酸，用110 mL水稀释，混匀，室温下可放置2个月。

（10）氢氧化钾甲醇溶液（2 mol/L）　将13.1 g氢氧化钾溶于100 mL无水甲醇中，可轻微加热，加入无水硫酸钠干燥，过滤，即得澄清溶液。

（11）2%氢氧化钠甲醇溶液　称取2 g氢氧化钠溶解在100 mL甲醇（色谱纯）中，混匀。

（12）饱和氯化钠溶液　称取360 g氯化钠溶解于1.0 L水中，搅拌溶解，澄清备用。

（13）十一碳酸甘油三酯内标溶液（5.00 mg/mL）　准确称取2.5 g（精确至0.1 mg）十一碳酸甘油三酯（CAS：13552-80-2）至烧杯中，加入甲醇溶解，移入500 mL容量瓶后用甲醇定容，在冰箱中冷藏可保存1个月。

（14）混合脂肪酸甲酯标准溶液　取出适量脂肪酸甲酯混合标准品移至10 mL容量瓶中，用正庚烷（色谱纯）稀释定容，贮存于-10℃以下冰箱，有效期3个月。

（15）单个脂肪酸甲酯标准溶液　将单个脂肪酸甲酯标准品分别从安瓿瓶中取出转移到10 mL容量瓶中，用正庚烷冲洗安瓿瓶，再用正庚烷定容，分别得到不同脂肪酸甲酯的单标溶液，贮存于-10℃以下冰箱，有效期3个月。

3. 仪器　匀浆机或实验室用组织粉碎机或研磨机；气相色谱仪［配有氢火焰离子检测器（FID）］；毛细管色谱柱（聚二氰丙基硅氧烷强极性固定相，柱长100 m，内径0.25 mm，膜厚0.2 μm）；恒温水浴（控温范围40~100℃，控温±1℃）；分析天平（感量0.1 mg）；旋转蒸发仪。

4. 分析步骤

（1）试样的制备　在采样和制备过程中，应避免试样污染。固体或半固体试样使用组织粉碎机或研磨机粉碎，液体试样用匀浆机打成匀浆于-18℃以下冷冻保存，分析用时将其解冻后使用。

（2）试样前处理

①水解－提取法

a. 试样的称取。称取均匀试样0.1~10 g（精确至0.1 mg，含脂肪100~200 mg）移入250 mL平底烧瓶中，准确加入2.0 mL十一碳酸甘油三酯内标溶液。加入约100 mg焦性没食子酸，以及几粒沸石，再加入2 mL 95%乙醇和4 mL水，混匀。

b. 试样的水解。根据试样的类别选取相应的水解方法，保健乳制品采用碱水解法；动植物油脂类保健食品直接进行步骤"脂肪的皂化和脂肪酸的甲酯化"，其余保健食品采用酸水解法。

酸水解法：适用于除保健乳制品和乳酪以外的保健食品。加入盐酸溶液10 mL，混匀。将烧瓶放入70~80℃水浴中水解40分钟。每隔10分钟振荡一下烧瓶，使黏附在烧瓶壁上的颗粒物混入溶液中。水解完成后，取出烧瓶冷却至室温。

碱水解法：适用于保健乳制品。加入氨水5 mL，混匀。将烧瓶放入70~80℃水浴中水解 20 分钟。每 5 分钟振荡一下烧瓶，使黏附在烧瓶壁上的颗粒物混入溶液中。水解完成后，取出烧瓶冷却至室温。

c. 脂肪提取。水解后的试样，加入 10 mL 95% 乙醇，混匀。将烧瓶中的水解液转移到分液漏斗中，用 50 mL 乙醚 - 石油醚混合液冲洗烧瓶和塞子，冲洗液并入分液漏斗中，加盖。振摇 5 分钟，静置 10 分钟。将醚层提取液收集到 250 mL 烧瓶中。按照以上步骤重复提取水解液 3 次，最后用乙醚 - 石油醚混合液冲洗分液漏斗，并收集到 250 mL 烧瓶中。旋转蒸发仪浓缩至干，残留物即为脂肪提取物。

d. 脂肪的皂化和脂肪酸的甲酯化。在脂肪提取物中加入 2% 氢氧化钠甲醇溶液 8 mL，连接回流冷凝器，（80 ± 1）℃ 水浴上回流，直至油滴消失。从回流冷凝器上端加入 7 mL 15% 三氟化硼甲醇溶液，在（80 ± 1）℃ 水浴中继续回流 2 分钟。用少量水冲洗回流冷凝器。停止加热，从水浴上取下烧瓶，迅速冷却至室温。准确加入 10 ~ 30 mL 正庚烷，振摇 2 分钟，再加入饱和氯化钠水溶液，静置分层。吸取上层正庚烷提取溶液大约 5 mL 至 25 mL 试管中，加入 3 ~ 5 g 无水硫酸钠，振摇 1 分钟，静置 5 分钟，吸取上层溶液到进样瓶中待测定。

②酯交换法。适用于游离脂肪酸含量不大于 2% 的油脂样品。

a. 试样称取。称取试样 60.0 mg 至具塞试管中，精确至 0.1 mg，准确加入 2.0 mL 内标溶液。

b. 甲酯制备。加入 4 mL 异辛烷溶解试样，必要时可以微热，试样溶解后加入 200 μL 氢氧化钾甲醇溶液，盖上玻璃塞猛烈振摇 30 秒后静置至澄清。加入约 1 g 硫酸氢钠，猛烈振摇，以中和氢氧化钾。待盐沉淀后，将上层溶液移至上机瓶中，待测。

（3）测定

①色谱参考条件。取单个脂肪酸甲酯标准溶液和脂肪酸甲酯混合标准溶液分别注入气相色谱仪，对色谱峰进行定性。

毛细管色谱柱：聚二氰丙基硅氧烷强极性固定相（柱长 100 m，内径 0.25 mm，膜厚 0.2 μm）。进样器温度：270 ℃。检测器温度：280 ℃。程序升温：初始温度 100 ℃，持续 13 分钟→100 ~ 180 ℃，升温速率 10 ℃/min，保持 6 分钟→180 ~ 200 ℃，升温速率 1 ℃/min，保持 20 分钟→200 ~ 230 ℃，升温速率 4 ℃/min，保持 10.5 分钟。载气：氮气。分流比：100：1。进样体积：1.0 μL。检测条件应满足理论塔板数（n）至少 2000/m，分离度（R）至少 1.25。

②试样测定。在上述色谱条件下将脂肪酸标准测定液及试样测定液分别注入气相色谱仪，以色谱峰峰面积定量。

5. 分析结果的表述

（1）试样中单个脂肪酸甲酯的含量按式 4 - 27 计算。

$$X_i = F_i \times \frac{A_i}{A_{C11}} \times \frac{\rho_{C11} \times V_{C11} \times 1.0067}{m} \times 100 \qquad (4-27)$$

式中，X_i——试样中脂肪酸甲酯 i 的含量，g/100 g；F_i——脂肪酸甲酯 i 的响应因子；A_i——试样中脂肪酸甲酯 i 的峰面积；A_{C11}——试样中加入的内标物十一碳酸甲酯的峰面积；ρ_{C11}——十一碳酸甘油三酯的浓度，mg/mL；V_{C11}——试样中加入十一碳酸甘油三酯的体积，

mL；1.0067——十一碳酸甘油三酯转化成十一碳酸甲酯的转换系数；m——试样的质量，mg；100——将含量转换为每 100 g 试样中含量的系数。

脂肪酸甲酯 i 的响应因子 F_i 按式 4-28 计算。

$$F_i = \frac{\rho_{Si} \times A_{11}}{A_{Si} \times \rho_{11}} \qquad (4-28)$$

式中，F_i——脂肪酸甲酯 i 的响应因子；ρ_{Si}——混标中各脂肪酸甲酯 i 的浓度，mg/mL；A_{11}——十一碳酸甲酯的峰面积；A_{Si}——脂肪酸甲酯 i 的峰面积；ρ_{11}——混标中十一碳酸甲酯的浓度，mg/mL。

（2）试样中饱和脂肪（酸）的含量按式 4-29 计算。

试样中单饱和脂肪酸含量按式 4-30 计算。

$$X_{\text{Saturated Fat}} = \sum X_{\text{SFAi}} \qquad (4-29)$$

$$X_{\text{SFAi}} = X_{\text{FAMEi}} \times F_{\text{FAMEi-FAi}} \qquad (4-30)$$

式中，$X_{\text{Saturated Fat}}$——饱和脂肪（酸）含量，g/100 g；X_{SFAi}——单饱和脂肪酸含量，g/100 g；X_{FAMEi}——单饱和脂肪酸甲酯含量，g/100 g；$F_{\text{FAMEi-FAi}}$——脂肪酸甲酯转化成脂肪酸的系数。

脂肪酸甲酯转换为脂肪酸的转换系数 $F_{\text{FAMEi-FAi}}$ 参见 GB 5009.168—2016 附录 D。脂肪酸甲酯 i 转化成为脂肪酸的系数按式 4-31 计算。

$$F_{\text{FAMEi-FAi}} = \frac{M_{\text{FAi}}}{M_{\text{FAMEi}}} \qquad (4-31)$$

式中，$F_{\text{FAMEi-FAi}}$——脂肪酸甲酯转化成脂肪酸的转换系数；M_{FAi}——脂肪酸 i 的分子质量；M_{FAMEi}——脂肪酸甲酯 i 的分子质量。

（3）试样中单不饱和脂肪（酸）含量按式 4-32 计算。

试样中每种单不饱和脂肪酸甲酯含量按式 4-33 计算。

$$X_{\text{Mono-Unsaturated Fat}} = \sum X_{\text{MUFAi}} \qquad (4-32)$$

$$X_{\text{MUFAi}} = X_{\text{FAMEi}} \times F_{\text{FAMEi-FAi}} \qquad (4-33)$$

式中，$X_{\text{Mono-Unsaturated Fat}}$——试样中单不饱和脂肪（酸）含量，g/100 g；X_{MUFAi}——试样中每种单不饱和脂肪酸含量，g/100 g；X_{FAMEi}——每种单不饱和脂肪酸甲酯含量，g/100 g；$F_{\text{FAMEi-FAi}}$——脂肪酸甲酯 i 转化成脂肪酸的系数。

脂肪酸甲酯转化成脂肪酸的系数 $F_{\text{FAMEi-FAi}}$ 参见 GB 5009.168—2016 附录 D。

（4）试样中多不饱和脂肪（酸）含量按式 4-34 计算。

试样中单个多不饱和脂肪酸含量按式 4-35 计算。

$$X_{\text{Poly-Unsaturated Fat}} = \sum X_{\text{PUFAi}} \qquad (4-34)$$

$$X_{\text{PUFAi}} = X_{\text{FAMEi}} \times F_{\text{FAMEi-FAi}} \qquad (4-35)$$

式中，$X_{\text{Poly-Unsaturated Fat}}$——试样中多不饱和脂肪（酸）含量，g/100 g；X_{PUFAi}——试样中单个多不饱和脂肪酸含量，g/100 g；X_{FAMEi}——单个多不饱和脂肪酸甲酯含量，g/100 g；

$F_{FAMEi-FAi}$——脂肪酸甲酯转化成脂肪酸的系数。

脂肪酸甲酯转化成脂肪酸的系数 $F_{FAMEi-FAi}$ 参见 GB 5009.168—2016 附录 D。

（5）试样中总脂肪的含量按式 4-36 计算。

$$X_{Total\ Fat} = \sum X_i \times F_{FAMEi-TGi} \qquad (4-36)$$

式中，$X_{Total\ Fat}$——试样中总脂肪含量，g/100 g；X_i——试样中单个脂肪酸甲酯 i 含量，g/100 g；$F_{FAMEi-TGi}$——脂肪酸甲酯 i 转化成甘油三酯的系数。

计算结果保留三位有效数字。

各种脂肪酸甲酯转化成甘油三酯的系数参见 GB 5009.168—2016 附录 D。脂肪酸甲酯 i 转化成为脂肪酸甘油三酯的系数按式 4-37 计算。

$$F_{FAMEi-TGi} = \frac{M_{TGi} \times \frac{1}{3}}{M_{FAMEi}} \qquad (4-37)$$

式中，$F_{FAMEi-TGi}$——脂肪酸甲酯 i 转化成为脂肪酸甘油三酯的系数；M_{TGi}——脂肪酸甘油三酯 i 的分子质量；M_{FAMEi}——脂肪酸甲酯 i 的分子质量。

三、磷脂的测定

依据 GB/T 35867—2018/ISO 11701：2009《粮油检验 卵磷脂中磷脂含量的测定 - 高效液相色谱蒸发光散射检验法》，保健食品中磷脂含量的测定使用高效液相色谱蒸发光散射法。

1. 原理　各磷脂组分通过配备二醇柱的高效液相色谱仪分离，蒸发光散射检测器检测，与标准物质比较进行定量。

2. 试剂　警示：应当严格遵循有毒物质的使用规程。采取有效措施保证组织和个人安全。除非另有说明，本方法所用试剂均为分析纯，水为 GB/T 6682 规定的三级水。

（1）正己烷（色谱纯）。

（2）异丙醇（色谱纯）。

（3）乙酸（质量分数≥99.8%）。

（4）三乙胺。

（5）正己烷 - 异丙醇混合溶剂　由 80 mL 正己烷（体积分数 80 mL/100 mL）和 20 mL 异丙醇（体积分数 20 mL/100 mL）组成，用于溶解标准品和样品。

（6）标准品（外标）ILPS - LE01　混合大豆磷脂标准物质，其中 N - acyl - PE、PA、PE、PC、PI、LPC 的准确含量已精确测定。

（7）高效液相色谱流动相

①A 相。将 814.2 mL 正己烷、170.0 mL 异丙醇、15.0 mL 乙酸和 0.8 mL 三乙胺混合。（其中正己烷体积分数 φ =81.42 mL/100 mL，异丙醇体积分数 φ =17.00 mL/100 mL，乙酸体积分数 φ =1.50 mL/100 mL，三乙胺体积分数 φ =0.08 mL/100 mL）。为使流动相配制比例稳定，需考虑溶剂密度，建议将所有溶剂称重。若配制 2.5 L 流动相，则称取 1341.4 g 正己烷、331.5 g 异丙醇、39.4 g 乙酸和 1.45 g（2.0 mL）三乙胺。

②B 相。将 844.2 mL 异丙醇、140.0 mL 水、15.0 ml 乙酸和 0.8 mL 三乙胺混合。（其中异丙醇体积分数 φ =84.42 mL/100 mL，水体积分数 φ =14.00 mL/100 mL，乙酸体积分数

$\varphi = 1.50$ mL/100 mL，三乙胺体积分数 $\varphi = 0.08$ mL/100 mL）。为使流动相配制比例稳定，需考虑溶剂密度，建议将所有溶剂称重。若配制 2.5 L 流动相，则称取 1646.2 g 异丙醇、350.0 g 水、39.4 g 乙酸和 1.45 g（2.0 mL）三乙胺。

3. 仪器 分析天平（感量 0.1 mg）；高效液相色谱（配备梯度系统和增发光散射检测器）；容量瓶（容积为 50 mL、100 mL、2500 mL）；微量注射器（量程为 25 μL，最小刻度 1 μL）；数据处理系统。

4. 分析步骤

（1）标准溶液和试样溶液的制备

①标准溶液 R_1、R_2、R_3。制备 3 种不同浓度的标准溶液：分别精确称取 550 mg（R_1）、850 mg（R_2）、1150 mg（R_3）标准品 ILPS – LE01 于 3 个 100 mL 容量瓶中，用正己烷异丙醇混合溶剂溶解并定容。过滤此标准溶液用于高效液相色谱分析。

②试样溶液。取样品在 60 ℃ 以下融化，剧烈搅拌匀质。称取 425 mg 粗制卵磷脂、255 mg 脱油卵磷脂、255 mg 分馏卵磷脂于 50 mL 容量瓶中，精确到 0.001 g，用正己烷 – 异丙醇混合溶剂溶解并定容。过滤试样溶液得到测试液。

（2）标准曲线 吸取 20 μL 标准溶液和试样溶液进行测定，以测得的峰面积对浓度作图制作标准曲线。

测定条件：柱温度：55 ℃。检测器增益：5 ~ 6。检测器温度：50 ℃。检测器压力：0.20 MPa（2.0 bar）。流速：1.0 mL/min。冲洗流速：2.0 mL/min。梯度洗脱度：见表 4 – 4。

表 4 – 4　高效液相色谱梯度洗脱表

时间 （min）	流动相 A （%）	流动相 B （%）	流速 （mL/min）
0.0	95	5	1.0
5.0	80	20	1.0
8.5	60	40	1.0
15.0	0	100	1.0
17.5	0	100	1.0
17.6	95	5	1.0
21.0	95	5	1.0
22.0	95	5	2.0
27.0	95	5	2.0
29.0	95	5	1.0

（3）试样测定 吸取 20 μL 试样溶液，按上述条件进样测定，记录峰面积。

5. 分析结果的表述 用标准曲线计算单组分磷脂的含量。标准曲线中应包含 3 个比样品浓度低的校准点和 3 个比样品浓度高的校准点。根据测试样品浓度，可将 R_1、R_2、R_3 稀释为合适的 6 个校准点，按式 4 – 38 计算。

$$\omega_i = \frac{m_{pi}}{m} \times 100 \qquad (4 - 38)$$

式中，ω_i——测试样品中单组分磷脂的质量分数，g/100 g；m_{pi}——测试样品中单组分磷脂的质量，mg；m——测试样品的质量，mg。

计算结果保留一位小数。

6. 精密度　以相关规定为准。

四、胆固醇的测定

胆固醇又称胆甾醇，是一种环戊烷多氢菲的衍生物。广泛存在于动物体内，尤以脑及神经组织中最为丰富，在肾、脾、皮肤、肝和胆汁中含量也高。其溶解性与脂肪类似，不溶于水，易溶于乙醚、氯仿等溶剂。胆固醇是动物组织细胞所不可缺少的重要物质，它不仅参与形成细胞膜，而且是合成胆汁酸、维生素 D 以及甾体激素的原料。胆固醇经代谢还能转化为胆汁酸、类固醇激素、7 - 脱氢胆固醇，并且 7 - 脱氢胆固醇经紫外线照射会转变为维生素 D_3，所以胆固醇并非是对人体有害的物质。依据 GB 5009.128—2016《食品安全国家标准 食品中胆固醇的测定》，保健食品中胆固醇的测定方法有气相色谱法、高效液相色谱法、比色法。本节以气相色谱法和比色法为例，介绍如下。

（一）气相色谱法测定保健食品中胆固醇的含量

1. 原理　样品经无水乙醇 - 氢氧化钾溶液皂化，石油醚和无水乙醚混合提取，提取液浓缩至干，无水乙醇溶解定容后，采用气相色谱法检测，外标法定量。

2. 试剂和标准溶液　除非另有说明，本法所用试剂均为分析纯，水为 GB/T 6682 规定的一级水。

（1）无水硫酸钠。

（2）60% 氢氧化钾溶液。

（3）石油醚（沸程 30 ~ 60 ℃）- 无水乙醚混合液（1∶1，V/V）。

（4）胆固醇标准储备液（1.0 mg/mL）　称取 0.05 g（精确至 0.1 mg）胆固醇标准品（CAS：57 - 88 - 5，纯度≥99%），用无水乙醇溶解并定容至 50 mL，放置 0 ~ 4 ℃密封可贮藏半年。

（5）胆固醇标准系列工作液　分别吸取胆固醇标准储备液（1.0 mg/mL）25 μL、50 μL、100 μL、500 μL、2000 μL，用无水乙醇定容至 10 mL，该标准系列工作液的浓度分别为 2.5 μg/mL、5 μg/mL、10 μg/mL、50 μg/mL、200 μg/mL。现用现配。

3. 仪器　气相色谱仪［配有氢火焰离子化检测器（FID）］；电子天平（感量 0.1 mg 和 1 mg）；匀浆机；皂化装置。

4. 分析步骤

（1）试样制备

①固体试样。取样品 2 ~ 10 g 进行均质。将试样装入密封的容器里，以防变质和成分变化。试样应在均质化 24 小时内尽快分析。

②液体试样。取混匀后的均匀液体试样装入密封容器里待测。

（2）样品处理

①皂化。称取制备后的样品 0.25 ~ 10 g（准确至 0.001 g，胆固醇含量为 0.5 ~ 5 mg）于 250 mL 圆底烧瓶中，加入 30 mL 无水乙醇，10 mL 60% 氢氧化钾溶液，混匀。将试样在 100 ℃磁力搅拌加热电热套皂化回流 1 小时，不时振荡，防止试样黏附在瓶壁上，皂化结束后，用 5 mL 无水乙醇自冷凝管顶端冲洗其内部，取下圆底烧瓶，用流水冷却至

室温。

②提取。定量转移全部皂化液于 250 mL 分液漏斗中，用 30 mL 水分 2 ~ 3 次冲洗圆底烧瓶，洗液并入分液漏斗，再用 40 mL 石油醚 – 无水乙醚混合液（1 : 1，*V/V*）分 2 ~ 3 次冲洗圆底烧瓶并入分液漏斗，振摇 2 分钟，静置，分层。转移水相，合并三次有机相，用水每次 100 mL 洗涤提取液至中性，初次水洗时轻轻旋摇，防止乳化，提取液通过约 10 g 无水硫酸钠脱水转移到 150 mL 平底烧瓶中。

③浓缩。将上述平底烧瓶中的提取液在真空条件下蒸发至近干，用无水乙醇溶解并定容至 5 mL，待气相色谱仪测定。不同试样的前处理需要同时做空白实验。

（3）测定

①仪器参考条件。色谱柱：DB – 5 弹性石英毛细管柱（柱长 30 m，内径 0.32 mm，粒径 0.25 μm），或同等性能的色谱柱。载气：高纯氮气，纯度≥99.999%，恒流 2.4 mL/min。柱温（程序升温）：初始温度为 200 ℃，保持 1 分钟，以 30 ℃/min 速率升至 280 ℃，保持 10 分钟。进样口温度：280 ℃。检测器温度：290 ℃。进样量：1 μL。进样方式：不分流进样，进样 1 分钟后开阀。空气流量：350 mL/min。氢气流量：30 mL/min。

②标准曲线的制作。分别取胆固醇标准系列工作液注入气相色谱仪，在上述色谱条件下测定标准溶液的响应值（峰面积），以浓度为横坐标、峰面积为纵坐标，制作标准曲线。

③测定。试样溶液注入气相色谱仪，测定峰面积，由标准曲线得到试样溶液中胆固醇的浓度。根据保留时间定性，外标法定量。

5. 分析结果的表述　试样中胆固醇的含量按式 4 – 39 计算。

$$X = \frac{\rho \times V}{m \times 1000} \times 100 \qquad (4-39)$$

式中，X——试样中胆固醇含量，mg/100 g；ρ——试样溶液中胆固醇的浓度，μg/mL；V——试样溶液最终定容的体积，mL；m——试样质量，g；1000——换算系数；100——换算系数。

计算结果应扣除空白。结果保留三位有效数字。

6. 精密度　在重复性条件下获得的两次独立测定结果的绝对差值不得超过算术平均值的 10%。

（二）比色法测定保健食品中胆固醇的含量

1. 原理　样品进行脂肪提取后的油脂，经无水乙醇 – 氢氧化钾溶液皂化，用石油醚提取，浓缩后加入冰乙酸，以硫酸铁铵试剂作为显色剂，采用分光光度计，在 560 ~ 575 nm 波长下检测，外标法定量。

2. 试剂和标准溶液　除非另有说明，本方法所用试剂均为分析纯，水为 GB/T 6682 规定的三级水。

（1）无水乙醇。

（2）石油醚（沸程 30 ~ 60 ℃）。

（3）冰乙酸（优级纯）。

（4）钢瓶氮气（纯度 99.99%）。

（5）铁矾储备液　称取 4.463 g 硫酸铁铵于 100 mL 磷酸中（如果不能充分溶解，超声后取上清液），贮藏于干燥器内，此液在室温中稳定。

（6）铁矾显色液　吸取铁矾储备液 10 mL，用硫酸定容至 100 mL。贮藏于干燥器内，以防吸水。

（7）50% 氢氧化钾溶液　称取 50 g 氢氧化钾，用水溶解，定容至 100 mL。

（8）5% 氯化钠溶液　称取 5 g 氯化钠，用水溶解，定容至 100 mL。

（9）盐酸溶液（1∶1，V/V）　将盐酸与水等体积混合均匀。

（10）氢氧化钠溶液（240 g/L）　称取 24 g 氢氧化钠，用水溶解，定容至 100 mL。

（11）海砂　取用水洗去泥土的海砂或河砂，先用盐酸溶液（1∶1，V/V）煮沸 0.5 小时，用水洗至中性，再用氢氧化钠溶液（240 g/L）煮沸 0.5 小时，用水洗至中性，经（100±5）℃干燥备用。

（12）胆固醇标准储备液（1.0 mg/mL）　称取 0.10 g（精确至 0.1 mg）胆固醇标准品（CAS：57-88-5，纯度 ≥99%），用冰乙酸溶解并定容至 100 mL。放置 4 ℃ 密封可贮藏半年。

（13）胆固醇标准工作液（100 μg/mL）　吸取胆固醇标准储备液（1.0 mg/mL）10 mL，用冰乙酸定容至 100 mL。现用现配。

3. 仪器　匀浆机；分光光度计；电子天平（感量 0.1 mg 和 1 mg）。

4. 分析步骤

（1）胆固醇标准曲线的制作　吸取胆固醇标准工作液 0.0 mL、0.5 mL、1.0 mL、1.5 mL、2.0 mL 分别置于 10 mL 试管中，在各管内加入冰乙酸使总体积均达 4 mL。沿管壁加入 2 mL 铁矾显色液，混匀，15～90 分钟内，在 560～575 nm 波长下比色。以胆固醇标准浓度为横坐标，吸光度为纵坐标制作标准曲线。

（2）测定

①保健食品中脂肪的提取与测定。用索氏脂肪提取法计算出每 100 g 保健食品中的脂肪含量。

②保健食品中胆固醇的测定。将提取的油脂 3～4 滴（含胆固醇 300～500 μg），置于 25 mL 试管中，准确记录其质量。加入 4 mL 无水乙醇，0.5 mL 50% 氢氧化钾溶液，混匀，装上冷凝管，在 65 ℃ 恒温水浴锅中皂化 1 小时。皂化时每隔 20～30 分钟振摇一次使皂化完全。皂化完毕，取出试管，用流水冷却。加入 3 mL 5% 氯化钠溶液，10 mL 石油醚，盖紧玻璃塞，在电动振荡器上振摇 2 分钟，静置分层（一般约需 1 小时以上）。

取上层石油醚液 2 mL，置于 10 mL 具塞玻璃试管内，在 65 ℃ 水浴中用氮气吹干，加入 4 mL 冰乙酸，2 mL 铁矾显色液，混匀，放置 15 分钟后，在 560～575 nm 波长下比色，测得吸光度，在标准曲线上查出相应的胆固醇含量。

不同试样的前处理需要同时做空白实验。

5. 分析结果的表述　试样中胆固醇的含量按式 4-40 计算。

$$X = \frac{A \times C \times V_1}{V_2 \times m \times 1000} \qquad (4-40)$$

式中，X——试样中胆固醇的含量，mg/100 g；A——测得的吸光度值在胆固醇标准曲线上的胆固醇含量，μg；C——试样中脂肪含量，g/100 g；V_1——石油醚总体积，mL；V_2——

取出的石油醚体积，mL；m——称取保健食品油脂试样量，g；1000——换算系数。

计算结果应扣除空白，保留三位有效数字。

6. 精密度 在重复性条件下获得的两次独立测定结果的绝对差值不得超过算术平均值的10%。

📖 拓展阅读

高效液相色谱法测定保健食品中胆固醇的含量

依据 GB 5009.128—2016《食品安全国家标准 食品中胆固醇的测定》，高效液相色谱法可测定保健食品中胆固醇含量，其分析方法与气相色谱法相似。此法原理是样品经无水乙醇–氢氧化钾溶液皂化，石油醚和无水乙醚混合提取，提取液浓缩至干，无水乙醇溶解定容后，采用高效液相色谱仪检测，外标法定量。

扫码"学一学"

第六节　蛋白质和氨基酸的测定

一、蛋白质的测定

蛋白质类保健品主要有乳清蛋白和植物混合蛋白两类。乳清蛋白是从牛奶中提取的蛋白质，在牛奶中的含量为0.7%，它由于营养价值高、易消化吸收、富含多种活性物质而被誉为蛋白之王，是公认的人体优质蛋白补充剂之一。植物蛋白主要来源于谷类和豆科植物，谷类一般含蛋白质6%~10%，豆科植物如某些干豆类的蛋白质含量可高达40%左右，是人类植物性食物蛋白质的良好来源。

测定蛋白质补充剂中蛋白质的含量，对于评价保健品营养价值具有重要的意义。依据 GB 5009.5—2016《食品安全国家标准 食品中蛋白质的测定》，蛋白质的测定方法有凯氏定氮法、分光光度法、燃烧法等，本节以自动凯氏定氮仪法为例，介绍如下。

1. 原理 保健食品中的蛋白质在催化加热条件下被分解，产生的氨与硫酸结合生成硫酸铵。碱化蒸馏使氨游离，用硼酸吸收后以硫酸或盐酸标准滴定溶液滴定，根据酸的消耗量计算氮含量，再乘以换算系数，即为蛋白质的含量。

2. 试剂和标准溶液 除非另有说明，本方法所用试剂均为分析纯，水为 GB/T 6682 规定的三级水。

（1）硫酸铜。

（2）硫酸钾。

（3）硫酸。

（4）硼酸溶液（20 g/L） 称取20 g硼酸，加水溶解后，稀释至1000 mL。

（5）氢氧化钠溶液（400 g/L） 称取40 g氢氧化钠加水溶解，放冷，稀释至100 mL。

（6）硫酸标准滴定溶液（0.0500 mol/L）或盐酸标准滴定溶液（0.0500 mol/L）。

（7）甲基红乙醇溶液（1 g/L） 称取0.1 g甲基红，溶于95%乙醇，用95%乙醇稀释至100 mL。

（8）亚甲基蓝乙醇溶液（1 g/L）　称取 0.1 g 亚甲基蓝指示剂，溶于 95% 乙醇，用 95% 乙醇稀释至 100 mL。

（9）溴甲酚绿乙醇溶液（1 g/L）　称取 0.1 g 溴甲酚绿指示剂，溶于 95% 乙醇，用 95% 乙醇稀释至 100 mL。

（10）A 混合指示液　2 份甲基红乙醇溶液与 1 份亚甲基蓝乙醇溶液临用时混合。

（11）B 混合指示液　1 份甲基红乙醇溶液与 5 份溴甲酚绿乙醇溶液临用时混合。

3. 仪器　分析天平（感量 1 mg）；自动凯氏定氮仪。

4. 分析步骤　称取充分混匀的固体试样 0.2～2 g、半固体试样 2～5 g 或液体试样 5～10 g（相当于 30～40 mg 氮），精确至 0.001 g，于消化管中，再加入 0.4 g 硫酸铜、6 g 硫酸钾及 20 mL 硫酸于消化炉进行消化。加温至 420 ℃后，继续消化 1 小时至消化管中的液体呈绿色透明状，取出冷却后加入 50 mL 水，于自动凯氏定氮仪（使用前加入氢氧化钠溶液、盐酸或硫酸标准溶液以及含有混合指示剂 A 或 B 的硼酸溶液）上实现自动加液、蒸馏、滴定和记录滴定数据的过程。

5. 分析结果的表述　试样中蛋白质的含量按式 4-41 计算。

$$X = \frac{(V_1 - V_2) \times c \times 0.0140}{m \times V_3/100} \times F \times 100 \qquad (4-41)$$

式中，X——试样中蛋白质的含量，g/100 g；V_1——试液消耗硫酸或盐酸标准滴定液的体积，mL；V_2——试剂空白消耗硫酸或盐酸标准滴定液的体积，mL；c——硫酸或盐酸标准滴定溶液浓度，mol/L；0.0140——1.0 mL 硫酸 $\left[c\left(\frac{1}{2}H_2SO_4\right) = 1.000 \text{ mol/L}\right]$ 或盐酸 $\left[c(HCl) = 1.000 \text{ mol/L}\right]$ 标准滴定溶液相当的氮的质量，g；m——试样的质量，g；V_3——吸取消化液的体积，mL；F——氮换算为蛋白质的系数；100——换算系数。

蛋白质含量 ≥1 g/100 g 时，计算结果保留三位有效数字；蛋白质含量 <1 g/100 g 时，计算结果保留两位有效数字。

6. 精密度　在重复条件下获得的两次独立测定结果的绝对差值不得超过算术平均值的 10%。

二、氨基酸态氮的测定

随着保健食品科学的发展和营养知识的普及，保健食物蛋白质中必需氨基酸含量的高低及氨基酸的构成，愈来愈得到人们的重视。为提高蛋白质的生理效价而进行氨基酸互补和强化的理论，对保健食品加工工艺的改革、保健食品的开发及合理配膳等工作都具有积极的指导作用。因此，保健食品及其原料中氨基酸的分离、鉴定和定量也具有极其重要的意义。

依据 GB 5009.235—2016《食品安全国家标准　食品中氨基酸态氮的测定》对于氨基酸补充剂的定量测定通常采用测定氨基酸态氮的百分率来测定总氨基酸含量，主要测定方法有酸度计法、比色法等。酸度计法和比色法适用的食品不同，本节以酸度计法为例，介绍如下。

1. 原理　利用氨基酸的两性作用，加入甲醛以固定氨基的碱性，使羧基显示出酸性，用氢氧化钠标准溶液滴定后定量，以酸度计测定终点。

2. 试剂和标准溶液 除非另有说明，本方法所用试剂均为分析纯，水为 GB/T 6682 规定的三级水。

（1）甲醛（36% ~ 38%） 应不含有聚合物（没有沉淀且溶液不分层）。

（2）酚酞指示液 称取酚酞 1 g，溶于 95% 的乙醇中，用 95% 乙醇稀释至 100 mL。

（3）氢氧化钠标准滴定溶液（0.05 mol/L） 称取 110 g 氢氧化钠于 250 mL 的烧杯中，加 100 mL 的水，振摇使之溶解成饱和溶液，冷却后置于聚乙烯的塑料瓶中，密塞，放置数日，澄清后备用。取上层清液 2.7 mL，加适量新煮沸过的冷蒸馏水至 1000 mL，摇匀。

（4）氢氧化钠标准滴定溶液的标定 称取约 0.36 g 在 105 ~ 110 ℃ 干燥至恒重的基准邻苯二甲酸氢钾，加 80 mL 新煮沸过的水，使之尽量溶解，加 2 滴酚酞指示液，用氢氧化钠溶液滴定至溶液呈微红色，30 秒不褪色。记下耗用氢氧化钠溶液的毫升数。同时做空白实验。氢氧化钠标准滴定溶液的浓度可按式 4 - 42 计算。

$$c = \frac{m}{(V_1 - V_2) \times 0.2042} \qquad (4-42)$$

式中，c——氢氧化钠标准滴定溶液的实际浓度，mol/L；m——基准邻苯二甲酸氢钾的质量，g；V_1——氢氧化钠标准溶液的用量体积，mL；V_2——空白实验中氢氧化钠标准溶液的用量体积，mL；0.2042——与 1.00 mL 氢氧化钠标准滴定溶液 $[c(\text{NaOH}) = 1.000 \text{ mol/L}]$ 相当的基准邻苯二甲酸氢钾的质量，g。

3. 仪器 酸度计（附磁力搅拌器）；10 mL 微量碱式滴定管；分析天平（感量 0.1 mg）。

4. 分析步骤

（1）液体试样 称量 5.0 g（或吸取 5.0 mL）试样于 50 mL 的烧杯中，用水分数次洗入 100 mL 容量瓶中，加水至刻度，混匀后吸取 20.0 mL 置于 200 mL 烧杯中，加 60 mL 水，开动磁力搅拌器，用氢氧化钠标准滴定溶液 $[c(\text{NaOH}) = 0.050 \text{ mol/L}]$ 滴定至酸度计指示 pH 为 8.2，记下消耗氢氧化钠标准滴定溶液的毫升数，可计算总酸含量。加入 10.0 mL 甲醛溶液，混匀。再用氢氧化钠标准滴定溶液继续滴定至 pH 为 9.2，记下消耗氢氧化钠标准滴定溶液的毫升数。同时取 80 mL 水，先用氢氧化钠标准滴定溶液 $[c(\text{NaOH}) = 0.050 \text{ mol/L}]$ 调节至 pH 为 8.2，再加入 10.0 mL 甲醛溶液，用氢氧化钠标准滴定溶液滴定至 pH 为 9.2，做试剂空白实验。

（2）固体试样 将固体样品搅拌均匀后，放入研钵中，在 10 分钟内迅速研磨至无肉眼可见颗粒，称取搅拌均匀的样品 5.0 g，用 50 mL 80 ℃ 左右的蒸馏水分数次洗入 100 mL 烧杯中，冷却后，转入 100 mL 容量瓶中，用少量水分次洗涤烧杯，洗液并入容量瓶中，并加水至刻度，混匀后过滤。吸取滤液 10.0 mL，置于 200 mL 烧杯中，后续操作同"液体试样"。并取 80 mL 水，用上述同样方法做试剂空白实验。

5. 分析结果的表述 试样中氨基酸态氮的含量按式 4 - 43 或 4 - 44 进行计算。

$$X_1 = \frac{(V_1 - V_2) \times c \times 0.014}{m \times V_3/V_4} \times 100 \qquad (4-43)$$

$$X_2 = \frac{(V_1 - V_2) \times c \times 0.014}{V \times V_3/V_4} \times 100 \qquad (4-44)$$

式中，X_1——试样中氨基酸态氮的含量，g/100 g；X_2——试样中氨基酸态氮的含量，g/100 mL；V_1——测定用试样稀释液加入甲醛后消耗氢氧化钠标准滴定溶液的体积，mL；V_2——试剂空白实验加入甲醛后消耗氢氧化钠标准滴定溶液的体积，mL；c——氢氧化钠标准滴定溶液的浓度，mol/L；0.014——与1.00 mL氢氧化钠标准滴定溶液［c（NaOH）=1.000 mol/L］相当的氮的质量，g；m——称取试样的质量，g；V——吸取试样的体积，mL；V_3——试样稀释液的取用量，mL；V_4——试样稀释液的定容体积，mL；100——单位换算系数。

计算结果保留两位有效数字。

6. 精密度　在重复性条件下获得的两次独立测定结果的绝对差值不得超过算术平均值的10%。

■ **拓展阅读**

比色法测定保健食品中氨基酸态氮的含量

在 pH 为 4.8 的乙酸钠 – 乙酸缓冲液中，氨基酸态氮与乙酰丙酮和甲醛反应可生成黄色的 3，5 – 二乙酸 – 2，6 – 二甲基 – 1，4 二氢化吡啶氨基酸衍生物。在波长 400 nm 处测定吸光度，与标准系列比较定量即可测定氨基酸态氮。

第七节　维生素的测定

扫码"学一学"

一、脂溶性维生素的测定

脂溶性维生素包括维生素 A、维生素 D、维生素 E 和维生素 K，它们都含有环结构和长的脂肪族烃链，这四种维生素尽管每一种都至少有一个极性基团，但都高度疏水，是维生素类保健品主要成分。

（一）维生素 A 的测定

依据 GB 5009.82—2016《食品安全国家标准 食品中维生素 A、D、E 的测定》，可用反相高效液相色谱法测定保健食品中维生素 A 的含量。

1. 原理　试样中的维生素 A 经皂化（含淀粉先用淀粉酶酶解）、提取、净化、浓缩后，C30 或 PFP 反相液相色谱柱分离，紫外检测器或荧光检测器检测，外标法定量。

2. 试剂和标准溶液　除非另有说明，本方法所用试剂均为分析纯，水为 GB/T 6682 规定的一级水。

（1）无水乙醇（不含醛类物质）。

（2）抗坏血酸。

（3）无水硫酸钠。

（4）甲醇（色谱纯）。

（5）淀粉酶（活力单位≥100 U/mg）。

（6）2，6 – 二叔丁基对甲酚（BHT）。

（7）氢氧化钾溶液（50 g/100 g）　称取 50 g 氢氧化钾，加入 50 mL 水溶解，冷却后储存于聚乙烯瓶中。

（8）石油醚 - 乙醚溶液（1 + 1）　量取 200 mL 石油醚（沸程为 30 ~ 60 ℃），加入 200 mL 乙醚（不含过氧化物），混匀。

（9）维生素 A 标准储备溶液（0.500 mg/mL）　准确称取 25.0 mg 维生素 A 标准品视黄醇（CAS：68 - 26 - 8，纯度≥95%），用无水乙醇溶解后，于 50 mL 容量瓶中定容，浓度约为 0.500 mg/mL。将溶液转移至棕色试剂瓶中，密封后，在 - 20 ℃下避光保存，有效期 1 个月。临用前将溶液回温至 20 ℃，并进行浓度校正（校正方法参见 GB 5009.82—2016 附录 B）。

（10）维生素 A 标准溶液中间液　准确吸取维生素 A 标准储备溶液 1.00 mL 于 50 mL 容量瓶中，用甲醇定容至刻度，此溶液中维生素 A 浓度为 10.0 μg/mL。在 - 20 ℃下避光保存，有效期半个月。

（11）维生素 A 标准系列工作溶液　准确吸取维生素 A 标准溶液中间液 0.20 mL、0.50 mL、1.00 mL、2.00 mL、4.00 mL、6.00 mL 于 10 mL 棕色容量瓶中，用甲醇定容至刻度，该标准系列中维生素 A 浓度为 0.20 μg/mL、0.50 μg/mL、1.00 μg/mL、2.00 μg/mL、4.00 μg/mL、6.00 μg/mL。临用前配制。

3. 仪器　分析天平（感量 0.01 mg）；恒温水浴振荡器；旋转蒸发仪；氮吹仪；紫外分光光度计；分液漏斗萃取净化振荡器；高效液相色谱仪（带紫外检测器或二极管阵列检测器或荧光检测器）；有机系过滤头（孔径为 0.22 μm）；pH 试纸（范围 1 ~ 14）。

4. 分析步骤

（1）试样制备　将一定数量的样品按要求经过缩分、粉碎均质后，储存于样品瓶中，避光冷藏，尽快测定。

（2）试样处理　应注意使用的所有器皿不得含有氧化性物质；分液漏斗活塞玻璃表面不得涂油；处理过程应避免紫外光照，尽可能避光操作；提取过程应在通风柜中操作。

①皂化

a. 不含淀粉样品。称取 2 ~ 5 g（精确至 0.01 g）经均质处理的固体试样或 50 g（精确至 0.01 g）液体试样于 150 mL 平底烧瓶中，固体试样需加入约 20 mL 温水，混匀，再加入 1.0 g 抗坏血酸和 0.1 g BHT，混匀，加入 30 mL 无水乙醇，10 ~ 20 mL 氢氧化钾溶液，边加边振摇，混匀后于 80 ℃恒温水浴振荡皂化 30 分钟，皂化后立即用冷水冷却至室温。

注：皂化时间一般为 30 分钟，如皂化液冷却后，液面有浮油，需要加入适量氢氧化钾溶液，并适当延长皂化时间。

b. 含淀粉样品。称取 2 ~ 5 g（精确至 0.01 g）经均质处理的固体试样或 50 g（精确至 0.01 g）液体样品于 150 mL 平底烧瓶中，固体试样需用约 20 mL 温水混匀，加入 0.5 ~ 1 g 淀粉酶，放入 60 ℃水浴避光恒温振荡 30 分钟后，取出，向酶解液中加入 1.0 g 抗坏血酸和 0.1 g BHT，混匀，加入 30 mL 无水乙醇，10 ~ 20 mL 氢氧化钾溶液，边加边振摇，混匀后于 80 ℃恒温水浴振荡皂化 30 分钟，皂化后立即用冷水冷却至室温。

②提取。将皂化液用 30 mL 水转入 250 mL 的分液漏斗中，加入 50 mL 石油醚 - 乙醚混合液，振荡萃取 5 分钟，将下层溶液转移至另一 250 mL 的分液漏斗中，加入 50 mL 的混合醚液再次萃取，合并醚层。

③洗涤。用约 100 mL 水洗涤醚层，约需重复 3 次，直至将醚层洗至中性（可用 pH 试

纸检测下层溶液 pH），去除下层水相。

④浓缩。将洗涤后的醚层经无水硫酸钠（约 3 g）滤入 250 mL 旋转蒸发瓶或氮气浓缩管中，用约 15 mL 石油醚冲洗分液漏斗及无水硫酸钠 2 次，并入蒸发瓶内，并将其接在旋转蒸发仪或气体浓缩仪上，于 40 ℃ 水浴中减压蒸馏或气流浓缩，待瓶中醚液剩下约 2 mL 时，取下蒸发瓶，立即用氮气吹至近干。用甲醇分次将蒸发瓶中残留物溶解并转移至 10 mL 容量瓶中，定容至刻度。溶液过 0.22 μm 有机系滤膜后供高效液相色谱测定。

（3）色谱参考条件 色谱柱：C30 柱（柱长 250 mm，内径 4.6 mm，粒径 3 μm）或相当者。柱温：20 ℃。流动相：A（水）、B（甲醇），洗脱梯度见表 4-5。流速：0.8 mL/min。紫外检测波长：维生素 A 为 325 nm。进样量：10 μL。

注：如难以将柱温控制在（20±2）℃，可改用 PFP 柱分离异构体，流动相为水和甲醇梯度洗脱；如选用荧光检测器，可按维生素 A 激发波长 328 nm，发射波长 440 nm 检测。

表 4-5 C30 色谱柱—反相高效液相色谱法梯度洗脱表

时间 （min）	流动相 A （%）	流动相 B （%）	流速 （mL/min）
0.0	4	96	0.8
13.0	4	96	0.8
20.0	0	100	0.8
24.0	0	100	0.8
24.5	4	96	0.8
30.0	4	96	0.8

（4）标准曲线的制作 本法采用外标法定量。将维生素 A 标准系列工作溶液分别注入高效液相色谱仪中，测定峰面积，以峰面积为纵坐标，以标准测定液浓度为横坐标绘制标准曲线，计算直线回归方程。

（5）样品测定 试样液经高效液相色谱仪分析，测得峰面积，采用外标法通过上述标准曲线计算其浓度。在测定过程中，建议每测定 10 个样品用同一份标准溶液或标准物质检查仪器的稳定性。

5. 分析结果的表述 试样中维生素 A 的含量按式 4-45 计算。

$$X = \frac{\rho \times V \times f \times 100}{m} \tag{4-45}$$

式中，X——试样中维生素 A 的含量，μg/100 g；ρ——根据标准曲线计算得到的试样中维生素 A 的浓度，μg/mL；V——定容体积，mL；f——维生素 A 换算因子（$f=1$）；100——试样中量以每 100 克计算的换算系数；m——试样的称样量，g。

计算结果保留三位有效数字。

6. 精密度 在重复性条件下获得的两次独立测定结果的绝对差值不得超过算术平均值的 10%。

（二）维生素 E 的含量

依据 GB 5009.82—2016《食品安全国家标准 食品中维生素 A、D、E 的测定》，可用正相高效液相色谱法测定保健食品中维生素 E 的含量。

1. 原理 试样中的维生素 E 经有机溶剂提取、浓缩后，用高效液相色谱酰氨基柱或硅胶柱分离，经荧光检测器检测，外标法定量。

2. 试剂和标准溶液 除非另有说明，本方法所用试剂均为分析纯，水为 GB/T 6682 规定的一级水。

（1）无水乙醇（色谱纯） 经检验不含醛类物质，检查方法参见 GB 5009.82—2016 附录 A.1。

（2）无水硫酸钠。

（3）正己烷（色谱纯）。

（4）异丙醇（色谱纯）。

（5）丁基甲基醚（色谱纯）。

（6）甲醇（色谱纯）。

（7）四氢呋喃（色谱纯）。

（8）1，4 - 二氧六环（色谱纯）。

（9）2，6 - 二叔丁基对甲酚（BHT）。

（10）石油醚 - 乙醚溶液（1∶1，*V/V*） 量取 200 mL 石油醚（沸程为 30~60 ℃），加入 200 mL 乙醚（不含氧化物，检查方法参见 GB 5009.82—2016 附录 A.2），混匀，临用前配制。

（11）流动相 正己烷：[叔丁基甲基醚 - 四氢呋喃 - 甲醇混合液（20∶1∶0.1）] 的体积比为 90∶10，临用前配制。

（12）维生素 E 标准储备溶液（1.00 mg/mL） 分别准确称取 α - 生育酚（CAS：10191 - 41 - 0，纯度≥95%）、β - 生育酚（CAS：148 - 03 - 8，纯度≥95%）、γ - 生育酚（CAS：54 - 28 - 4，纯度≥95%）和 δ - 生育酚（CAS：119 - 13 - 1，纯度≥95%）各 50.0 mg（准确至 0.1 mg），用无水乙醇溶解后，转移入 50 mL 容量瓶中，定容至刻度，此溶液浓度约为 1.00 mg/mL。将溶液转移至棕色试剂瓶中，密封后，在 -20 ℃下避光保存，有效期 6 个月。临用前将溶液回温至 20 ℃，并进行浓度校正（校正方法参见 GB 5009.82—2016 附录 B）。

（13）维生素 E 混合标准溶液中间液 准确吸取四种维生素 E 标准储备溶液各 1.00 mL 于同一 100 mL 容量瓶中，用氮气吹除乙醇后，用流动相定容至刻度，此溶液中维生素 E 各生育酚浓度为 10.00 μg/mL。密封后，在 -20 ℃下避光保存，有效期半个月。

（14）维生素 E 标准系列工作溶液 分别准确吸取维生素 E 混合标准溶液中间液 0.20 mL、0.50 mL、1.00 mL、2.00 mL、4.00 mL、6.00 mL 于 10 mL 棕色容量瓶中，用流动相定容至刻度，该标准系列中 4 种生育酚浓度分别为 0.20 μg/mL、0.50 μg/mL、1.00 μg/mL、2.00 μg/mL、4.00 μg/mL、6.00 μg/mL。

3. 仪器 分析天平（感量 0.1 mg）；恒温水浴振荡器；旋转蒸发仪；氮吹仪；紫外分光光度计；索氏脂肪抽提仪或加速溶剂萃取仪；高效液相色谱仪（带荧光检测器或紫外检测器）；有机系过滤头（孔径 0.22 μm）。

4. 分析步骤

（1）试样制备 将一定数量的样品按要求经过缩分、粉碎、均质后，储存于样品瓶中，避光冷藏，尽快测定。

（2）试样处理 使用的所有器皿不得含有氧化性物质；分液漏斗活塞玻璃表面不得涂

油；处理过程应避免紫外光照，尽可能避光操作。

①植物油脂类保健食品。称取 0.5 ~ 2 g 油样（准确至 0.01 g）于 25 mL 的棕色容量瓶中，加入 0.1 g BHT，加入 10 mL 流动相超声或涡旋振荡溶解后，用流动相定容至刻度，摇匀。过孔径为 0.22 μm 有机系滤头于棕色进样瓶中，待进样。

②动物油脂类保健食品。称取 2 ~ 5 g 样品（准确至 0.01 g）于 50 mL 的离心管中，加入 0.1 g BHT，45 ℃ 水浴融化，加入 5 g 无水硫酸钠，涡旋 1 分钟，混匀，加入 25 mL 流动相超声或涡旋振荡提取，离心，将上清液转移至浓缩瓶中，再用 20 mL 流动相重复提取 1 次，合并上清液至浓缩瓶中，在旋转蒸发器或气体浓缩仪上，于 45 ℃ 水浴中减压蒸馏或气流浓缩，待瓶中醚剩下约 2 mL 时，取下蒸发瓶，立即用氮气吹干。用流动相将浓缩瓶中残留物溶解并转移至 10 mL 容量瓶中，定容至刻度，摇匀。溶液过 0.22 μm 有机系滤膜后供高效液相色谱测定。

③干基植物类保健食品。称取 2 ~ 5 g 样品（准确至 0.01 g），用索氏提取仪或加速溶剂萃取仪提取其中的植物油脂，将含油脂的提取溶剂转移至 250 mL 蒸发瓶内，于 40 ℃ 水浴中减压蒸馏或气流浓缩至干，取下蒸发瓶，用 10 mL 流动相将油脂转移至 25 mL 容量瓶中，加入 0.1 g BHT，超声或涡旋振荡溶解后，用流动相定容至刻度，摇匀。过孔径为 0.22 μm 有机系滤头于棕色进样瓶中，待进样。

（3）色谱参考条件　色谱柱：酰氨基柱（柱长 150 mm，内径 3.0 mm，粒径 1.7 μm）或相当者。柱温：30 ℃。流动相：正己烷：[叔丁基甲基醚 – 四氢呋喃 – 甲醇混合液（20：1：0.1）] 的体积比为 90：10。流速：0.8 mL/min。荧光检测波长：激发波长 294 nm，发射波长 328 nm。进样量：10 μL。

注：可用 Si 60 硅胶柱（柱长 250 mm，内径 4.6 mm，粒径 5 μm）分离 4 种生育酚异构体，推荐流动相为正己烷与 1，4 – 二氧六环按（95：5，V/V）的比例混合。

（4）标准曲线的制作　本法采用外标法定量。将维生素 E 标准系列工作溶液从低浓度到高浓度分别注入高效液相色谱仪中，测定相应的峰面积。以峰面积为纵坐标，标准溶液浓度为横坐标绘制标准曲线，计算直线回归方程。

（5）样品测定　试样液经高效液相色谱仪分析，测得峰面积，采用外标法通过上述标准曲线计算其浓度。在测定过程中，建议每测定 10 个样品用同一份标准溶液或标准物质检查仪器的稳定性。

5. 分析结果的表述　试样中 α – 生育酚、β – 生育酚、γ – 生育酚或 δ – 生育酚的含量按式 4 – 46 计算。

$$X = \frac{\rho \times V \times f \times 100}{m} \tag{4-46}$$

式中，X——试样中 α – 生育酚、β – 生育酚、γ – 生育酚或 δ – 生育酚的含量，mg/100 g；ρ——根据标准曲线计算得到的试样中 α – 生育酚、β – 生育酚、γ – 生育酚或 δ – 生育酚的浓度，μg/mL；V——定容体积，mL；f——换算因子（$f = 0.001$）；100——试样中量以每百克计算的换算系数；m——试样的称样量，g。

计算结果保留三位有效数字。

注：如维生素 E 的测定结果要用 α – 生育酚当量（α – TE）表示，可按下式计算：维

生素 E（mg　α－TE/100 g）＝α－生育酚（mg/100 g）＋β－生育酚（mg/100 g）×0.5＋γ－生育酚（mg/100 g）×0.1＋δ－生育酚（mg/100 g）×0.01。

6. 精密度　在重复性条件下获得的两次独立测定结果的绝对差值不得超过算术平均值的 10%。

（三）维生素 D 的测定

依据 GB 5009.82—2016《食品安全国家标准 食品中维生素 A、D、E 的测定》，可用液相色谱－串联质谱法测定维生素 D。

1. 原理　试样中加入维生素 D_2 和维生素 D_3 的同位素内标后，经氢氧化钾乙醇溶液皂化（含淀粉试样先用淀粉酶酶解）、提取、硅胶固相萃取柱净化、浓缩后，反相高效液相色谱 C18 柱分离，串联质谱法检测，内标法定量。

2. 试剂和标准溶液　除非另有说明，本方法所用试剂均为分析纯，水为 GB/T 6682 规定的一级水。

（1）无水乙醇　色谱纯，经检验不含醛类物质，检查方法参见 GB 5009.82—2016 附录 A.1。

（2）抗坏血酸。

（3）2，6－二叔丁基对甲酚（BHT）。

（4）淀粉酶（活力单位≥100 U/mg）。

（5）无水硫酸钠。

（6）氢氧化钾溶液（50 g/100 g）　称取 50 g 氢氧化钾，加入 50 mL 水溶解，冷却后储存于聚乙烯瓶中。

（7）乙酸乙酯（色谱纯）－正己烷（色谱纯）溶液（5∶95，*V/V*）。

（8）乙酸乙酯－正己烷溶液（15∶85，*V/V*）。

（9）0.05% 甲酸－5 mmol/L 甲酸铵溶液　称取 0.315 g 甲酸铵（色谱纯），加入 0.5 mL 甲酸（色谱纯）1000 mL 水溶解，超声混匀。

（10）0.05% 甲酸－5 mmol/L 甲酸铵甲醇溶液　称取 0.315 g 甲酸铵，加入 0.5 mL 甲酸、1000 mL 甲醇（色谱纯）溶解，超声混匀。

（11）维生素 D_2 和维生素 D_3 标准储备溶液　分别准确称取维生素 D_2 标准品钙化醇（CAS：50－14－6，纯度＞98%）和维生素 D_3 标准品钙化醇（CAS：50－14－6，纯度＞98%）各 10.0 mg，分别用色谱纯无水乙醇溶解并定容至 100 mL，使其浓度约为 100 μg/mL，转移至棕色试剂瓶中，于 －20 ℃冰箱中密封保存，有效期 3 个月。临用前用紫外分光光度法校正其浓度（校正方法见 GB 5009.82—2016 附录 B）。

（12）维生素 D_2 和维生素 D_3 标准中间使用液　准确吸取维生素 D_2、维生素 D_3 标准储备溶液各 10.00 mL，分别用流动相稀释并定容至 100 mL，浓度约为 10.0 μg/mL，有效期 1 个月。准确浓度按校正后的浓度折算。

（13）维生素 D_2 和维生素 D_3 混合标准使用液　准确吸取维生素 D_2 和维生素 D_3 标准中间使用液各 10.00 mL，用流动相稀释并定容至 100 mL，浓度为 1.00 μg/mL。有效期 1 个月。

（14）维生素 D_2－d_3 和维生素 D_3－d_3 内标混合溶液　分别量取 100 μL 浓度为 100 μg/mL 的维生素 D_2－d_3（100 μg/mL）和维生素 D_3－d_3（100 μg/mL）标准储备液加入

10 mL 容量瓶中，用甲醇定容，配制成 1 μg/mL 混合内标。有效期 1 个月。

（15）标准系列溶液的配制 分别准确吸取维生素 D_2 和 D_3 混合标准使用液 0.10 mL、0.20 mL、0.50 mL、1.00 mL、1.50 mL、2.00 mL 于 10 mL 棕色容量瓶中，各加入维生素 D_2-d_3 和维生素 D_3-d_3 内标混合溶液 1.00 mL，用甲醇定容至刻度，混匀。此标准系列工作液浓度分别为 10.0 μg/L、20.0 μg/L、50.0 μg/L、100 μg/L、150 μg/L、200 μg/L。

3. 仪器 使用的所有器皿不得含有氧化性物质。分液漏斗活塞玻璃表面不得涂油。

分析天平（感量 0.1 mg）；磁力搅拌器或恒温振荡水浴（带加热和控温功能）；旋转蒸发仪；氮吹仪；紫外分光光度计；萃取净化振荡器；多功能涡旋振荡器；高速冷冻离心机（转速 ≥6000 r/min）；高效液相色谱 - 串联质谱仪（带电喷雾离子源）；pH 试纸（范围 1 ~ 14）；固相萃取柱（硅胶）（6 mL，500 mg）。

4. 分析步骤

（1）试样制备 将一定数量的样品按要求经过缩分、粉碎、均质后，储存于样品瓶中，避光冷藏，尽快测定。

（2）试样处理 处理过程应避免紫外光照，尽可能避光操作。

①皂化。

a. 不含淀粉样品。称取 2 g（准确至 0.01 g）经均质处理的试样于 50 mL 具塞离心管中，加入 100 μL 维生素 D_2-d_3 和维生素 D_2-d_3 混合内标溶液和 0.4 g 抗坏血酸，加入 6 mL 约 40 ℃温水，涡旋 1 分钟，加入 12 mL 乙醇，涡旋 30 秒，再加入 6 mL 氢氧化钾溶液，涡旋 30 秒后放入恒温振荡器中，80 ℃避光恒温水浴振荡 30 分钟（如样品组织较为紧密，可每隔 5 ~ 10 分钟取出涡旋 0.5 分钟），取出放入冷水浴降温。注意：一般皂化时间为 30 分钟，如皂化液冷却后，液面有浮油，需要加入适量氢氧化钾溶液，并适当延长皂化时间。

b. 含淀粉样品。称取 2 g（准确至 0.01 g）经均质处理的试样于 50 mL 具塞离心管中，加入 100 μL 维生素 D_2-d_3 和维生素 D_2-d_3 混合内标溶液和 0.4 g 淀粉酶，加入 10 mL 约 40 ℃温水，放入恒温振荡器中，60 ℃避光恒温振荡 30 分钟后，取出放入冷水浴降温，向冷却后的酶解液中加入 0.4 g 抗坏血酸、12 mL 乙醇，涡旋 30 秒，再加入 6 mL 氢氧化钾溶液，涡旋 30 秒后放入恒温振荡器中，80 ℃避光恒温水浴振荡 30 分钟（如样品组织较为紧密，可每隔 5 ~ 10 分钟取出涡旋 0.5 分钟），取出放入冷水浴降温。

②提取。向冷却后的皂化液中加入 20 mL 正己烷，涡旋提取 3 分钟，6000 r/min 条件下离心 3 分钟。转移上层清液到 50 mL 离心管，加入 25 mL 水，轻微晃动 30 次，在 6000 r/min 条件下离心 3 分钟，取上层有机相备用。

③净化。将硅胶固相萃取柱依次用 8 mL 乙酸乙酯活化，8 mL 正己烷平衡，取备用液全部过柱，再用 6 mL 乙酸乙酯 - 正己烷溶液（5 +95）淋洗，用 6 mL 乙酸乙酯 - 正己烷溶液（15：85，V/V）洗脱。洗脱液在 40 ℃下氮气吹干，加入 1.00 mL 甲醇，涡旋 30 秒，过 0.22 μm 有机系滤膜供仪器测定。

（3）仪器测定条件 色谱参考条件：C18 柱（柱长 100 mm，柱内径 2.1 mm，填料粒径 1.8 μm）或相当者。柱温：40 ℃。流动相 A：0.05% 甲酸 -5 mmol/L 甲酸铵溶液。流动相 B：0.05% 甲酸 -5 mmol/L 甲酸铵甲醇溶液。流动相洗脱梯度见表 4 -6。流速：0.4 mL/min。进样量：10 μL。

表 4 - 6　流动相洗脱梯度

时间 （min）	流动相 A （%）	流动相 B （%）	流速 （mL/min）
0.0	12	88	0.4
1.0	12	96	0.4
4.0	10	100	0.4
5.0	7	100	0.4
5.1	6	96	0.4
5.8	6	96	0.4
6.0	0	100	0.4
17.0	0	100	0.4
17.5	12	88	0.4
20.0	12	88	0.4

　　质谱参考条件：电离方式：ESI^+。鞘气温度：375 ℃。鞘气流速：12 L/min。喷嘴电压：500 V。雾化器压力：172 kPa。毛细管电压：4500 V。干燥气温度：325 ℃。干燥气流速：10 L/min。多反应监测（MRM）模式。锥孔电压和碰撞能量见表 4 - 7。

表 4 - 7　维生素 D_2 和维生素 D_3 质谱参考条件

维生素	保留时间 （min）	母离子 （m/z）	定性子离子 （m/z）	碰撞电压 （eV）	定量子离子 （m/z）	碰撞电压 （eV）
维生素 D_2	6.04	397	397 147	5 25	107	29
维生素 D_2 - d_3	6.03	400	382 271	4 6	110	22
维生素 D_3	6.33	385	367 259	7 8	107	25
维生素 D_3 - d_3	6.33	388	370 259	3 6	107	19

　　（4）标准曲线的制作　分别将维生素 D_2、维生素 D_3 标准系列工作液由低浓度到高浓度依次进样，以维生素 D_2、维生素 D_3 与相应同位素内标的峰面积比值为纵坐标，以维生素 D_2、维生素 D_3 标准系列工作液浓度为横坐标，分别绘制维生素 D_2、维生素 D_3 标准曲线。

　　（5）样品测定　将待测样液依次进样，得到待测物与内标物的峰面积比值，根据标准曲线得到测定液中维生素 D_2、维生素 D_3 的浓度。待测样液中的响应值应在标准曲线线性范围内，超过线性范围则应减少取样量重新进行处理后再进样分析。

　　5. 分析结果的表述　试样中维生素 D_2、维生素 D_3 的含量按式 4 - 47 计算。

$$X = \frac{\rho \times V \times f \times 100}{m} \tag{4-47}$$

式中，X——试样中维生素 D_2（或维生素 D_3）的含量，μg/100 g；ρ——根据标准曲线计算得到的试样中维生素 D_2（或维生素 D_3）的浓度，μg/mL；V——定容体积，mL；f——稀释倍数；100——试样中量以每 100 克计算的换算系数；m——试样的称样量，g。

　　计算结果保留三位有效数字。

注：如试样中同时含有维生素 D_2 和维生素 D_3，维生素 D 的测定结果以维生素 D_2 和维生素 D_3 含量之和计算。

6. 精密度 在重复性条件下获得的两次独立测定结果的绝对差值不得超过算术平均值的 15%。

二、水溶性维生素的测定

水溶性维生素指能在水中溶解的维生素，主要包括维生素 B_1、维生素 B_2 和维生素 C 等。

（一）维生素 B_1 的测定

依据 GB 5009.84—2016《食品安全国家标准 食品中维生素 B_1 的测定》，保健食品中水溶性维生素 B_1 的测定方法为高效液相色谱法、荧光光度法。本节以高效液相色谱法为例，介绍如下。

1. 原理 样品在稀盐酸介质中恒温水解、中和，再酶解，水解液用碱性铁氰化钾溶液衍生，正丁醇萃取后，经 C18 反相色谱柱分离，用高效液相色谱－荧光检测器检测，外标法定量。

2. 试剂和标准溶液 除非另有说明，本方法所用试剂均为分析纯，水为 GB/T 6682 规定的一级水。

（1）正丁醇。

（2）甲醇（色谱纯）。

（3）铁氰化钾溶液（20 g/L） 称取 2 g 铁氰化钾，用水溶解，定容至 100 mL，摇匀。临用前配制。

（4）氢氧化钠溶液（100 g/L） 称取 25 g 氢氧化钠，用水溶解，定容至 250 mL，摇匀。

（5）碱性铁氰化钾溶液 将 5 mL 铁氰化钾溶液与 200 mL 氢氧化钠溶液混合，摇匀。临用前配制。

（6）盐酸溶液（0.1 mol/L） 移取 8.5 mL 盐酸，加水稀释至 1000 mL，摇匀。

（7）盐酸溶液（0.01 mol/L） 量取 0.1 mol/L 盐酸溶液 50 mL，用水稀释，定容至 500 mL，摇匀。

（8）乙酸钠溶液（0.05 mol/L） 称取 6.80 g 乙酸钠，加 900 mL 水溶解，用冰乙酸调 pH 至 4.0～5.0，加水定容至 1000 mL。经 0.45 μm 微孔滤膜过滤后使用。

（9）乙酸钠溶液（2.0 mol/L） 称取 27.2 g 乙酸钠，用水溶解并定容至 100 mL，摇匀。

（10）混合酶溶液 称取 1.76 g 木瓜蛋白酶［应不含维生素 B_1，酶活力 ≥800 U/mg］、1.27 g 淀粉酶（应不含维生素 B_1，酶活力 ≥3700 U/g），加水定容至 50 mL，涡旋，使呈混悬状液体，冷藏保存。临用前再次摇匀后使用。

（11）维生素 B_1 标准储备液（500 μg/mL） 准确称取经五氧化二磷或者氯化钙干燥 24 小时的维生素 B_1 标准品盐酸硫胺素（CAS：67－03－8，纯度 ≥99.0%）56.1 mg（精确至 0.1 mg），相当于 50 mg 硫胺素，用 0.01 mol/L 盐酸溶液溶解并定容至 100 mL，摇匀。置于 0～4 ℃冰箱中，保存期为 3 个月。

（12）维生素 B₁ 标准中间液（10.0 μg/mL）　准确移取 2.00 mL 标准储备液，用水稀释并定容至 100 mL，摇匀。临用前配制。

（13）维生素 B₁ 标准系列工作液　吸取维生素 B₁ 标准中间液 0 μL、50.0 μL、100 μL、200 μL、400 μL、800 μL、1000 μL，用水定容至 10 mL，标准系列工作液中维生素 B₁ 的浓度分别为 0 μg/mL、0.0500 μg/mL、0.100 μg/mL、0.200 μg/mL、0.400 μg/mL、0.800 μg/mL、1.00 μg/mL。临用时配制。

3. 仪器　高效液相色谱仪（配置荧光检测器）；分析天平（感量 0.01 mg 和 0.1 mg）；离心机（转速≥4000 r/min）；pH 计（精度 0.01）；组织捣碎机（最大转速≥10 000 r/min）；电热恒温干燥箱或高压灭菌锅。

4. 分析步骤

（1）试样的制备

①液体或固体粉末样品。将样品混合均匀后，立即测定或于冰箱中冷藏。

②非固体粉末样品。用粉碎机将样品粉碎后，制得均匀性一致的粉末，立即测定或者于冰箱中冷藏保存。

（2）试样溶液的制备

①试液提取。称取 3～5 g（精确至 0.01 g）固体试样或者 10～20 g 液体试样于 100 mL 锥形瓶中（带有软质塞子），加 60 mL 0.1 mol/L 盐酸溶液，充分摇匀，塞上软质塞子，高压灭菌锅中 121 ℃保持 30 分钟。水解结束待冷却至 40 ℃以下取出，轻摇数次，用 pH 计指示，用 2.0 mol/L 乙酸钠溶液调节 pH 至 4.0 左右，加入 2.0 mL（可根据酶活力不同适当调整用量）混合酶溶液，摇匀后，置于培养箱中 37 ℃过夜（约 16 小时）；将酶解液全部转移至 100 mL 容量瓶中，用水定容至刻度，摇匀，离心或者过滤，取上清液备用。

②试液衍生化。准确移取上述上清液或者滤液 2.0 mL 于 10 mL 试管中，加入 1.0 mL 碱性铁氰化钾溶液，涡旋混匀后，准确加入 2.0 mL 正丁醇，再次涡旋混匀 1.5 分钟后静置约 10 分钟或者离心，待充分分层后，吸取正丁醇相（上层）经 0.45 μm 有机微孔滤膜过滤，取滤液于 2 mL 棕色进样瓶中，供分析用。若试液中维生素 B₁ 浓度超出线性范围的最高浓度值，应取上清液稀释适宜倍数后，重新衍生后进样。

另取 2.0 mL 标准系列工作液，与试液同步进行衍生化。

注：室温条件下衍生产物在 4 小时内稳定；操作过程应在避免强光照射的环境下进行。

（3）测定

①仪器参考条件。色谱柱：C18 反相色谱柱（粒径 5 μm，250 mm×4.6 mm）。流动相：0.05 mol/L 乙酸钠溶液 – 甲醇（65∶35，V/V）。控制流速：0.8 mL/min。检测波长：激发波长 375 nm，发射波长 435 nm。进样量：20 μL。

②标准曲线的制作。将标准系列工作液衍生物注入高效液相色谱仪中，测定相应的维生素 B₁ 峰面积，以标准工作液的浓度（μg/mL）为横坐标，以峰面积为纵坐标，绘制标准曲线。

③试样溶液的测定。将试样衍生物溶液注入高效液相色谱仪中，测定试样维生素 B₁ 的峰面积，根据标准曲线计算得到待测液中维生素 B₁ 的浓度。

5. 分析结果的表述　试样中维生素 B₁（以硫胺素计）的含量按式 4–48 计算。

$$X = \frac{c \times V \times f}{m \times 1000} \times 100 \tag{4-48}$$

式中，X——试样中维生素 B_1（以硫胺素计）的含量，mg/100 g；c——由标准曲线计算得到的试液（提取液）中维生素 B_1 的浓度，μg/mL；V——试液（提取液）的定容体积，mL；f——试液（上清液）衍生前的稀释倍数；m——试样的质量，g。

注：试样中测定的硫胺素含量乘以换算系数 1.121，即得盐酸硫胺素的含量。

计算结果以重复性条件下获得的两次独立测定结果的算术平均值表示，保留三位有效数字。

6. 精密度 在重复性条件下获得的两次独立测定结果的绝对差值不得超过算术平均值的 10%。

（二）维生素 B_2 的测定

依据 GB 5009.85—2016《食品安全国家标准 食品中维生素 B_2 的测定》，保健食品中水溶性维生素 B_2 的测定方法为高效液相色谱法、荧光光度法，本节以荧光光度法为例，介绍如下。

1. 原理 维生素 B_2 在 440~500 nm 波长光照射下发出黄绿色荧光。在稀溶液中其荧光强度与维生素 B_2 的浓度成正比。在波长 525 nm 下测定其荧光强度。试液再加入连二亚硫酸钠，将维生素 B_2 还原为无荧光的物质，然后再测定试液中残余荧光杂质的荧光强度，两者之差即为试样中维生素 B_2 所产生的荧光强度。

2. 试剂和标准溶液 除非另有说明，本方法所用试剂均为分析纯，水为 GB/T 6682 规定的一级水。

（1）盐酸溶液（0.1 mol/L） 吸取 9 mL 盐酸，用水稀释，定容至 1000 mL。

（2）盐酸溶液（1∶1，V/V） 量取 100 mL 盐酸，缓慢倒入 100 mL 水中，摇匀。

（3）硅镁吸附剂（50~150 μm）。

（4）氢氧化钠溶液（1 mol/L） 准确称取 4 g 氢氧化钠，加 90 mL 水溶解，冷却后定容至 100 mL。

（5）混合酶溶液 准确称取 2.345 g 木瓜蛋白酶（活力单位≥10 U/mg）和 1.175 g 高峰淀粉酶（活力单位≥100 U/mg），加水溶解后定容至 50 mL。临用前配制。

（6）洗脱液 丙酮-冰乙酸-水（5∶2∶9，$V/V/V$）。

（7）高锰酸钾溶液（30 g/L） 准确称取 3 g 高锰酸钾，用水溶解，定容至 100 mL。

（8）3% 过氧化氢溶液 吸取 10 mL 30% 过氧化氢，用水稀释，定容至 100 mL。

（9）连二亚硫酸钠溶液（200 g/L） 用前配制，保存在冰水浴中，4 小时内有效。

（10）维生素 B_2 标准储备液（100 μg/mL） 将维生素 B_2 标准品（CAS：83-88-5，纯度≥98%）置于真空干燥器或装有五氧化二磷的干燥器中干燥处理 24 小时后，准确称取 10 mg（精确至 0.1 mg）维生素 B_2 标准品，加入 2 mL 盐酸溶液（1∶1，V/V）超声溶解后，立即用水转移并定容至 100 mL。混匀后转移入棕色玻璃容器中，在 4 ℃冰箱中贮存，保存期 2 个月。标准储备液在使用前需要进行浓度校正，校正方法参见 GB 5009.85—2016 附录 A。

（11）维生素 B_2 标准中间液（10 μg/mL） 准确吸取 10 mL 维生素 B_2 标准储备液，用水稀释并定容至 100 mL。在 4 ℃冰箱中避光贮存，保存期 1 个月。

（12）维生素 B₂ 标准使用溶液（1 μg/mL）　准确吸取 10 mL 维生素 B₂ 标准中间液，用水定容至 100 mL。此溶液每毫升相当于 1.00 μg 维生素 B₂。在 4 ℃ 冰箱中避光贮存，保存期 1 周。

3. 仪器　荧光分光光度计；天平（感量 0.01 mg 和 1 mg）；高压灭菌锅；pH 计（精度 0.01）；涡旋振荡器；组织捣碎机；恒温水浴锅；干燥器；维生素 B₂ 吸附柱。

4. 分析步骤

（1）试样制备

①试样的水解。样品用组织捣碎机充分打匀均质，分装入洁净棕色磨口瓶中，密封，并做好标记，避光存放备用。称取 2～10 g（精确至 0.01 g，含 10～200 μg 维生素 B₂）均质后的试样于 100 mL 具塞锥形瓶中，加入 60 mL 0.1 mol/L 的盐酸溶液，充分摇匀，塞好瓶塞。将锥形瓶放入高压灭菌锅内，在 121 ℃ 下保持 30 分钟，冷却至室温后取出。用氢氧化钠溶液调 pH 至 6.0～6.5。

②试样的酶解。在试样中加入 2 mL 混合酶溶液，摇匀后，置于 37 ℃ 培养箱或恒温水浴锅中过夜酶解。

③过滤。将上述酶解液转移至 100 mL 容量瓶中，加水定容至刻度，用干滤纸过滤备用。此提取液在 4 ℃ 冰箱中可保存 1 周。

注：操作过程应避免强光照射。

④氧化去杂质。视试样中核黄素的含量取一定体积的试样提取液（含 1～10 μg 维生素 B₂）及维生素 B₂ 标准使用溶液，分别置于 20 mL 的带盖刻度试管中，加水至 15 mL。各管加 0.5 mL 冰乙酸，混匀。加 0.5 mL 30 g/L 高锰酸钾溶液，摇匀，放置 2 分钟，以氧化去杂质。滴加 3% 过氧化氢溶液数滴，直至高锰酸钾的颜色褪去。剧烈振摇试管，使多余的氧气逸出。

⑤试样的装柱、过柱与洗脱。取硅镁吸附剂约 1 g，用湿法装入维生素 B₂ 吸附柱，占柱长 1/2～2/3（约 5 cm）为宜（吸附柱下端用一小团脱脂棉垫上），柱内不得产生气泡，调节流速约为 60 滴/分钟。

将全部氧化后的样液通过吸附柱后，用约 20 mL 热水淋洗样液中的杂质。然后用 5 mL 洗脱液将试样中维生素 B₂ 洗脱至 10 mL 容量瓶中，再用 3～4 mL 水洗吸附柱，洗出液合并至容量瓶中，并用水定容至刻度，混匀后待测定。

（2）维生素 B₂ 标准使用液的准备　分别精确吸取维生素 B₂ 标准使用液 0.3 mL、0.6 mL、0.9 mL、1.25 mL、2.5 mL、5.0 mL、10.0 mL、20.0 mL（相当于 0.3 μg、0.6 μg、0.9 μg、1.25 μg、2.5 μg、5.0 μg、10.0 μg、20.0 μg 维生素 B₂）参照试样进行氧化去杂质、过柱与洗脱。

（3）测定　于激发光波长 440 nm，发射光波长 525 nm，测量试样管及维生素 B₂ 标准使用液的荧光值，待试样管及标准管的荧光值测量后，在各管的剩余液（5～7 mL）中加 0.1 mL 20% 连二亚硫酸钠溶液，混匀，在 20 秒内测出各管的荧光值，作为各自的空白值。

5. 分析结果的表述　试样中维生素 B₂ 的含量按式 4-49 计算。

$$X = \frac{(A-B) \times S}{(C-D) \times m} \times f \times \frac{100}{1000} \tag{4-49}$$

式中，X——试样中维生素 B₂（以核黄素计）的含量，mg/100 g；A——试样管的荧光值；

B——试样管空白荧光值；S——标准管中维生素 B_2 的质量，μg；C——标准管的荧光值；D——标准管空白荧光值；m——试样质量，g；f——稀释倍数；100——换算为 100 克样品中含量的换算系数；1000——将浓度单位 $\mu g/100\ g$ 换算为 $mg/100\ g$ 的换算系数。

计算结果保留至小数点后两位。

6. 精密度　在重复性条件下获得的两次独立测定结果的绝对差值不得超过算术平均值的 10%。

（三）维生素 C 的测定

依据 GB 5009.86—2016《食品安全国家标准 食品中抗坏血酸的测定》，保健食品中水溶性维生素 C 的测定方法为高效液相色谱法、荧光法和 2，6 - 二氯靛酚滴定法，本节以 2，6 - 二氯靛酚滴定法为例，介绍如下。

1. 原理　用蓝色的碱性染料 2，6 - 二氯靛酚标准溶液对含 L（+）- 抗坏血酸的试样酸性浸出液进行氧化还原滴定，2，6 - 二氯靛酚被还原为无色，当到达滴定终点时，多余的 2，6 - 二氯靛酚在酸性介质中显浅红色，由 2，6 - 二氯靛酚的消耗量计算样品中 L（+）- 抗坏血酸的含量。

2. 试剂和标准溶液　除非另有说明，本方法所用试剂均为分析纯，水为 GB/T 6682 规定的三级水。

（1）白陶土（或高岭土）　对抗坏血酸无吸附性。

（2）偏磷酸溶液（20 g/L）　称取 20 g 偏磷酸，用水溶解，定容至 1 L。

（3）草酸溶液（20 g/L）　称取 20 g 草酸，用水溶解，定容至 1 L。

（4）L（+）- 抗坏血酸标准溶液（1.000 mg/mL）　称取 100 mg（精确至 0.1 mg）L（+）- 抗坏血酸标准品（纯度≥99%），溶于偏磷酸溶液或草酸溶液并定容至 100 mL。该贮备液在 2~8 ℃避光条件下可保存 1 周。

（5）2，6 - 二氯靛酚（2，6 - 二氯靛酚钠盐）溶液　称取碳酸氢钠 52 mg 溶解在 200 mL 热蒸馏水中，然后称取 2，6 - 二氯靛酚 50 mg 溶解在上述碳酸氢钠溶液中。冷却并用水定容至 250 mL，过滤至棕色瓶内，于 4~8 ℃环境中保存。每次使用前，用标准抗坏血酸溶液标定其滴定度。

标定方法：准确吸取 1 mL 抗坏血酸标准溶液于 50 mL 锥形瓶中，加入 10 mL 偏磷酸溶液或草酸溶液，摇匀，用 2，6 - 二氯靛酚溶液滴定至粉红色，保持 15 秒不褪色为止。同时另取 10 mL 偏磷酸溶液或草酸溶液做空白实验。

2，6 - 二氯靛酚溶液的滴定度按式 4 - 50 计算。

$$T = \frac{c \times V}{V_1 - V_0} \tag{4-50}$$

式中，T——2，6 - 二氯靛酚溶液的滴定度，即每毫升 2，6 - 二氯靛酚溶液相当于抗坏血酸的毫克数，mg/mL；c——抗坏血酸标准溶液的质量浓度，mg/mL；V——吸取抗坏血酸标准溶液的体积，mL；V_1——滴定抗坏血酸标准溶液所消耗 2，6 - 二氯靛酚溶液的体积，mL；V_0——滴定空白所消耗 2，6 - 二氯靛酚溶液的体积，mL。

3. 分析步骤　整个检测过程应在避光条件下进行。

（1）试液制备　称取样品与偏磷酸溶液或草酸溶液（1∶1，m/m）放入粉碎机中，迅速捣成匀浆。准确称取 2～5 g 匀浆样品（精确至 0.01 g）于烧杯中，用偏磷酸溶液或草酸溶液将样品转移至 100 mL 容量瓶，并稀释至刻度，摇匀后过滤。若滤液有颜色，可按每克样品加 0.4 g 白陶土脱色后再过滤。

（2）滴定　准确吸取 10 mL 滤液于 50 mL 锥形瓶中，用标定过的 2,6 - 二氯靛酚溶液滴定，直至溶液呈粉红色 15 秒不褪色为止。同时做空白试验。

4. 分析结果的表述　试样中 L（+）- 抗坏血酸的含量按式 4 - 51 计算。

$$X = \frac{(V - V_0) \times T \times A}{m} \times 100 \qquad (4 - 51)$$

式中，X——试样中 L（+）- 抗坏血酸的含量，mg/100 g；V——滴定试样所消耗 2,6 - 二氯靛酚溶液的体积，mL；V_0——滴定空白所消耗 2,6 - 二氯靛酚溶液的体积，mL；T——2,6 - 二氯靛酚溶液的滴定度，即每毫升 2,6 - 二氯靛酚溶液相当于抗坏血酸的毫克数，mg/mL；A——稀释倍数；m——试样质量，g。

计算结果以重复性条件下获得的两次独立测定结果的算术平均值表示，结果保留三位有效数字。

5. 精密度　在重复性条件下获得的两次独立测定结果的绝对差值，在 L（+）- 抗坏血酸含量 > 20 mg/100 g 时，不得超过算术平均值的 2%；在 L（+）- 抗坏血酸含量 ≤20 mg/100 g 时，不得超过算术平均值的 5%。

第八节　膳食纤维的测定

扫码"学一学"

膳食纤维（DF）是指不能被人体小肠消化吸收，但具有健康意义的、植物中天然存在或通过提取/合成的、聚合度 DP≥3 的碳水化合物聚合物，包括纤维素、半纤维素、果胶及其他单体成分等。通常分为非水溶性膳食纤维及水溶性膳食纤维两大类。可溶性膳食纤维（SDF）是指能溶于水的膳食纤维部分，包括低聚糖和部分不能消化的多聚糖等。不溶性膳食纤维（IDF）是指不能溶于水的膳食纤维部分，包括木质素、纤维素、部分半纤维素等。总膳食纤维（TDF）为可溶性膳食纤维与不溶性膳食纤维之和。

膳食纤维是健康饮食不可缺少的，在消化系统中有吸收水分的作用，可增加肠道及胃内的食物体积，增加饱足感；促进肠胃蠕动，可舒解便秘；吸附肠道中的有害物质以便排出；改善肠道菌群，为益生菌的增殖提供能量和营养。同时摄取足够的膳食纤维也可以预防心血管疾病、癌症、糖尿病以及其他疾病。测定膳食纤维补充剂中膳食纤维的含量，对于评价该类保健品营养价值具有重要的意义。依据 GB 5009.88—2014《食品安全国家标准 食品中膳食纤维的测定》，保健食品中膳食纤维的测定方法为酶重量法。

1. 原理　干燥试样经热稳定 α - 淀粉酶、蛋白酶和葡萄糖苷酶酶解消化去除蛋白质和淀粉后，经乙醇沉淀、抽滤，残渣用乙醇和丙酮洗涤，干燥称量，即为总膳食纤维残渣。另取试样同样酶解，直接抽滤并用热水洗涤，残渣干燥称量，即得不溶性膳食纤维残渣；滤液用 4 倍体积的乙醇沉淀、抽滤、干燥称量，得可溶性膳食纤维残渣。扣除各类膳食纤维残渣中相应的蛋白质、灰分和试剂空白含量，即可计算出试样中总的、不溶性和可溶性膳食纤维含量。

此法测定的总膳食纤维为不能被 α - 淀粉酶、蛋白酶和葡萄糖苷酶酶解的碳水化合物聚合物，包括不溶性膳食纤维和能被乙醇沉淀的高分子质量可溶性膳食纤维，如纤维素、半纤维素、木质素、果胶、部分回生淀粉，及其他非淀粉多糖和美拉德反应产物等；不包括低分子质量（聚合度 3 ~ 12）的可溶性膳食纤维，如低聚果糖、低聚半乳糖、聚葡萄糖、抗性麦芽糊精，以及抗性淀粉等。

2. 试剂　除非另有说明，所用试剂均为分析纯，水为 GB/T 6682 规定的二级水。

（1）85% 乙醇溶液　取 895 mL 95% 乙醇，用水稀释并定容至 1 L，混匀。

（2）78% 乙醇溶液　取 821 mL 95% 乙醇，用水稀释并定容至 1 L，混匀。

（3）氢氧化钠溶液（6 mol/L）　称取 24 g 氢氧化钠，用水溶解至 100 mL，混匀。

（4）氢氧化钠溶液（1 mol/L）　称取 4 g 氢氧化钠，用水溶解至 100 mL，混匀。

（5）盐酸溶液（1 mol/L）　取 8.33 mL 盐酸，用水稀释至 100 mL，混匀。

（6）盐酸溶液（2 mol/L）　取 167 mL 盐酸，用水稀释至 1 L，混匀。

（7）乙酸溶液（3 mol/L）　取 172 mL 乙酸，加入 700 mL 水，混匀后用水定容至 1 L。

（8）丙酮。

（9）石油醚（沸程 30 ~ 60℃）。

（10）酸洗硅藻土　取 200 g 硅藻土（CAS：68855 - 54 - 9）于 600 mL 的 2 mol/L 盐酸溶液中，浸泡过夜，过滤，用水洗至滤液为中性，置于（525 ± 5）℃马弗炉中灼烧灰分后备用。

（11）重铬酸钾洗液　称取 100 g 重铬酸钾，用 200 mL 水溶解，加入 1800 mL 浓硫酸混合。

（12）MES - TRIS 缓冲液（0.05 mol/L）　称取 19.52 g 2 - （N - 吗啉代）乙烷磺酸（MES）和 12.2 g 三羟甲基氨基甲烷（TRIS），用 1.7 L 水溶解，根据室温用 6 mol/L 氢氧化钠溶液调 pH，20℃时调 pH 为 8.3；24℃时调 pH 为 8.2；28℃时调 pH 为 8.1；20 ~ 28℃其他室温用插入法校正 pH。加水稀释至 2 L。

（13）热稳定 α - 淀粉酶液　CAS：9000 - 85 - 5，IUB 3.2.1.1，（10 000 ± 1000）U/mL，不得含丙三醇稳定剂，于 0 ~ 5℃冰箱储存。

（14）蛋白酶液　CAS：9014 - 01 - 1，IUB 3.2.21.14，300 ~ 400 U/mL，不得含丙三醇稳定剂，于 0 ~ 5℃冰箱储存。

（15）蛋白酶溶液　用 0.05 mol/L MES - TRIS 缓冲液配成浓度为 50 mg/mL 的蛋白酶溶液，使用前现配并于 0 ~ 5℃暂存。

（16）淀粉葡萄糖苷酶液　CAS：9032 - 08 - 0，IUB 3.2.1.3，2000 ~ 3300 U/mL，于 0 ~ 5℃储存。

3. 仪器　高型无导流口烧杯（400 mL 或 600 mL）；坩埚［具粗面烧结玻璃板，孔径 40 ~ 60 μm。清洗后的坩埚在马弗炉中（525 ± 5）℃灰化 6 小时，炉温降至 130℃以下取出，于重铬酸钾洗液中室温浸泡 2 小时，用水冲洗干净，再用 15 mL 丙酮冲洗后风干。用前，加入约 1.0 g 硅藻土，130℃烘干，取出坩埚，在干燥器中冷却约 1 小时，称量，记录处理后坩埚质量（m_C），精确到 0.1 mg］；真空抽滤装置（真空泵或有调节装置的抽吸器。备 1 L 抽滤瓶，侧壁有抽滤口，带与抽滤瓶配套的橡胶塞，用于酶解液抽滤）；恒温振荡水浴箱（带自动计时器，控温范围室温 5 ~ 100℃，温度波动 ±1℃）；分析天平（感量 0.1 mg 和 1 mg）；马弗炉［（525 ± 5）℃］；烘箱［（130 ± 3）℃］；干燥器［二氧化硅或同等的干燥剂。干燥剂每 2 周（130 ± 3）℃烘干过夜一次］；pH 计（具有温度补偿功能，精度 ± 0.1。用前用 pH 4.0、7.0 和 10.0 标准缓冲液校正）；真空干燥箱［（70 ± 1）℃］；筛（筛板孔径 0.3 ~ 0.5 mm）。

4. 分析步骤

（1）试样制备　根据试样脂肪含量、水分含量、糖含量进行适当的处理及干燥，并粉碎、混匀过筛。

①脂肪含量 <10% 的试样。若试样水分含量较低（<10%），取试样直接反复粉碎，至完全过筛。混匀，待用。若试样水分含量较高（≥10%），试样混匀后，称取适量试样（m_C，2 ~ 5 g），置于（70 ± 1）℃真空干燥箱内干燥至恒重。将干燥后试样转至干燥器中，待试样温度降到室温后称量（m_D）。根据干燥前后试样质量，计算试样质量损失因子（f）。干燥后试样反复粉碎至完全过筛，置于干燥器中待用。

注意：若试样不宜加热，也可采取冷冻干燥法。

②脂肪含量 ≥10% 的试样。试样需经脱脂处理。称取适量试样（m_C，2 ~ 5 g），置于漏斗中，按每克试样 25 mL 的比例加入石油醚进行冲洗，连续 3 次。脱脂后将试样混匀再按"脂肪含量 <10% 的试样"制备步骤进行干燥、称量（m_D），记录脱脂、干燥后试样质量损失因子（f）。试样反复粉碎至完全过筛，置于干燥器中待用。

注：若试样脂肪含量未知，按先脱脂再干燥粉碎方法处理。

③糖含量 ≥5% 的试样。试样需经脱糖处理。称取适量试样（m_C，2 ~ 5 g），置于漏斗中，按每克试样 10 mL 的比例用 85% 乙醇溶液冲洗，弃乙醇溶液，连续 3 次。脱糖后将试样置于 40 ℃烘箱内干燥过夜，称量（m_D），记录脱糖、干燥后试样质量损失因子（f）。干样反复粉碎至完全过筛，置于干燥器中待用。

（2）酶解　准确称取双份试样（m），约 1 g（精确至 0.1 mg），双份试样质量差 ≤0.005 g。将试样转置于 400 ~ 600 mL 高脚烧杯中，加入 0.05 mol/L MES - TRIS 缓冲液 40 mL，用磁力搅拌直至试样完全分散在缓冲液中。同时制备两个空白样液与试样液进行同步操作，用于校正试剂对测定的影响。

注：搅拌均匀，避免试样结成团块，以防止试样酶解过程中不能与酶充分接触。

①热稳定 α - 淀粉酶酶解。向试样液中分别加入 50 μL 热稳定 α - 淀粉酶液缓慢搅拌，加盖铝箔，置于 95 ~ 100 ℃恒温振荡水浴箱中持续振摇，当温度升至 95 ℃开始计时，通常反应 35 分钟。将烧杯取出，冷却至 60 ℃，打开铝箔盖，用刮勺轻轻将附着于烧杯内壁的环状物以及烧杯底部的胶状物刮下，用 10 mL 水冲洗烧杯壁和刮勺。

注：如试样中抗性淀粉含量较高（>40%），可延长热稳定 α - 淀粉酶酶解时间至 90 分钟，如必要也可另加入 10 mL 二甲基亚砜帮助淀粉分散。

②蛋白酶酶解。将试样液置于（60 ± 1）℃水浴中，向每个烧杯加入 100 μL 蛋白酶溶液，盖上铝箔，开始计时，持续振摇，反应 30 分钟。打开铝箔盖，边搅拌边加入 3 mol/L 乙酸溶液 5 mL，控制试样温度保持在（60 ± 1）℃。用 1 mol/L 氢氧化钠溶液或 1 mol/L 盐酸溶液调节试样液 pH 至（4.5 ± 0.2）。

注：应在（60 ± 1）℃时调 pH，因为温度降低会使 pH 升高。同时注意进行空白样液的 pH 测定，保证空白样和试样液的 pH 一致。

③淀粉葡糖苷酶酶解。边搅拌边加入 100 μL 淀粉葡萄糖苷酶液，盖上铝箔，继续于

（60±1）℃水浴中持续振摇，反应30分钟。

5. 测定

（1）总膳食纤维（TDF）测定

①沉淀。向每份试样酶解液中，按乙醇与试样液体积比4:1的比例加入预热至（60±1）℃的95%乙醇（预热后体积约为225 mL），取出烧杯，盖上铝箔，于室温条件下沉淀1小时。

②抽滤。取已加入硅藻土并干燥称量的坩埚，用78%乙醇15 mL润湿硅藻土并展平，接上真空抽滤装置，抽去乙醇使坩埚中硅藻土平铺于滤板上。将试样乙醇沉淀液转移入坩埚中抽滤，用刮勺和78%乙醇将高脚烧杯中所有残渣转至坩埚中。

③洗涤。分别用78%乙醇15 mL洗涤残渣2次，用95%乙醇15 mL洗涤残渣2次，丙酮15 mL洗涤残渣2次，抽滤去除洗涤液后，将坩埚连同残渣在105℃烘干过夜。将坩埚置于干燥器中冷却1小时，称量（m_{GR}，包括处理后坩埚质量及残渣质量），精确至0.1 mg。减去处理后坩埚质量，计算试样残渣质量（m_R）。

④蛋白质和灰分的测定。取2份试样残渣中的1份按GB 5009.5—2016测定氮（N）含量，以6.25为换算系数，计算蛋白质质量（m_P）；另1份试样测定灰分，在525℃灰化5小时，于干燥器中冷却，精确称量坩埚总质量（精确至0.1 mg），减去处理后坩埚质量，计算灰分质量（m_A）。

（2）不溶性膳食纤维（IDF）测定　按"4. 分析步骤"中（1）称取试样、按（2）酶解。

①抽滤。取已处理的坩埚，用3 mL水润湿硅藻土并展平，抽去水分使坩埚中的硅藻土平铺于滤板上。将试样酶解液全部转移至坩埚中抽滤，残渣用70℃热水10 mL洗涤2次，收集并合并滤液，转移至另一600 mL高脚烧杯中，备测可溶性膳食纤维。

②洗涤。同"总膳食纤维（TDF）测定"，计算试样残渣质量（m_R）。

③蛋白质和灰分的测定。同"总膳食纤维（TDF）测定"。

（3）可溶性膳食纤维（SDF）测定

①计算滤液体积。收集不溶性膳食纤维抽滤产生的滤液，至已预先称量的600 mL高脚烧杯中，通过称量"烧杯+滤液"总质重，扣除烧杯质量的方法估算滤液体积。

②沉淀。按滤液体积加入4倍量预热至60℃的95%乙醇，室温下沉淀1小时。

③抽滤。同"总膳食纤维（TDF）测定"。

④洗涤。同"总膳食纤维（TDF）测定"，计算试样残渣质量（m_R）。

⑤蛋白质和灰分的测定。同"总膳食纤维（TDF）测定"。

6. 分析结果的表述　试样中TDF、IDF、SDF的含量均按式4-52~4-55计算。试剂空白质量按式4-52计算。

$$m_B = \overline{m}_{BR} - m_{BP} - m_{BA} \tag{4-52}$$

式中，m_B——试剂空白质量，g；m_{BR}——双份试剂空白残渣质量均值，g；m_{BP}——试剂空白残渣中蛋白质质量，g；m_{BA}——试剂空白残渣中灰分质量，g。

试样中膳食纤维的含量按式4-53~4-55计算。

$$m_R = m_{GR} - m_G \tag{4-53}$$

$$X = \frac{\overline{m}_R - m_P - m_A - m_B}{m \times f} \times 100 \tag{4-54}$$

$$f = \frac{m_C}{m_D} \qquad (4-55)$$

式中，m_R——试样残渣质量，g；m_{GR}——处理后坩埚质量及残渣质量，g；m_G——处理后坩埚质量，g；X——试样中膳食纤维的含量，g/100 g；m_R——双份试样残渣质量均值，g；m_P——试样残渣中蛋白质质量，g；m_A——试样残渣中灰分质量，g；m_B——试剂空白质量，g；m——双份试样取样质量均值，g；f——试样制备时因干燥、脱脂、脱糖导致质量变化的校正因子；100——换算稀释；m_C——试样制备前质量，g；m_D——试样制备后质量，g。

注1：如果试样没有经过干燥、脱脂、脱糖等处理，$f=1$。

注2：TDF 的测定可以按照"总膳食纤维（TDF）测定"进行独立检测，也可分别测定 IDF 和 SDF，根据公式计算：TDF = IDF + SDF。

注3：当试样中添加了抗性淀粉、抗性麦芽糊精、低聚果糖、低聚半乳糖、聚葡萄糖等符合膳食纤维定义，却无法通过酶重量法检出的成分时，宜采用适宜方法测定相应的单体成分，总膳食纤维可根据公式计算：总膳食纤维 = TDF（酶重量法）+ 单体成分。

以重复性条件下获得的两次独立测定结果的算术平均值表示，结果保留三位有效数字。

7. 精密度 在重复性条件下获得的两次独立测定结果的绝对差值不得超过算术平均值的 10%。

? 思考题

1. 水分活度与水分含量有何区别？食品的腐败变质主要与食品中的哪一部分水分有关，为什么？

2. 食品的总酸度、有效酸度、挥发酸测定值之间有什么关系？食品中酸度的测定有何意义？

3. 简述凯氏定氮法测定食品中蛋白质的原理，并说明消化时加入各试剂的作用。

4. 试述维生素 A 及维生素 C 测定中样品处理及提取中的不同之处。

5. 简述膳食纤维的主要成分及作用。

扫码"练一练"

📝 实训一 运动功能型饮料中酸度的测定

一、实验目的

通过本实训能够更好地理解总酸度的概念；掌握酸度测定的原理和方法，以及 pH 计的使用及维护方法。

二、实验原理

1. 总酸度的测定 食品中的有机酸（弱酸）用标准碱液滴定时，被中和生成盐类，用酚酞作为指示剂，当溶液呈淡红色，30 秒不褪时为滴定终点。根据等物质的量反应原则，按标准碱液消耗的物质的量计算出食品总酸的含量。其反应式如下。

$$ROOH + NaOH \rightarrow RCOONa + H_2O$$

2. 有效酸度的测定　利用 pH 计测定样品的 pH。

三、实验试剂与仪器

1. 试剂　pH 标准缓冲溶液；1% 酚酞乙醇溶液；NaOH 标准溶液（0.100 mol/L）。

2. 仪器　酸度计；电磁搅拌器；高速组织捣碎机；碱式滴定管；250 mL 锥形瓶；25 mL 移液管。

3. 样品　运动功能型饮料。

四、实验步骤

1. 总酸度的测定　准确吸取试样 25 mL，置于 250 mL 锥形瓶中，加入酚酞指示剂 2~3 滴，用 0.100 mol/L NaOH 标准溶液滴定至为红色，且 30 秒内不褪色，记录用量（V_1），平行测定 2 次。

空白实验：用水代替试液，按上述操作步骤，记录消耗 0.100 mol/L NaOH 标准溶液的体积（V_2）。按式 4-56 计算结果。

2. 有效酸度的测定　根据仪器说明书校正酸度计。然后用无 CO_2 蒸馏水淋洗电极，并用滤纸吸干，再用待测溶液冲洗两电极。调节温度补偿旋钮至溶液温度，将两电极插入待测样液中，按下读数开关，稳定 1 分钟后，酸度计指针所指 pH 即为待测样液的 pH。

五、实验结果分析

$$X = \frac{c \times (V_1 - V_2) \times K \times F}{m} \times 1000 \qquad (4-56)$$

式中，X——总酸的含量，g/kg；c——NaOH 标准滴定溶液浓度的准确数值，mol/L；V_1——滴定试液时，消耗 NaOH 标准滴定溶液体积的数值，mL；V_2——空白实验时，消耗 NaOH 标准滴定溶液体积的数值，mL；K——酸的换算系数，苹果酸为 0.067、酒石酸为 0.075、乙酸为 0.060、乳酸为 0.090、柠檬酸（含 1 分子水）为 0.070；F——稀释倍数；m——试样的质量的数值，g。

六、注意事项

1. 临近终点时，控制好滴定速度，并用蒸馏水冲洗锥形瓶内壁。

2. 若功能饮料颜色较深，可加入等量蒸馏水稀释后再滴定。终点不易辨认时可用原试样溶液进行对比，以便判断终点。

七、思考题

为避免 CO_2 对实验的干扰，滴定过程中用水应怎样操作？

实训二 氨基酸口服液中氨基酸态氮含量的测定

一、实验目的

通过本实训能够更好地了解保健食品中氨基酸氮的来源、作用及测定方法；领会和掌握电位滴定法基本原理、操作要点。

二、实验原理

氨基酸含有氨基和羧基，利用氨基酸的两性作用，加入甲醛固定氨基的碱性，使羧基显示出酸性，用氢氧化钠标准溶液滴定后进行定量，用电位滴定法确定终点。

测定步骤：样品采集与处理→样液制备→测定→数据处理。

三、实验试剂与仪器

1. 试剂

（1）36%甲醛溶液。

（2）0.05 mol/L NaOH 标准溶液　准确称取 NaOH（分析纯）2 g 于 250 mL 烧杯中，加入新煮沸并冷却的蒸馏水振摇使其溶解后，转移至 1000 L 容量瓶中定容至刻度，摇匀，放置后过滤备用。NaOH 标准溶液的标定见本章"总酸度的测定"相关内容。

2. 仪器　酸度计；磁力搅拌机；100 mL 容量瓶；50 mL 碱式滴定管。

3. 样品　氨基酸口服液。

四、实验步骤

1. 待检试样实验　吸取 5.0 mL 氨基酸口服液试样于 50 mL 的烧杯中，用水分数次洗入 100 mL 容量瓶中，加水至刻度，混匀后吸取 20.0 mL 置于 200 mL 烧杯中，加 60 mL 水，达 80 mL，磁力搅拌混匀，用 0.05 mol/L NaOH 标准滴定溶液调节 pH 至 8.2（酸度计指示），记下消耗 NaOH 标准滴定溶液的毫升数，可计算总酸含量。加入 10.0 mL 甲醛溶液，混匀，再用 NaOH 标准滴定溶液滴定 pH 至 9.2，记下消耗 NaOH 标准滴定溶液的毫升数（V_1）。

2. 试剂空白实验　取水 80 mL，先用 0.05 mol/L NaOH 标准溶液滴定 pH 至 8.2，再加入 10.0 mL 甲醛溶液，混匀，用 0.05 mol/L NaOH 标准滴定溶液继续滴定 pH 至 9.2，记下消耗 NaOH 标准滴定溶液的毫升数（V_2）。

五、实验结果分析

1. 结果记录

待检试样加甲醛后消耗 NaOH 标准滴定溶液的毫升数 V_1	试剂空白实验加甲醛后消耗 NaOH 标准滴定溶液的毫升数 V_2

2. 结果计算　样品中氨基酸态氮的含量按式 4 – 57 计算。

$$X = \frac{(V_1 - V_2) \times c \times 0.014}{5 \times \dfrac{20}{100}} \times 100 \tag{4-57}$$

式中，X——样品中氨基酸态氮的含量，g/100 mL；V_1——测定用的样品稀释液加入甲醛后，消耗 NaOH 标准滴定溶液的体积，mL；V_2——试剂空白实验加入甲醛后，消耗 NaOH 标准滴定溶液的体积，mL；c——NaOH 标准滴定溶液浓度，mol/L；0.014——与 1.00 mL NaOH 标准滴定溶液 [c（NaOH）＝1.000 mol/L] 相当的氮的质量，g。

六、注意事项

1. 吸取样品要准确，酸度计要校正。

2. 加入甲醛后放置时间不宜过长，应立即滴定，以免甲醛聚合，影响测定结果。

3. 计算结果保留两位有效数字。在重复性条件下获得的两次独立测定结果的绝对差值不得超过算术平均值的 10%。

（刘文君　何文胜）

第五章 保健食品功效成分测定

功效成分的分析是保健食品研发和质量控制的关键环节，也是确保保健食品具有保健功能的重要手段。目前国内外对保健食品功效成分的分类，主要依据功效成分的化学结构和生理功能分类。按化学结构进行分类，公认的功效成分包括以下六类：①植物成分（次生代谢产物）：如黄酮、皂苷、生物碱、萜类、多酚、有机硫化物等；②蛋白质、活性多肽类：如乳铁蛋白、胶原蛋白、玉米肽、海参肽等；③维生素：根据其溶解特征可分为水溶性维生素、脂溶性维生素，常见的有维生素 C、维生素 A、维生素 E、维生素 K_{12}、叶酸等；④矿物质及微量元素：根据在人体内所占比重，分为常量元素和微量元素，常量元素如钙、磷等，微量元素如硒、锌等；⑤糖类：包括多糖类、魔芋葡甘聚糖、菊粉、海藻酸等；⑥脂类：如二十二碳六烯酸（DHA）、二十碳五烯酸（EPA）、亚油酸、α-亚麻酸、卵磷脂、磷脂酰丝氨酸（PS）等。

对于保健食品功效成分的检测方法，目前我国还未有统一、特异的方法，实践工作中一般参照《中国药典》、国家标准、行业标准或企业标准的相关内容进行分析检测。由于不是针对特定产品的对应方法，所以存在杂质干扰严重、分离度不够、检测条件不合适等情况。我国卫生检验机构、科研院所、企业投入了大量人力、物力研究保健食品功效成分的测定方法。目前主要检测手段有高效液相色谱（HPLC）、气相色谱（GC）、比色法、薄层色谱（TLC）、指纹图谱等。HPLC 和 GC 的都能测定功效成分明确的物质，能准确定性和定量，但需要昂贵的仪器设备以及对照品；比色法一般测定一大类物质的混合体，测定的结果不能确切代表某个具体功效成分，操作相对简单，适合没有明确指标成分的样本，但是该方法专属性差；薄层色谱和指纹图谱主要用于定性鉴别。

扫码"学一学"

第一节　黄酮类化合物的测定

案例讨论

案例： 李某，45岁，有更年期综合征且血脂偏高，分别服用两种保健食品，期望改善以上两种状况。其中改善更年期综合征的产品中，功效成分项下规定每100 g含大豆异黄酮65 mg；改善高脂血症的产品含有银杏叶提取物，功效成分项下规定每100 g含银杏叶总黄酮1.5 g。

问题： 1. 两种保健品中黄酮成分含量分别达到多少符合要求？

2. 黄酮类化合物都有哪些？

3. 怎么测定其中的含量？

扫码"看一看"

一、比色法测定总黄酮含量

1. 原理　本方法利用黄酮与铝盐进行络合反应，碱性条件下生成黄色的络合物，在420 nm波长下测定其吸光度，在一定浓度范围内，其吸光度与黄酮类化合物的含量成正比，与芦丁标准品比较，进行待测物中总黄酮的定量测定。

2. 试剂和标准溶液　除另有规定外，所有试剂均为分析纯，水为GB/T 6682规定的一级水。

（1）硝酸铝溶液（100 g/L）　称取Al（NO₃）₃·9H₂O 17.6 g，加水溶解，定溶于100 mL容量瓶中。

（2）醋酸钾溶液（98 g/L）　称取醋酸钾9.814 g，加水溶解，定溶于100 mL容量瓶中。

（3）芦丁标准溶液　精密称取经干燥（120 ℃减压干燥）至恒重的芦丁标准品（CAS：153-18-4）50 mg，使用无水乙醇溶解并定容于50 mL容量瓶中。

（4）30%乙醇　无水乙醇与蒸馏水按3∶7配制。

3. 仪器　分光光度计；1 mL比色管；分析天平（感量0.01 g和0.001 g）；组织捣碎机；超声清洗仪；离心机。

4. 分析步骤

（1）样品处理　精密称取样品1 g（精确到1 mg）置于100 mL烘干恒重三角瓶中。果汁、葡萄酒等吸取5~10 mL样品置于100 mL烘干恒重三角瓶中，称重（精确到1 mg）供后续测定使用。

加入约30 mL无水乙醇充分摇匀样品，将摇匀样品置于超声清洗器中超声浸提1小时，其间每20分钟摇匀溶液一次。对于脂肪、色素等杂质较多的样品加入适量石油醚提取，移除石油醚。提取液过滤至50 mL容量瓶中，使用无水乙醇冲洗滤纸、三角瓶，合并溶液，待溶液冷却至室温，用无水乙醇定容至50 mL，待测。

（2）标准曲线的制备　精密吸取芦丁标准品工作液1 mL、2 mL、3 mL、4 mL、5 mL分别置于50 mL容量瓶中。加无水乙醇至总体积为15 mL，依次加入硝酸铝溶液1 mL，醋酸钾溶液1 mL，摇匀，加水至刻度，摇匀。静置1小时，用1 cm比色皿于420 nm处，以30%乙醇溶液为空白，测定吸光度。以50 mL中芦丁质量（mg）为横坐标，吸光度为纵坐标，绘制标准曲线或按直线回归方程计算。

（3）空白实验　除不加试样外，均按上述测定步骤进行。

（4）测定　精密吸取待测样品溶液 1.0 mL，置于 50 mL 容量瓶中，按（2）进行操作。以空白试液作参比，用 1 cm 比色杯，在波长 420 nm 处测定试料溶液的吸光度。

查标准曲线或通过回归方程计算，求出试料溶液中黄酮类化合物含量（mg）。在标准曲线上求得样液中的浓度，其吸光度应在标准曲线的线性范围内。

5. 分析结果的表述　食品中黄酮类化合物的总含量按式 5-1 计算。

$$X = \frac{m}{W \times d \times 1000} \times 100\% \qquad (5-1)$$

式中，X——黄酮类化合物的总含量；m——由标准曲线上查出或由直线回归方程求出的样品比色液中的芦丁量，mg；W——样品的质量，g；d——稀释比例。

计算结果表示到小数点后两位。

6. 精密度　以相关规定为准。

二、高效液相色谱法测定芦丁含量

1. 试剂　芦丁对照品、甲醇、乙腈均为色谱纯；磷酸为分析纯；水为二次蒸馏水；磷酸二氢钠（分析纯）；四氢呋喃（色谱纯）。

2. 仪器　高效液相色谱仪（带紫外检测器）；十万分之一电子分析天平；超声波清洗器；低速离心机；色谱柱：辛烷基键合硅胶填充柱（4.6×250 nm，5 μm）。

3. 分析步骤

（1）色谱条件　色谱柱：辛烷基键合硅胶填充柱（4.6×250 nm，5 μm）。检测波长：280 nm。柱温：30 ℃。流速：1.0 mL/min。流动相 A：四氢呋喃-15.6 g/L 磷酸二氢钠溶液 =5:95（V/V），用磷酸调节 pH=3.0。流动相 B：四氢呋喃-磷酸二氢钠溶液（15.6 g/L）=40:60，用磷酸调节 pH=3.0。洗脱条件见表 5-1。

表 5-1　高效液相色谱法测定芦丁含量的流动相洗脱条件

时间（min）	流动相 A（%）	流动相 B（%）
0~10	50→0	50→100
10~20	0	100
21~25	0→50	100→50

（2）系统适应性试验

①柱效。理论塔板数按芦丁峰计算不得低于 2000。

②重复性。取标准品溶液 20 μL，重复进样 3 次，芦丁峰面积的相对标准偏差（RSD）不得大于 1.0%。

③拖尾因子。芦丁主峰的拖尾因子应在 0.95~1.05。

④分离度（R）。芦丁主峰与相邻色谱峰之间的分离度应大于 2.5。

（3）溶液的制备

①标准品溶液的制备。精密称取芦丁对照品 50 mg，置于 50 mL 量瓶中，加甲醇 10 mL，

超声使其完全溶解，用流动相 B 稀释至刻度，摇匀。

②供试品溶液的制备。精密称取供试品 50 mg，置于 50 mL 量瓶中，加甲醇 10 mL，超声使其完全溶解，用流动相 B 稀释至刻度，摇匀。

（4）测定方法　分别精密吸取标准品溶液、供试品溶液 20 μL，依次注入高效液相色谱仪，测定，按外标百分比法计算含量。

4. 分析结果的表述　提取物中芦丁含量以质量分数 W 计，数值以% 表示，按式 5 - 2 计算。

$$W = \frac{A_1 \times V_1 \times C_1 \times P_1}{A_2 \times m_1 \times (1 - W_4)} \times 100\% \qquad (5 - 2)$$

式中，W——供试品中芦丁组分的质量分数，% ；A_1——供试品溶液中芦丁组分的峰面积；A_2——对照品溶液中芦丁的峰面积；C_1——对照品溶液的浓度，mg/mL；m_1——供试品的称样量，mg；V_1——供试品溶液稀释体积，mL；P_1——芦丁对照品的纯度，% ；W_4——供试品的水分，% 。

以无水物计，芦丁含量应不得少于 80.0% 。

三、高效液相色谱法测定大豆异黄酮含量

1. 试剂和标准溶液

（1）80% 甲醇　取甲醇（色谱纯）80 mL，加水 20 mL，混匀。

（2）磷酸水溶液　用磷酸（分析纯）调节 pH 至（3.0 ±0.5），经 0.22 μm 水相滤膜过滤。

（3）50% 二甲基亚砜溶液　取二甲基亚砜（分析纯）50 mL，加水 50 mL，混匀。

（4）大豆异黄酮标准储备溶液　准确称取大豆苷、黄豆黄苷、染料木苷、大豆素、黄豆黄素、染料木素各 4 mg，分别置于 10 mL 棕色容量瓶中，加入二甲基亚砜溶液至接近刻度，超声处理 30 分钟，再用二甲基亚砜定容。各标准储备液浓度均为 400 mg/L。

（5）大豆异黄酮混合标准溶液　8.0 mg/L 混合标准溶液配置：吸取大豆苷、黄豆黄苷、染料木苷、大豆素、黄豆黄素、染料木素六种标准储备溶液各 0.2 mL，于 10 mL 容量瓶中，加入等体积水（1.2 mL），用 50% 二甲基亚砜溶液定容。

（6）16.0 mg/L 混合标准溶液　吸取大豆苷、黄豆黄苷、染料木苷、大豆素、黄豆黄素、染料木素六种标准储备溶液各 0.4 mL，于 10 mL 容量瓶中，加入等体积水（2.4 mL），用 50% 二甲基亚砜溶液定容。

（7）24.0 mg/L 混合标准溶液　吸取大豆苷、黄豆黄苷、染料木苷、大豆素、黄豆黄素、染料木素六种标准储备溶液各 0.6 mL，于 10 mL 容量瓶中，加入等体积水（3.6 mL），用 50% 二甲基亚砜溶液定容。

（8）32.0 mg/L 混合标准溶液　吸取大豆苷、黄豆黄苷、染料木苷、大豆素、黄豆黄素、染料木素六种标准储备溶液各 0.8 mL，于 10 mL 容量瓶中，加入等体积水（4.8 mL），用 50% 二甲基亚砜溶液定容。

（9）40.0 mg/L 混合标准溶液　吸取大豆苷、黄豆黄苷、染料木苷、大豆素、黄豆黄素、染料木素六种标准储备溶液各 1.0 mL，于 10 mL 容量瓶中，用 50% 二甲基亚砜溶液定容。

2. 仪器 高效液相色谱仪（带紫外检测器）；分析天平（精确度 0.00001 g）；酸度计（精度 0.02 pH）；容量瓶（10 mL）；移液枪；滤膜（有机相、水相，孔径 0.22 μm）；针式过滤器（有机相，孔径 0.22 μm）。

3. 分析步骤

（1）样品的制备 精密称取样品 50 mg，用 80% 甲醇溶液溶解并转移至 25 mL 容量瓶中，加入 80% 甲醇溶液接近刻度，超声溶解 20 分钟，再用 80% 甲醇溶液定容。取溶液用 0.22 μm 有机相针式过滤器过滤，收集滤液备用。

（2）色谱条件 色谱柱：C18（4.6 mm×250 mm，5 μm）。流速：1.0 mL/min。波长：260 nm。进样量：10 μL。流动相 A：乙腈。流动相 B：磷酸水溶液（pH = 3.0 ± 0.5）。洗脱条件见表 5 - 2。

表 5 - 2 高效液相色谱法测定大豆异黄酮含量的流动相洗脱条件

时间（min）	0	10	23	30	50	55	56	60
A（%）	12	18	24	30	30	80	12	12
B（%）	88	82	76	70	70	20	88	88

（3）样品的测定 将大豆异黄酮混合标准液在色谱条件下进行测定，绘制以峰面积为纵坐标，混合标准使用液浓度为横坐标的标准曲线。将样本注入高效液相色谱仪中，保证样品溶液中大豆苷、黄豆黄苷、染料木苷、大豆素、黄豆黄素、染料木素的响应值均在工作曲线的线性范围内，由标准曲线计算出样品溶液中大豆苷、黄豆黄苷、染料木苷、大豆素、黄豆黄素、染料木素的浓度。

4. 分析结果的表述

（1）样品中大豆异黄酮各组分大豆苷（X_1）、黄豆黄苷（X_2）、染料木苷（X_3）、大豆素（X_4）、黄豆黄素（X_5）、染料木素（X_6）的含量分别按式 5 - 3 计算。

$$X_i = C_i \times V/m \tag{5-3}$$

式中，X_i——样品中大豆异黄酮单一组分的含量，%；C_i——根据标准曲线得出的大豆苷（或黄豆黄苷、染料木苷、大豆素、黄豆黄素、染料木素）的浓度，mg/mL；V——样品稀释总体积，mL；m——样品质量，mg。

（2）样品中大豆异黄酮的总量，按式 5 - 4 计算。

$$X = X_1 + X_2 + X_3 + X_4 + X_5 + X_6 \tag{5-4}$$

式中，X——样品中大豆异黄酮的总含量，%；X_1——样品中大豆苷的含量，%；X_2——样品中黄豆黄苷的含量，%；X_3——样品中染料木苷的含量，%；X_4——样品中大豆素的含量，%；X_5——样品中黄豆黄素的含量，%；X_6——样品中染料木素的含量，%。

5. 精密度 在重复性条件下，两次独立测定结果之差不得超过算术平均值的 10%。

色谱图可参考图 5 - 1。

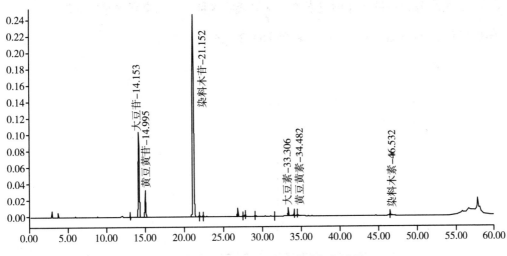

图 5-1　大豆异黄酮样本高效液相色谱图

四、高效液相色谱法测定银杏叶黄酮含量

1. 试剂　甲醇（分析纯）；盐酸（分析纯）；甲醇（色谱纯）；重蒸水；磷酸（分析纯）；槲皮素；山奈素；异鼠李素标准品。

2. 仪器　Waters e2695 高效液相色谱仪（Waters 公司，Waters 2998 PAD 检测器）；AG285 电子天平（万分级）；KQ-100DB 型数显超声波清洗器；电热恒温水浴锅。

3. 分析步骤

（1）色谱条件与系统适用性试验　以十八烷基硅烷键合硅胶为填充剂；以甲醇-0.4%磷酸溶液（50∶50，*V/V*）为流动相；检测波长为 360 nm。理论板数按槲皮素峰计算应不低于 2500。

（2）对照品溶液的制备　取槲皮素对照品适量，精密称定，加甲醇制成每 1 mL 含 30 μg 的溶液。

（3）供试品溶液的制备　取本品约 35 mg，精密称定，加甲醇-25%盐酸溶液（4∶1）的混合液，置水浴中加热回流 30 分钟，迅速冷却至室温，转移至 50 mL 量瓶中，加甲醇稀释至刻度，摇匀，滤过，取续滤液。

（4）测定法　分别精密吸取对照品溶液与供试品溶液各 10 μL，注入液相色谱仪，测定，以槲皮素对照品的峰面积为对照，分别按下表相对应的校正因子计算槲皮素、山奈素和异鼠李素的含量，用待测成分色谱峰与槲皮素色谱峰的相对保留时间确定槲皮素、山奈素和异鼠李素的峰位，其相对保留时间应在规定值的 ±5% 范围内（若相对保留时间偏离超过 5%，则应以相应的被替代对照品确证为准）。相对保留时间及校正因子（*F*）见表 5-3。

表 5-3　槲皮素和山奈素、异鼠李素之间相对保留时间和校正因子

待测成分（峰）	相对保留时间	校正因子（*F*）
槲皮素	1.00	1.0000
山奈素	1.77	1.0020
异鼠李素	2.00	1.0890

总黄酮醇苷含量 = （槲皮素含量 + 山柰素含量 + 异鼠李素含量） × 2.5。

槲皮素和银杏叶的色谱图可分别参考图 5 - 2、图 5 - 3。

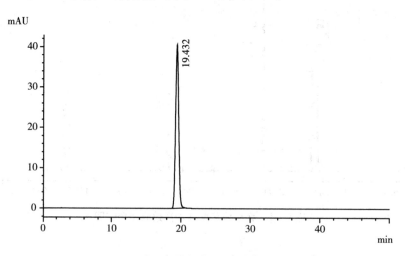

图 5 - 2　槲皮素对照品高效液相色谱图

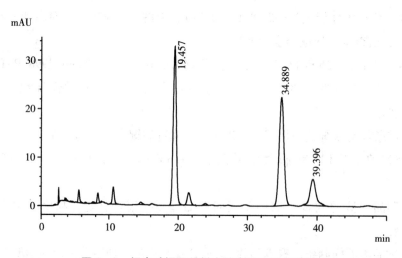

图 5 - 3　银杏叶提取物样本的高效液相色谱图

第二节　多糖的测定

一、苯酚硫酸法测定总多糖含量

1. 原理　多糖在浓硫酸的作用下，先水解成单糖，并迅速脱水生成糖醛衍生物，与苯酚反应生成橙黄色溶液，在 490 nm 处有特征吸收，与标准系列比较定量。

2. 试剂和标准溶液　除非另有规定，仅使用分析纯试剂，试验用水应符合 GB/T 6682—2008 中规定的三级水。

（1）硫酸　ρ = 1.84 g/mL。

（2）无水乙醇。

（3）80% 乙醇溶液。

（4）葡萄糖　使用前应于 105 ℃ 恒温烘干至恒重。

（5）80%苯酚溶液　称取80 g苯酚于100 mL烧杯中，加水溶解，转至100 mL棕色容量瓶中定容，置4 ℃冰箱中避光保存。

（6）5%苯酚溶液　吸取5 mL苯酚溶液，溶于75 mL水中，混匀，现用现配。

（7）100 mg/L标准葡萄糖溶液　称取0.100 g葡萄糖于100 mL烧杯中，加水溶解，定容至1000 mL，置4 ℃冰箱中贮存。

3. 仪器　可见分光光度计；分析天平（感量0.001 g）；超声波提取器；涡旋振荡器；离心机（4000 r/min）。

4. 样品制备与保存

（1）枸杞干果、葡萄干、杏干等果脯样品　将待测固体样品置于冷冻状态干燥后进行粉碎，粉碎后样品过2.0 mm孔径筛，混合均匀。

（2）香菇、平菇、灵芝等菌类样品　将待测样品干燥，粉碎后过2.0 mm孔径筛，混合均匀。

（3）葡萄、大枣等水果样品　将待测样品去皮，粉碎后过2.0 mm孔径筛，混合均匀。

（4）样品保存　试样于 -18 ℃冰箱内保存。制样和样品保存过程中，应防止样品受到污染和待测物损失。

5. 分析步骤

（1）样品处理　称取样品0.2～1.0 g，精确到0.001 g，于50 mL具塞离心管内。用5 mL水浸润样品，缓慢加入20 mL无水乙醇，同时使用涡旋振荡器振摇，使混合均匀，置超声波提取器中超声提取30分钟。提取结束后，于4000 r/min离心10分钟，弃去上清液。不溶物用10 mL 80%乙醇溶液洗涤、离心。用水将上述不溶物转移入圆底烧瓶，加入50 mL水，于120W超声提取30分钟，重复2次。冷却至室温，过滤，将上清液移至200 mL容量瓶中，残渣洗涤2～3次，洗涤液转移至容量瓶中，加水定容。此溶液为样品测定液（如颜色过深，可通过C18 SPE小柱等进行脱色处理）。如样品多糖含量较高，可适当稀释后再进行分析测定。

（2）绘制标准曲线　分别吸取0 mL、0.2 mL、0.4 mL、0.6 mL、0.8 mL、1.0 mL的标准葡萄糖工作液置于20 mL具塞试管中，用蒸馏水补至1.0 mL，向试液中加入1.0 mL苯酚溶液，然后快速加入5.0 mL硫酸（与液面垂直加入，勿接触试管壁，以便与反应液充分混合），静置10分钟。使用涡旋振荡器使反应液成分混合，然后将试管放置于30 ℃水浴中反应20分钟，490 nm测吸光度。以葡萄糖质量浓度为横坐标，吸光度为纵坐标，制定标准曲线。

（3）比色测定　吸取1.00 mL样品测定液于20 mL具塞试管中，按步骤（2）操作。测定吸光度。

（4）空白实验　与试样的测定平行进行，取相同量的所有试剂，采用相同的分析步骤，但不加试样。

6. 分析结果的表述　样品中总多糖的含量，按式5-5计算。

$$\omega = \frac{m_1 \times V_1}{m_2 \times V_2} \times 0.9 \times 10^{-4} \tag{5-5}$$

式中，ω—样品中总多糖含量，%；m_1——标准曲线上查得样品测定液中含糖量，μg；V_1——样品定容体积，mL；V_2——比色测定时所移取样品测定液的体积，mL；m_2——样品质量，g；0.9——葡萄糖换算成葡聚糖的校正系数。

计算结果保留至小数点后两位。

7. 精密度 在重复性条件下获得的两次独立测试结果的绝对差值不得超过算术平均值的10%。

注意：如果测试样本中含有淀粉和糊精，会干扰测定结果，不适合本方法测定多糖含量。淀粉和糊精的鉴别：称取3.6 g碘化钾溶于20 mL水中，加入1.3 g碘，溶解后加水稀释至100 mL。称取0.5 g样本，置于20 mL具塞离心管中。加入25 mL溶解，离心，取10 mL上清液至20 mL具塞玻璃试管内，加入1滴碘溶液，观察是否有淀粉或糊精与碘溶液反应后呈现蓝色或红色。

二、高效液相色谱法测定多糖的糖组成

1. 试剂 醛糖对照品：包括葡萄糖、D-半乳糖、L-鼠李糖、D-半乳糖、D-半乳糖醛酸、L-阿拉伯糖、D-木糖；1-苯基-3-甲基-5-吡唑啉酮（PMP），乙腈（色谱纯）（国药试剂）；浓硫酸、三氯甲烷、氢氧化钠、盐酸、苯酚等均为分析纯；水为自制超纯水。

2. 仪器 SHIMDAZU LC-2030 3D 高效液相色谱仪（配备二极管阵列检测器）；752N紫外可见分光光度计；十万分之一分析天平；TD24-WS 离心机；DK-98-Ⅱ电热恒温水浴锅；DZF-6020 真空干燥箱。

3. 分析步骤

（1）水解 准确称取烘干后的样品10 mg，加水溶解，配置成浓度为10 mg/mL的糖溶液（根据多糖含量不同调整浓度），吸取100 μL的糖溶液于试管中，加入70 μl的2.5 mol/L H_2SO_4，110 ℃烘箱中水解2小时，取出冷却后，加入70 μL的5 mol/L的NaOH，漩涡混匀中和（未酸水解的样品不经硫酸处理，取溶液，直接进行衍生化处理）。

（2）PMP衍生化 上述水解液加入200 μL 0.5 mol/L PMP甲醇溶液与100 μL 0.3 mol/L NaOH溶液，旋涡混匀，于70 ℃恒温水浴锅中反应60分钟，取出放置10分钟冷却至室温，加入100 μL 0.3 mol/L HCl中和，加入纯水1 mL，再加氯仿2 mL，重复萃取3次，取水相，过0.22 μm微孔滤膜，得供试液。

（3）HPLC分析 经PMP衍生化处理好的样品，过0.22 μm滤膜，按下述色谱条件进行分析。色谱柱：ODS-3（4.6 mm×250 mm，5 μm）。流动相A：乙腈。流动相B：0.45 g KH_2PO_4、0.5 mL TEA、100 mL乙腈、900 mL高纯水混合液（pH 7.5）。梯度洗脱程序：0~4分钟，94% B；4~5分钟，94%~88%；5~50分钟，88% B。流速：1 mL/min。柱温：30 ℃。进样体积：5 μL。检测波长：250 nm。

色谱图可参考图5-4、图5-5。

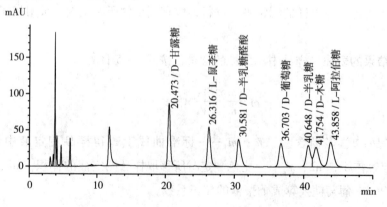

图5-4 对照品单糖PMP衍生后的色谱图

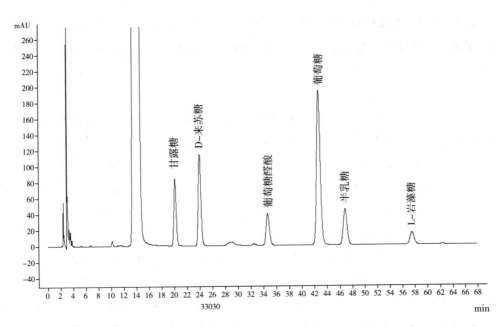

图 5-5　对照品灵芝多糖 PMP 衍生后的液相色谱图

注意：一般采用硫酸-苯酚法测定总多糖，总多糖的测定结果没专属性，含有多糖成分的药材种类繁多，同时淀粉和糊精等常用的辅料会存在干扰。糖组成分析可以鉴别多糖的组成，判别是否含有对应的多糖成分。本章中介绍了 1-苯基-3-甲基-5-吡唑啉酮（PMP）衍生，通过 HPLC-UV 的分析方法测定游离糖，根据单糖的组成和比例关系判断是否和对照多糖提取物一致性好。另外，也有更进一步的测试，通过加入内标，算出各组成单糖含量，根据单糖含量总量控制质量。如 T/CCCMHPIE 1.13-2016《植物提取物 灵芝提取物（水提）》标准中就规定本品按干燥品计算，含灵芝多糖的含量以甘露糖、葡萄糖醛酸、半乳糖、葡萄糖、L-岩藻糖的总量计，不得少于 5.0%，D-来苏糖为内标。

4. 分析结果的表述　根据所得对照品和供试品的峰面积，分别计算出被测定供试品溶液中各单糖的含量。供试品中各单糖含量以质量分数 E 计，数值以%表示，按式 5-6 计算。

$$E_1 = \frac{R_u}{R_s} \times A_s \times \frac{F}{W} \times 100\% \qquad (5-6)$$

式中，E_1——样品中相关单糖的含量，%；R_u——样品中相关被分析物峰面积与内标峰面积的比值；R_s——标准溶液中相关被分析物峰面积与内标峰面积的比值；A_s——每份标准溶液衍生后的相关分析产物的质量，mg；F——用于测定样品（1.0 mL）相对于样品溶液总体积（50 mL）的衍生稀释因子，50 mg；W——用于制备样品溶液的灵芝提取物质量，mg。

第三节　皂苷类化合物的测定

一、比色法测定总皂苷含量

1. 原理　三萜皂苷分子中缺少发色团和助色基，需要某种试剂与其反应形成发色基团后显色，在某个波长下测定其吸光度，再根据吸光度与浓度的关系（标准曲线），计算出样品的浓度，从而计算出样品中总皂苷的含量。

扫码"学一学"

2. 试剂 D101 大孔吸附树脂；乙醇；香草醛；高氯酸；冰乙酸，试剂均为分析纯。

3. 仪器 紫外可见分光光度计；低速离心机；十万分之一分析天平；恒温水浴锅；石英比色皿。

4. 分析步骤

（1）溶液的配制 人参皂苷 Re 标准溶液：精确称取 4.00 mg 人参皂苷 Re，用甲醇溶解并定容至 2.0 mL 容量瓶中，得 2.0 mg/mL 的标准溶液。

5% 香草醛溶液：称取 5.0 g 香草醛，加冰乙酸溶解并定容至 100 mL。

（2）试样处理 精确称取适量的固体样品（根据试样皂苷含量确定），置于 10 mL 的容量瓶中，加少量水，超声 30 分钟，加水定容，摇匀，然后 4000 rpm 离心处理 10 分钟，精确吸取上清液 1 mL，进行柱层析。

①柱层析。使用 5 mL 注射器，注射器底部放入少许棉花，内装 4 cm 高度的大孔吸附树脂，先用 25 mL 70% 乙醇溶液洗柱，弃去洗脱液，再用 25 mL 蒸馏水洗柱，弃去洗脱液。精确加入 1 mL 已处理好的试样溶液，用 25 mL 蒸馏水洗柱，弃去洗脱液，再用 25 mL 70% 乙醇溶液洗柱，收集洗脱液于蒸发皿中，置于 60 ℃ 水浴蒸干，以此进行显色反应。

②显色。在上述已挥干的蒸发皿中准确加入 0.2 mL 5% 香草醛冰乙酸溶液，转动蒸发皿，使残渣都溶解（可适当进行超声处理），再加 0.8 mL 高氯酸（可分两次加入确保蒸发皿内壁无残渣），混匀后移入 10 mL 具塞试管中，60 ℃ 水浴加热 10 分钟，取出，水浴冷却，然后准确加入冰乙酸 5.0 mL，摇匀后，于 560 nm 下测定试样吸光值。

③标准管的处理。吸取人参皂苷 Re 标准溶液（2.0 mg/ml）100 μL 于蒸发皿中，置于 60 ℃ 下水浴蒸干，然后按照操作方法进行显色反应。

5. 分析结果的表述 试样中总皂苷含量按式 5 - 7 计算。

$$W = (A_1/A_2 \times C) \times V/m \times 100 \qquad (5-7)$$

式中，W——试样总皂苷含量,%；A_1——试样溶液的吸光值；A_2——标准溶液吸光值；C——标准管人参皂苷 Re 的质量，mg；V——试样定容体积，mL；m——试样称样质量，mg。

二、高效液相色谱法测定人参皂苷含量

1. 试剂 对照品；甲醇、乙腈均为色谱纯，水为超纯水，其他试剂均为分析纯。

2. 仪器 高效液相色谱仪；十万分之一电子分析天平；超声波清洗器；低速离心机。

3. 分析步骤

（1）色谱条件 以十八烷基硅烷键合硅胶为填充剂；以乙腈为流动相 A，以 0.1% 磷酸溶液为流动相 B，按下表规定进行梯度洗脱；检测波长为 203 nm；柱温 30 ℃；进样量为 10 μL。理论板数按人参皂苷 Re 峰计算应不低于 3000。洗脱条件见表 5 - 4。

表 5 - 4 高效液相色谱法测定人参皂苷含量的流动相洗脱条件

时间 （min）	水（A） （%）	乙腈（B） （%）
0 ~ 30	19	81
30 ~ 35	24	76
35 ~ 60	40	60

（2）对照品溶液的制备　取人参皂苷 Rg₁ 对照品、人参皂苷 Re 对照品和人参皂苷 Rd 对照品适量，精密称定，加甲醇制成 1 mL 中含 0.30 mg 人参皂苷 Rg₁，0.50 mg 人参皂苷 Re 和 0.20 mg 人参皂苷 Rd 的混合溶液。

（3）供试品溶液的制备　取本品 30 mg，精密称定，置于 10 mL 量瓶中，加甲醇超声处理，使溶解并稀释至刻度，摇匀，滤过，取续滤液。

（4）线性关系考察　精密量取混合对照品溶液 0.1 mL、0.2 mL、0.4 mL、0.8 mL、1.6 mL、3.2 mL 分别置 10 mL 量瓶中，加甲醇定容至刻度，摇匀。取上述标准溶液，分别进样 20 μL，取 3 次峰面积的平均值作图，得一条良好直线，以峰面积（Y）对照品浓度（X）进行线性回归处理，得回归方程。

（5）样品含量测定　精密吸取制备的供试品溶液 20 μL，并按色谱条件进行测定。

色谱图可参考图 5-6、图 5-7、图 5-8。

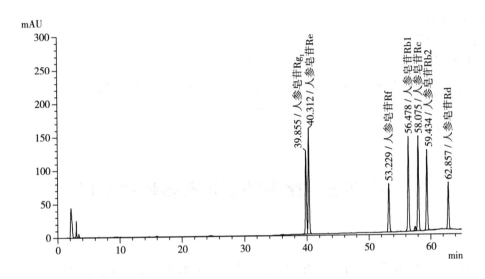

图 5-6　混合对照品高效液相色谱图

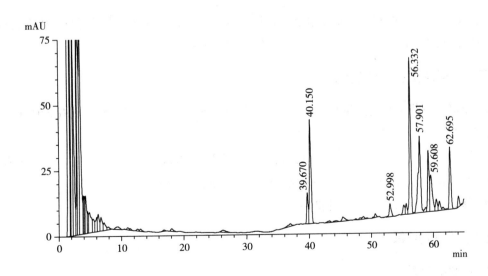

图 5-7　人参提取物总皂苷高效液相色谱图

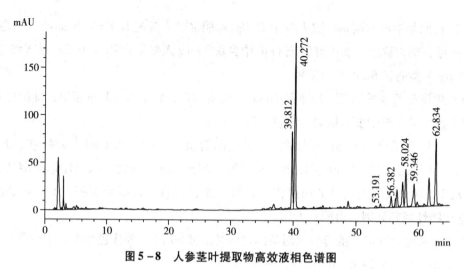

图 5－8　人参茎叶提取物高效液相色谱图

注意：人参根提取物和人参茎叶提取物利用指纹图谱可以区分。

> ## 思考题
>
> 1. 高效液相色谱仪常用的检测器及其适用性有哪些？
> 2. 依据功效成分的化学结构可将保健食品的功能成分分为几类？
> 3. 简述总多糖的检测方法及检测原理。

实训三　比色法测定茶多酚的含量

一、实验目的

通过本实训能够更好地了解比色法测定茶多酚含量原理；掌握比色法操作方法。

二、实验原理

茶多酚用 70% 的甲醇在 70 ℃ 水浴上提取，福林酚试剂氧化茶多酚中 –OH 基团显蓝色，最大吸收波长为 765 nm，用没食子酸作校正标准定量茶多酚。

三、实验试剂与仪器

1. 仪器　分析天平（感量 0.001 g）；水浴锅［（70±1）℃］；离心机（转速 3500 r/min）；分光光度计。

2. 试剂　乙腈（色谱纯）、甲醇、碳酸钠、甲醇水溶液（7:3，V/V）、福林酚试剂。本标准所用水均为双蒸馏水，除特殊规定外，所有试剂为分析纯。

3. 样品　含有茶多酚的保健食品。

四、实验步骤

1. 溶液的配制

（1）10% 福林酚试剂（现配现用）　将 20 mL 福林酚试剂转移到 200 mL 容量瓶中，用水定容并摇匀。

（2）7.5% 碳酸钠　称取（37.50 ± 0.01）g 碳酸钠，加适量水溶解，转移至 500 mL 容量瓶中，用水定容并摇匀。

（3）没食子酸标准储备溶液（1000 μg/mL）　称取（0.110 ± 0.001）g 没食子酸于（GA，$M = 188.14$）100 mL 容量瓶中并定容至刻度，摇匀（现配）。

（4）没食子酸工作液　用移液管分别移取 1.0 mL、2.0 mL、3.0 mL、4.0 mL、5.0 mL 的没食子酸标准储备液于 100 mL 容量瓶中，分别用水定容至刻度，摇匀，浓度分别为 10 μg/mL、20 μg/mL、30 μg/mL、40 μg/mL、50 μg/mL。

2. 供试品的制备

（1）母液　称取 0.2 g（精确到 0.0001 g）均匀磨碎的试样于 10 mL 离心管中，于 70 ℃ 水浴中浸提 10 分钟（隔 5 分钟搅拌一次），浸提后冷却至室温，转入离心机在 3500 r/min 转速下离心 10 分钟，将上清液转移至 10 mL 容量瓶。残渣再用 5 mL 的 70% 甲醇溶液提取一次，重复以上操作。合并提取液定容至 10 mL，摇匀，过 0.45 μm 滤膜，待用（该提取液在 4 ℃ 下可至多保存 24 小时）。

（2）测试液　移取母液 1.0 mL 于 100 mL 容量瓶中，用水定容至刻度，摇匀，待测。

3. 测定　用移液管分别移取没食子酸工作液、水（作空白对照用）及测试液各 1 mL 于刻度试管内，在每个试管内分别加入 5.0 mL 的福林酚试剂，摇匀。反应 3~8 分钟，加入 4.0 mL 7.5% 碳酸钠溶液，加水定容至刻度，摇匀，室温下放置 60 分钟。用 10 mm 比色皿在 765 nm 波长条件下用分光光度计测定吸光度（A）。

根据没食子酸工作液的吸光度（A）与各工作溶液的没食子酸浓度，制作标准曲线。

五、实验结果分析

比较试样和标准工作液的吸光度，按式 5-8 计算。

$$茶多酚含量（\%） = \frac{A \times V \times d}{SLOPE_{std} \times m \times 10^6 \times m_1} \times 100 \qquad (5-8)$$

式中，A——样品测试液吸光度；V——样品提取液体积，10 mL；d——稀释因子（通常为 1 mL 稀释成 100 mL，则其稀释因子为 100）；$SLOPE_{std}$——没食子酸标准曲线的斜率；m——样品干物质含量，%；m_1——样品质量，g。

同一样品的两次测定值，每 100 g 试样不得超过 0.5 g，若测定值相对误差在此范围，则取两次测定值的算术平均值为结果，保留小数点后一位。

六、注意事项

样品吸光度应在没食子酸标准工作曲线的校准范围内，若样品吸光度高于 50 μg/mL 没食子酸标准工作液的吸光度，则应重新配制高浓度没食子酸标准工作液进行校准。

（晏仁义）

第六章　保健食品中常见有毒有害物质的检测

在保健食品中常见的有毒有害物质为重金属、农药残留、真菌毒素类等，它们的存在对人体健康会产生不良影响，随着人们对保健食品中常见的有毒有害物质的关注越来越多，制定有毒有害物质在保健品中的最高限量标准也越来越有必要。通过制定各类安全标准的检测方法，加强保健食品有毒有害物质的监测，为人类健康提供可评价的依据。

第一节　铅的检测

扫码"学一学"

一、铅元素的危害

WHO 国际癌症研究机构将铅列为 2B 类致癌物。保健食品中铅污染主要来源：含铅农药的使用；工业"三废"的排放，污染附近生长的农作物，大气中含铅尘、废气、受铅污染的水源、剥落的油漆；保健食品加工、贮存、运输过程中使用的含铅器皿的污染，例如铅合金、搪瓷、陶瓷以及马口铁食具的焊锡、锡酒壶等都可以直接或间接污染保健食品。

铅作为一种具有蓄积性、多亲和性的毒物，对人体各组织都有毒性作用，主要损害神经系统、造血系统、消化系统和肾脏，还损害人体的免疫系统，使机体抵抗力下降，婴幼儿和学龄前儿童是易感人群。预防铅对人体产生危害的重要措施之一是控制人们从保健食品中摄入铅的量，因而制定各类保健食品中铅的允许限量十分重要。

二、原子吸收光谱法

原子吸收光谱法又称原子吸收分光光度法，它是基于测试所产生的原子蒸气中基态原子对其特征谱线吸收的量测定化学元素的方法。吸收光谱法有如下特点。

1. 测定范围广　原子吸收光谱法可以直接测定几十种元素，采用间接方法还能测定某些非金属阴离子和有机化合物。

2. 灵敏度高　用火焰原子吸收光谱法可测到 10^{-9} g/mL 数量级，无火焰原子吸收光谱法可测到 10^{-12} g/mL 数量级，适用于微量和痕量元素分析。

3. 简单分析速度快　原子吸收光谱仪的操作比较简单，容易掌握，因而分析速度也快，易于推广。

4. 选择性好，准确度高　由于原子吸收光谱线比较简单，谱线重叠干扰很少，因而分析的选择性好，机体和待测元素之间影响也比较少。大多数情况下共存元素不对原子吸收分析产生干扰，经处理后可直接进行分析，这就避免了复杂的分离和富集操作，易于得到准确的分析结果。

三、检测方法

参考 GB 5009.12—2017《食品安全国家标准　食品中铅的测定》。

（一）石墨炉原子吸收光谱法

1. 原理　试样经消解处理后，铅离子经石墨炉原子化，在 283.3 nm 处测定吸光度。在一定浓度范围内铅的吸光度值与铅含量成正比，与标准系列比较定量。

2. 试剂和标准溶液

（1）高氯酸。

（2）硝酸溶液（5：95，V/V）　量取 50 mL 硝酸，缓慢加入 950 mL 水中，混匀。

（3）硝酸溶液（1：9，V/V）　量取 50 mL 硝酸，缓慢加入 450 mL 水中，混匀。

（4）磷酸二氢铵 – 硝酸钯溶液　称取 0.02 g 硝酸钯，加少量硝酸溶液（1：9，V/V）溶解后，再加入 2 g 磷酸二氢铵，溶解后用硝酸溶液（5：95，V/V）定容至 100 mL，混匀。

（5）硝酸铅（CAS：10099 – 74 – 8，纯度 >99.99%）　或经国家认证并授予标准物质证书的一定浓度的铅标准溶液。

（6）铅标准储备液（1000 mg/L）　准确称取 1.5985 g（精确至 0.0001 g）硝酸铅，用少量硝酸溶液（1：9，V/V）溶解，移入 1000 mL 容量瓶，加水至刻度，混匀。

（7）铅标准中间液（1.00 mg/L）　准确吸取铅标准储备液（1000 mg/L）1.00 mL 于 1000 mL 容量瓶中，加硝酸溶液（5：95，V/V）至刻度，混匀。

（8）铅标准系列溶液　分别吸取铅标准中间液（1.00 mg/L）0 mL、0.500 mL、1.00 mL、2.00 mL、3.00 mL 和 4.00 mL 于 100 mL 容量瓶中，加硝酸溶液（5：95，V/V）至刻度，混匀。此铅标准系列溶液的质量浓度分别为 0 μg/L、5.00 μg/L、10.0 μg/L、20.0 μg/L、30.0 μg/L 和 40.0 μg/L。

3. 仪器　原子吸收光谱仪（配石墨炉原子化器，附铅空心阴极灯）；分析天平（感量 0.1 mg 和 1 mg）；可调式电热炉；可调式电热板；微波消解系统（配聚四氟乙烯消解内罐）；恒温干燥箱；压力消解罐（配聚四氟乙烯消解内罐）。

4. 分析步骤

（1）试样前处理

①湿法消解。称取固体试样 0.2 ~ 3 g（精确至 0.001 g）或准确移取液体试样 0.500 ~ 5.00 mL 于带刻度消化管中，加入 10 mL 硝酸和 0.5 mL 高氯酸，在可调式电热炉上消解。若消化液呈棕褐色，再加少量硝酸，消解至冒白烟，消化液呈无色透明或略带黄色，取出

消化管，冷却后用水定容至 10 mL，混匀备用。同时做试剂空白实验。亦可采用锥形瓶，于可调式电热板上，按上述操作方法进行湿法消解。

②微波消解。称取固体试样 0.2 ~ 0.8 g（精确至 0.001 g）或准确移取液体试样 0.500 ~ 3.00 mL 于微波消解罐中，加入 5 mL 硝酸，按照微波消解的操作步骤消解试样。冷却后取出消解罐，在电热板上于 140 ~ 160 ℃ 赶酸至 1 mL 左右。消解罐放冷后，将消化液转移至 10 mL 容量瓶中，用少量水洗涤消解罐 2 ~ 3 次，合并洗涤液于容量瓶中并用水定容至刻度，混匀备用。同时做试剂空白实验。

③压力罐消解。称取固体试样 0.2 ~ 1 g（精确至 0.001 g）或准确移取液体试样 0.500 ~ 5.00 mL 于消解内罐中，加入 5 mL 硝酸。盖好内盖，旋紧不锈钢外套，放入恒温干燥箱，于 140 ~ 160 ℃ 下保持 4 ~ 5 小时。冷却后缓慢旋松外罐，取出消解内罐，放在可调式电热板上于 140 ~ 160 ℃ 赶酸至 1 mL 左右。冷却后将消化液转移至 10 mL 容量瓶中，用少量水洗涤内罐和内盖 2 ~ 3 次，合并洗涤液于容量瓶中并用水定容至刻度，混匀备用。同时做试剂空白实验。

（2）测定

①仪器参考条件。根据各自仪器性能调至最佳状态。

②标准曲线的制作。按质量浓度由低到高的顺序分别将 10 μL 铅标准系列溶液和 5 μL 磷酸二氢铵 – 硝酸钯溶液（可根据所使用的仪器确定最佳进样量）同时注入石墨炉，原子化后测其吸光度值，以质量浓度为横坐标，吸光度值为纵坐标，制作标准曲线。

③试样溶液的测定。在与测定标准溶液相同的实验条件下，将 10 μL 空白溶液或试样溶液与 5 μL 磷酸二氢铵 – 硝酸钯溶液（可根据所使用的仪器确定最佳进样量）同时注入石墨炉，原子化后测其吸光度值，与标准系列比较定量。

5. 分析结果的表述　试样中铅的含量按式 6 – 1 计算。

$$X = \frac{(\rho - \rho_0) \times V}{m \times 1000} \tag{6-1}$$

式中，X——试样中铅的含量，g/kg 或 mg/L；ρ——试样溶液中铅的质量浓度，μg/L；ρ_0——空白溶液中铅的质量浓度，μg/L；V——试样消化液的定容体积，mL；m——试样称样量或移取体积，g 或 mL；1000——换算系数。

当铅含量 ≥ 1.00 mg/kg（或 mg/L）时，计算结果保留三位有效数字；当铅含量 < 1.00 mg/kg（或 mg/L）时，计算结果保留两位有效数字。

6. 精密度　在重复性条件下获得的两次独立测定结果的绝对差值不得超过算术平均值的 20%。

（二）火焰原子吸收光谱法

1. 原理　试样经处理后，铅离子在一定 pH 条件下与二乙基二硫代氨基甲酸钠（DDTC）形成络合物，经 4 – 甲基 – 2 – 戊酮（MIBK）萃取分离，导入原子吸收光谱仪中，经火焰原子化，在 283.3 nm 处测定吸光度。在一定浓度范围内铅的吸光度值与铅含量成正比，与标准系列比较定量。

2. 试剂和标准溶液

（1）高氯酸（优级纯）。

（2）硫酸铵。

（3）4-甲基-2-戊酮（MIBK）。

（4）硝酸溶液（5∶95，*V/V*）　量取 50 mL 硝酸，加入 950 mL 水中，混匀。

（5）硝酸溶液（1∶9，*V/V*）　量取 50 mL 硝酸，加入 450 mL 水中，混匀。

（6）硫酸铵溶液（300 g/L）　称取 30 g 硫酸铵，用水溶解并稀释至 100 mL，混匀。

（7）柠檬酸铵溶液（250 g/L）　称取 25 g 柠檬酸铵，用水溶解并稀释至 100 mL，混匀。

（8）溴百里酚蓝水溶液（1 g/L）　称取 0.1 g 溴百里酚蓝，用水溶解并稀释至 100 mL，混匀。

（9）DDTC 溶液（50 g/L）　称取 5 g DDTC，用水溶解并稀释至 100 mL，混匀。

（10）氨水溶液（1∶1，*V/V*）　吸取 100 mL 氨水，加入 100 mL 水，混匀。

（11）盐酸溶液（1∶11，*V/V*）　吸取 10 mL 盐酸，加入 110 mL 水，混匀。

（12）硝酸铅（CAS：10099-74-8，纯度＞99.99%）　或经国家认证并授予标准物质证书的一定浓度的铅标准溶液。

（13）铅标准储备液（1000 mg/L）　准确称取 1.5985 g（精确至 0.0001 g）硝酸铅，用少量硝酸溶液（1∶9，*V/V*）溶解，移入 1000 mL 容量瓶，加水至刻度，混匀。

（14）铅标准使用液（10.0 mg/L）　准确吸取铅标准储备液（1000 mg/L）1.00 mL 于 100 mL 容量瓶中，加硝酸溶液（5∶95，*V/V*）至刻度，混匀。

3. 仪器　原子吸收光谱仪（配火焰原子化器，附铅空心阴极灯）；分析天平（感量 0.1 mg 和 1 mg）；可调式电热炉；可调式电热板。

4. 分析步骤

（1）试样前处理　操作步骤同"石墨炉原子吸收光谱法"。

（2）测定

①仪器参考条件。根据各自仪器性能调至最佳状态。

②标准曲线的制作。分别吸取铅标准使用液 0 mL、0.250 mL、0.500 mL、1.00 mL、1.50 mL 和 2.00 mL（相当 0 μg、2.50 μg、5.00 μg、10.0 μg、15.0 μg 和 20.0 μg 铅）于 125 mL 分液漏斗中，补加水至 60 mL。加 2 mL 柠檬酸铵溶液（250 g/L），溴百里酚蓝水溶液（1 g/L）3~5 滴，用氨水溶液（1∶1，*V/V*）调 pH 至溶液由黄变蓝，加硫酸铵溶液（300 g/L）10 mL，DDTC 溶液（1 g/L）10 mL，摇匀。放置 5 分钟左右，加入 10 mL MIBK，剧烈振摇提取 1 分钟，静置分层后，弃去水层，将 MIBK 层放入 10 mL 带塞刻度管中，得到标准系列溶液。

将标准系列溶液按质量由低到高的顺序分别导入火焰原子化器，原子化后测其吸光度值，以铅的质量为横坐标，吸光度值为纵坐标，制作标准曲线。

③试样溶液的测定。将试样消化液及试剂空白溶液分别置于 125 mL 分液漏斗中，补加水至 60 mL。加 2 mL 柠檬酸铵溶液（250 g/L），溴百里酚蓝水溶液（1 g/L）3~5 滴，用氨水溶液（1∶1，*V/V*）调 pH 至溶液由黄变蓝，加硫酸铵溶液（300 g/L）10 mL，DDTC 溶液（1 g/L）10 mL，摇匀。放置 5 分钟左右，加入 10 mL MIBK，剧烈振摇提取 1 分钟，静置分层后，弃去水层，将 MIBK 层放入 10 mL 带塞刻度管中，得到试样溶液和空白溶液。

将试样溶液和空白溶液分别导入火焰原子化器，原子化后测其吸光度值，与标准系列比较定量。

5. 分析结果的表述 试样中铅的含量按式6-2计算。

$$X = \frac{m_1 - m_0}{m_2} \qquad (6-2)$$

式中，X——试样中铅的含量，mg/kg 或 mg/L；m_1——试样溶液中铅的质量，μg；m_0——空白溶液中铅的质量，μg；m_2——试样称样量或移取体积，g 或 mL。

当铅含量 ≥ 10.0 mg/kg（或 mg/L）时，计算结果保留三位有效数字；当铅含量 < 10.0 mg/kg（或 mg/L）时，计算结果保留两位有效数字。

拓展阅读

铅对发育的影响

Needleman 等曾报道，波士顿一组妇女在怀孕期间因有过铅暴露史，而使她们的后代出现先天性畸形的概率增加。还有报道，新生儿体重的减少以及妊娠期的缩短与子宫铅暴露量有关，但与之相悖的结论也有报道。在非职业性铅暴露水平下，最重要的也是研究最多的是铅对儿童神经行为发育的影响。Needleman 等曾报道了儿童血铅水平与儿童智商（IQ）值减少之间的相关性。很多类似的典型实验都研究了这个问题。

扫码"学一学"

第二节 总汞的检测

案例讨论

案例： 1956 年日本水俣湾出现了一种奇怪的病。这种"怪病"便是日后轰动世界的"水俣病"，是最早出现的由于工业废水排放污染造成的公害病。轻者症状表现为口齿不清、步履蹒跚、面部痴呆、手足麻痹、手足变形，重者神经失常，或酣睡，或兴奋，身体弯弓高叫，直至死亡。经测定，水俣湾的海产品中汞的含量高达每公斤几十毫克，已大大超过安全限度标准。

除水俣病外，迄今已在很多地方发现了类似的污染中毒事件，其他一些重金属如镉、钴、铜、锌、铬等，以及非金属砷，它们的许多化学性质都与汞相近，这也应该引起人们的警惕。

问题： 重金属对人体的危害主要表现为哪些特征？

一、汞元素的危害

汞以各种化学形态排入环境，污染空气、水质和土壤，最终导致对保健食品的污染。汞的毒性与汞的化学存在形式、汞化合物的吸收有很大的关系。

一般土壤中汞的含量不高，但用含汞废水灌溉土壤或使用含汞农药的土壤，含汞量较高。无机汞不容易吸收，毒性小，而有机汞特别是烷基汞，容易吸收，毒性大。微量的汞在人体不会引起危害，可经尿、粪和汗液等途径排出体外，但在体内蓄积到一定量时，将损害人体健康。甲基汞还可通过胎盘进入胎儿体内，危害下一代。保健食品，特别是原料一旦被汞污染，将难以被彻底除净，可见控制保健食品中的含汞量十分重要。

二、原子荧光光谱法

原子荧光光谱法是指待测物质的气态原子蒸气受到激发光源特征辐照后，由基态跃迁到激发态，然后由激发态跃回基态，同时发射出与激发光源特征波长相同的原子荧光。根据发射出荧光强度对待测物质进行定量分析的方法。

原子荧光光谱仪结构与原子吸收光谱仪非常接近，由激发光源、原子化器、单色器和检测系统组成。二者主要区别在于原子吸收仪器中各组成部分排在一条直线上，而原子荧光仪器中单色器和检测器与光源和原子化器按直角排列，这是为了避免激发光源辐射对原子荧光信号的影响。

1. 激发光源　主要作用是提供试样蒸发、解离、原子化和激发所需的特征谱线。原子荧光分析对激发光源的要求如下。

（1）光强稳定，光谱纯度好。

（2）提供足够的光强。

（3）结构简单，使用方便，寿命长。

原子荧光光谱仪中广泛使用的高强度空心阴极灯，由于在普通空心阴极灯增加了一对辅助电极，因此发光强度比普通空心阴极灯大几倍或几十倍，使检验灵敏度大大提高。

2. 原子化器　主要作用是将待测元素解离成自由基态原子。与原子吸收类似，原子荧光分析中原子化过程主要有火焰原子化器和电热原子化器两类。

3. 分光系统　主要作用是充分接受荧光信号。分光系统有非色散和色散两种基本类型。

4. 检测系统　色散型原子荧光光谱仪用光电倍增管，非色散型的多采用日光型电倍增管。适合波长在 160～180 nm 范围的元素，测定原子荧光常用锁相放大电子学系统以降低噪音提高信噪比。

三、检测方法

参考 GB 5009.17—2014《食品安全国家标准 食品中总汞及有机汞的测定》。

（一）原子荧光光谱分析法

1. 原理　试样经酸加热消解后，在酸性介质中，试样中汞被硼氢化钾或硼氢化钠还原成原子态汞，由载气（氩气）带入原子化器中，在汞空心阴极灯照射下，基态汞原子被激发至高能态，在由高能态回到基态时，发射出特征波长的荧光，其荧光强度与汞含量成正比，与标准系列溶液比较定量。

2. 试剂和标准溶液

（1）硝酸溶液（1∶9，*V/V*）　量取 50 mL 硝酸，缓缓加入 450 mL 水中。

（2）硝酸溶液（5∶95，*V/V*）　量取 5 mL 硝酸，缓缓加入 95 mL 水中。

（3）氢氧化钾溶液（5 g/L）　称取 5.0 g 氢氧化钾，纯水溶解并定容至 1000 mL，混匀。

（4）硼氢化钾溶液（5 g/L）　称取 5.0 g 硼氢化钾，用 5 g/L 的氢氧化钾溶液溶解并定容至 1000 mL，混匀，现用现配。

（5）重铬酸钾的硝酸溶液（0.5 g/L）　称取 0.05 g 重铬酸钾溶于 100 mL 硝酸溶液（5∶95，*V/V*）中。

（6）硝酸－高氯酸混合溶液（5∶1，*V/V*）　量取 500 mL 硝酸，100 mL 高氯酸，混匀。

（7）汞标准储备液（1.00 mg/mL）　准确称取 0.1354 g 经干燥过的氯化汞（纯度≥99%），用重铬酸钾的硝酸溶液（0.5 g/L）溶解并转移至 100 mL 容量瓶中，稀释至刻度，混匀。此溶液浓度为 1.00 mg/mL。于 4 ℃冰箱中避光保存，可保存 2 年。或购买经国家认证并授予标准物质证书的标准溶液物质。

（8）汞标准中间液（10 μg/mL）　吸取 1.00 mL 汞标准储备液（1.00 mg/mL）于 100 mL 容量瓶中，用重铬酸钾的硝酸溶液（0.5 g/L）稀释至刻度，混匀，此溶液浓度为 10 μg/mL。于 4 ℃冰箱中避光保存，可保存 2 年。

（9）汞标准使用液（50 ng/mL）　吸取 0.50 mL 汞标准中间液（10 μg/mL）于 100 mL 容量瓶中，用 0.5 g/L 重铬酸钾的硝酸溶液稀释至刻度，混匀，此溶液浓度为 50 ng/mL，现用现配。

3. 仪器　原子荧光光谱仪；天平（感量 0.1 mg 和 1 mg）；微波消解系统；压力消解器；恒温干燥箱（50～300 ℃）；控温电热板（50～200 ℃）；超声水浴箱。

4. 分析步骤

（1）试样前处理　在采样和制备过程中，应注意不使试样受到污染。

（2）试样消解

①压力罐消解法。称取固体试样 0.2～1.0 g（精确到 0.001 g），或液体试样吸取 1～5 mL 称量（精确到 0.001 g），置于消解内罐中，加入 5 mL 硝酸浸泡过夜。盖好内盖，旋紧不锈钢外套，放入恒温干燥箱，140～160 ℃保持 4～5 小时，在箱内自然冷却至室温，然后缓慢旋松不锈钢外套，将消解内罐取出，用少量水冲洗内盖，放在控温电热板上或超声水浴箱中，于 80 ℃或超声脱气 2～5 分钟赶去棕色气体。取出消解内罐，将消化液转移至 25 mL 容量瓶中，用少量水分 3 次洗涤内罐，洗涤液合并于容量瓶中并定容至刻度，混匀备用；同时做空白实验。

②微波消解法。称取固体试样 0.2～0.5 g（精确到 0.001 g），或液体试样 1～3 mL 于消解罐中，加入 5～8 mL 硝酸，加盖放置过夜，旋紧罐盖，按照微波消解仪的标准操作步骤进行消解。冷却后取出缓慢打开罐盖排气，用少量水冲洗内盖，将消解罐放在控温电热板上或超声水浴箱中，于 80 ℃加热或超声脱气 2～5 分钟，赶去棕色气体，取出消解内罐，将消化液转移至 25 mL 塑料容量瓶中，用少量水分 3 次洗涤内罐，洗涤液合并于容量瓶中并定容至刻度，混匀备用；同时做空白实验。

③回流消解法。称取 1.0～2.0 g（精确到 0.001 g）试样，置于消化装置锥形瓶中，加玻璃珠数粒，加 45 mL 硝酸、10 mL 硫酸，转动锥形瓶防止局部炭化。装上冷凝管后，小火加热，待开始发泡即停止加热，发泡停止后加热回流 2 小时。如加热过程中溶液变棕色，再加 5 mL 硝酸，继续回流 2 小时，消解到样品完全溶解，一般呈淡黄色或无色，放冷后从冷凝管上端小心加 20 mL 水，继续加热回流 10 分钟放冷，用适量水冲洗冷凝管，冲洗液并入消化液中，将消化液经玻璃棉过滤于 100 mL 容量瓶内，用少量水洗涤锥形瓶、滤器，洗涤液并入容量瓶内，加水至刻度，混匀。同时做空白实验。

（3）测定

①标准曲线制作。分别吸取 50 ng/mL 汞标准使用液 0.00 mL、0.20 mL、0.50 mL、1.00 mL、1.50 mL、2.00 mL、2.50 mL 于 50 mL 容量瓶中，用硝酸溶液（1∶9，V/V）稀释至刻度，混匀。各自相当于汞浓度为 0.00 ng/mL、0.20 ng/mL、0.50 ng/mL、1.00 ng/mL、1.50 ng/mL、2.00 ng/mL、2.50 ng/mL。

②试样溶液的测定。设定好仪器最佳条件，连续用硝酸溶液（1∶9，V/V）进样，待读数稳定之后，转入标准系列测量，绘制标准曲线。转入试样测量，先用硝酸溶液（1∶9，V/V）进样，使读数基本回零，再分别测定试样空白和试样消化液，每测不同的试样前都应清洗进样器。

5. 分析结果的表述　试样中汞的含量按式 6−3 计算。

$$X = \frac{(c - c_0) \times V \times 1000}{m \times 1000 \times 1000} \tag{6-3}$$

式中，X——试样中汞的含量，mg/kg 或 mg/L；c——测定样液中汞含量，ng/mL；c_0——空白液中汞含量，ng/mL；V——试样消化液定容总体积，mL；1000——换算系数；m——试样质量，g 或 mL。

计算结果保留两位有效数字。

6. 精密度　在重复条件下获得的两次独立测定结果的绝对差值不得超过算术平均值的 20%。

（二）冷原子吸收光谱法

1. 原理　汞蒸气对波长 253.7 nm 的共振线具有强烈的吸收作用。试样经过酸消解或催化酸消解使汞转为离子状态，在强酸性介质中以氯化亚锡还原成元素汞，载气将元素汞吹入汞测定仪，进行冷原子吸收测定，在一定浓度范围其吸收值与汞含量成正比，外标法定量。

2. 试剂和标准溶液

（1）无水氯化钙（分析纯）。

（2）高锰酸钾溶液（50 g/L）　称取 5.0 g 高锰酸钾置于 100 mL 棕色瓶中，用水溶解并稀释至 100 mL。

（3）硝酸溶液（5∶95，V/V）　量取 5 mL 硝酸，缓缓倒入 95 mL 水中，混匀。

（4）重铬酸钾的硝酸溶液（0.5 g/L）　称取 0.05 g 重铬酸钾溶于 100 mL 硝酸溶液（5∶95，V/V）中。

（5）氯化亚锡溶液（100 g/L）　称取 10 g 氯化亚锡溶于 20 mL 盐酸中，90 ℃水浴中加热，轻微振荡，待氯化亚锡溶解成透明状后，冷却，纯水稀释定容至 100 mL，加入几粒金属锡，置阴凉、避光处保存。一经发现浑浊应重新配制。

（6）硝酸溶液（1∶9，V/V）　量取 50 mL 硝酸，缓缓加入 450 mL 水中。

（7）汞标准储备液（1.00 mg/mL）　准确称取 0.1354 g 干燥过的氯化汞，用重铬酸钾的硝酸溶液（0.5 g/L）溶解并转移至 100 mL 容量瓶中，定容。此溶液浓度为 1.00 mg/mL。于 4 ℃冰箱中避光保存，可保存 2 年。或购买经国家认证并授予标准物质证书的标准溶液物质。

（8）汞标准中间液（10 μg/mL）　吸取 1.00 mL 汞标准储备液（1.00 mg/mL）于 100 mL 容量瓶中，用重铬酸钾的硝酸溶液（0.5 g/L）稀释和定容。溶液浓度为 10 μg/mL。于 4 ℃冰箱中避光保存。可保存 2 年。

（9）汞标准使用液（50 ng/mL）　吸取 0.50 mL 汞标准中间液（10 μg/mL）于 100 mL 容量瓶中，用重铬酸钾的硝酸溶液（0.5 g/L）稀释和定容。此溶液浓度为 50 ng/mL，现用现配。

3. 仪器　测汞仪〔（附气体循环泵、气体干燥装置、汞蒸气发生装置及汞蒸气吸收瓶），或全自动测汞仪〕；天平（感量 0.1 mg 和 1 mg）；微波消解系统；压力消解器；恒温干燥箱（200~300 ℃）；控温电热板（50~200 ℃）；超声水浴箱。

4. 分析步骤

（1）试样前处理　在采样和制备过程中，应注意不使试样受到污染。

（2）试样消解

①压力罐消解法。操作步骤同"原子荧光光谱分析法"的压力罐消解法。

②微波消解法。操作步骤同"原子荧光光谱分析法"的微波消解法。

③回流消解法。操作步骤同"原子荧光光谱分析法"的回流消解法。

（3）仪器参考条件　打开测汞仪，预热 1 小时，并将仪器性能调至最状态。

（4）标准曲线的制作　分别吸取汞标准使用液（50 ng/mL）0.00 mL、0.20 mL、0.50 mL、1.00 mL、1.50 mL、2.00 mL、2.50 mL 于 50 mL 容量瓶中，用硝酸溶液（1∶9，V/V）稀释至刻度，混匀。各自相当于汞浓度为 0.00 ng/mL、0.20 ng/mL、0.50 ng/mL、1.00 ng/mL、1.50 ng/mL、2.00 ng/mL. 和 2.50 ng/mL。将标准系列溶液分别置于测汞仪的汞蒸气发生器中，连接抽气装置，沿壁迅速加入 3.0 mL 还原剂氯化亚锡（100 g/L），迅速盖紧瓶塞，随后有气泡产生，立即通过流速为 1.0 L/min 的氮气或经活性炭处理的空气，使汞蒸气经过氯化钙干燥管进入测汞仪中，从仪器读数显示的最高点测得其吸收值。然后，打开吸收瓶上的三通阀将产生的剩余汞蒸气吸收于高锰酸钾溶液（50 g/L）中，待测汞仪上的读数达到零点时进行下一次测定。同时做空白实验。求得吸光度值与汞质量关系的一元线性回归方程。

（5）试样溶液的测定　分别吸取样液和试剂空白液各 5.0 mL 置于测汞仪的汞蒸气发生器的还原瓶中，以下按照（4）"连接抽气装置……同时做空白实验"进行操作。将所测得吸光度值，代入标准系列溶液的一元线性回归方程中求得试样溶液中汞含量。

5. 分析结果的表述　试样中汞的含量按式 6-4 计算。

$$X = \frac{(m_1 - m_2) \times V_1 \times 1000}{m \times V_2 \times 1000 \times 1000}$$

（6-4）

式中，X——试样中汞含量，mg/kg 或 mg/L；m_1——测定样液中汞质量，ng；m_2——空白液中汞质量，ng；V_1——试样消化液定容总体积，mL；1000——换算系数；m——试样质量，g 或 mL；V_2——测定样液体积，mL。

计算结果保留两位有效数字。

6. 精密度　在重复条件下获得的两次独立测定结果的绝对差值不得超过算术平均值的 20%。

第三节　总砷的检测

一、砷元素的危害

元素砷在自然环境中极少，因其不溶于水，故无毒，但极易氧化为有剧毒的三氧化二砷（砒霜）。砷的化合物在自然环境中广泛存在。对保健食品的常见污染有：含砷农药的使用，保健食品生产时，可能会使用一些含砷的化学物质作为原料；尤其是颜料、制药等企业排出的工业"三废"，也会引起保健食品的污染；尤其是水生生物、海洋甲壳纲动物对砷有很强的浓集能力，可浓缩水体中的砷高达3300倍。在各种保健食品中，发现海洋保健食品中总砷含量高，但主要是低毒的有机砷，剧毒的无机砷含量较低。

二、电感耦合等离子体质谱法

电感耦合等离子体质谱（ICP－MS）是将电感耦合等离子技术与质谱技术联合起来的一种分析方法。该技术可以快速同时检测元素周期表中的绝大部分元素。具有高灵敏度，多元素同时分析的优势。

ICP－MS的主要组成包括进样系统、离子源、接口、离子透镜、八极杆碰撞反应池、四极杆滤质器、检测器及真空系统。ICP作为质谱的高温离子源，能使大多数样品中的元素都电离出一个电子而形成了一价正离子。ICP－MS的接口由采样锥和截取锥组成，两锥之间为第I级真空。等离子体离子束以超音速通过采样锥孔，中性粒子和光子在此被分离掉，而离子进入电场作用下的四极杆离子分离系统。根据质量/电荷比的不同依次分开。最后由离子检测器进行检测，然后由积分测量线路计数。通过与已知的标准或参考物质比较，实现未知样品的痕量元素定量分析。

ICP－MS主要优点如下。

1. 检出限低　许多元素可达到1 ug/L的检出限。

2. 测量的动态范围宽　5~6个数量级。

3. 准确度好。

三、检测方法

参考GB 5009.11—2014《食品安全国家标准 食品中总砷及无机砷的测定》。

（一）电感耦合等离子体质谱法

1. 原理　样品经酸消解处理为样品溶液，样品溶液经雾化由载气送入ICP炬管中，经过蒸发、解离、原子化和离子化等过程，转化为带电荷的离子，经离子采集系统进入质谱仪，质谱仪根据质荷比进行分离。对于一定的质荷比，质谱的信号强度与进入质谱仪的离子数成正比，即样品浓度与质谱信号强度成正比。通过测量质谱的信号强度对试样溶液中的砷元素进行测定。

2. 试剂和标准溶液

（1）过氧化氢（H_2O_2）。

（2）质谱调谐液　Li、Y、Ce、Ti、Co，推荐使用浓度为 10 ng/mL。

（3）内标储备液　Ge，浓度为 100 μg/mL。

（4）硝酸溶液（2∶98，*V/V*）　量取 20 mL 硝酸［MOS 级（电子工业专用高纯化学品）、BV（Ⅲ）级］，缓缓倒入 980 mL 水中，混匀。

（5）内标溶液 Ge 或 Y（1.0 μg/mL）　取 1.0 mL 内标溶液，用硝酸溶液（2∶98，*V/V*）稀释并定容至 100 mL。

（6）氢氧化钠溶液（100 g/L）　称取 10.0 g 氢氧化钠，用水溶解和定容至 100 mL。

（7）砷标准储备液（100 mg/L，按 As 计）　准确称取于 100 ℃干燥 2 小时的三氧化二砷 0.0132 g，加 1 mL 氢氧化钠溶液（100 g/L）和少量水溶解，转入 100 mL 容量瓶中，加入适量盐酸调整其酸度近中性用水稀释至刻度。4 ℃避光保存，保存期 1 年。或购买经国家认证并授予标准物质证书的标准溶液物质。

（8）砷标准使用液（1.00 mg/L，按 As 计）　准确吸取 1.00 mL 砷标准储备液（100 mg/L）于 100 mL 容量瓶中，用硝酸溶液（2∶98，*V/V*）稀释定容至刻度。现用现配。

3. 仪器　玻璃器皿及聚四氟乙烯消解内罐均需以硝酸溶液（1＋4）浸泡 24 小时，用水反复冲洗，最后用去离子水冲洗干净。

电感耦合等离子体质谱仪（ICP - MS）；微波消解系统；压力消解器；恒温干燥箱（50～300 ℃）；控温电热板（50～200 ℃）；超声水浴箱；天平（感量 0.1 mg 和 1 mg）。

4. 分析步骤

（1）试样预处理　在采样和制备过程中，应注意不使试样受到污染。

（2）试样消解

①微波消解法。固体样品称取 0.2～0.5 g（精确至 0.001 g）样品于消解罐中，加入 5 mL 硝酸，放置 30 分钟，盖好安全阀，将消解罐放入微波消解系统中，设置适宜的微波消解程序，按相关步骤进行消解，消解完全后赶酸，将消化液转移至 25 mL 容量瓶或比色管中，用少量水洗涤内罐 3 次，合并洗涤液并定容至刻度，混匀。同时做空白实验。

②高压密闭消解法。称取固体试样 0.2～1.0 g（精确至 0.001 g），于消解内罐中，加入 5 mL 硝酸浸泡过夜。盖好内盖，旋紧不锈钢外套，放入恒温干燥箱，140～160 ℃保持 3～4 小时，自然冷却至室温，然后缓慢旋松不锈钢外套，将消解内罐取出，用少量水冲洗内盖，放在控温电热板上于 120 ℃赶去棕色气体。取出消解内罐，将消化液转移至 25 mL 容量瓶或比色管中，用少量水洗涤内罐 3 次，合并洗涤液并定容至刻度，混匀。同时做空白实验。

（3）仪器参考条件　RF 功率 1550 W；载气流速 1.14 L/min；采样深度 7 mm；雾化室温度 2 ℃；Ni 采样锥，Ni 截取锥质谱干扰主要来源于同量异位素、多原子、双电荷离子等，可采用最优化仪器条件、干扰校正方程校正或采用碰撞池、动态反应池技术方法消除干扰。采用内标校正、稀释样品等方法校正非质谱干扰。砷的 m/z 为 75，选 ^{72}Ge 为内标元素。

（4）标准曲线的制作　吸取适量砷标准使用液（1.00 mg/L），用硝酸溶液（2∶98，*V/V*）配制砷浓度分别为 0.00 ng/mL、1.0 ng/mL、5.0 ng/mL、10 ng/mL、50 ng/mL 和 100 ng/mL 的标准系列溶液。

当仪器真空度达到要求时，用调谐液调整仪器灵敏度、氧化物、双电荷、分辨率等各项指标，当仪器各项指标达到测定要求时，编辑测定方法、选择相关消除干扰方法、引入内标，观测内标灵敏度、脉冲与模拟模式的线性拟合，符合要求后，将标准系列引入仪器。进行相关数据处理，绘制标准曲线，计算回归方程。

（5）试样溶液的测定　相同条件下，将试剂空白、样品溶液分别引入仪器进行测定。根据回归方程计算出样品中砷元素的浓度。

5. 分析结果的表述　试样中砷的含量按式 6 - 5 计算。

$$X = \frac{(c - c_0) \times V \times 1000}{m \times 1000 \times 1000} \tag{6 - 5}$$

式中，X——试样中砷的含量，mg/kg 或 mg/L；c——试样消化液中砷的测定浓度，ng/mL；c_0——试样空白消化液中砷的测定浓度，ng/mL；V——试样消化液总体积，mL；m——试样质量，g 或 mL；1000——换算系数。

计算结果保留两位有效数字。

6. 精密度　在重复条件下获得的两次独立测定结果的绝对差值不得超过算术平均值的 20%。

（二）氢化物发生原子荧光光谱法

1. 原理　试样经湿法消解或干灰化法处理后，加入硫脲使五价砷还原为三价砷，再加入硼氢化钠或硼氢化钾使还原生成砷化氢，由氩气载入石英原子化器中分解为原子态砷，在高强度砷空心阴极灯的发射光激发下产生原子荧光，其荧光强度在固定条件下与被测液中的砷浓度成正比，与标准系列比较定量。

2. 试剂和标准溶液

（1）高氯酸。

（2）氧化镁（分析纯）。

（3）氢氧化钾溶液（5 g/L）　称取 5.0 g 氢氧化钾，溶于水并稀释至 1000 mL。

（4）硼氢化钾溶液（20 g/L）　称取硼氢化钾 20.0 g，溶于 1000 mL 5 g/L 氢氧化钾溶液中，混匀。

（5）硫脲 + 抗坏血酸溶液　称取 10.0 g 硫脲，加约 80 mL 水，加热溶解，待冷却后加入 10.0 g 抗坏血酸，稀释至 100 mL。现用现配。

（6）氢氧化钠溶液（100 g/L）　称取 10.0 g 氢氧化钠，溶于水并稀释至 100 mL。

（7）硝酸镁溶液（150 g/L）　称取 15.0 g 硝酸镁，溶于水并稀释至 100 mL。

（8）盐酸溶液（1∶1，V/V）　量取 100 mL 盐酸，缓缓倒入 100 mL 水中，混匀。

（9）硫酸溶液（1∶9，V/V）　量取硫酸 100 mL，缓缓倒入 900 mL 水中，混匀。

（10）硝酸溶液（2∶98，V/V）　量取硝酸 20 mL，缓缓倒入 980 mL 水中，混匀。

（11）砷标准储备液（100 mg/L，按 As 计）　准确称取于 100 ℃ 干燥 2 小时的三氧化二砷 0.0132 g，加 100 g/L 氢氧化钠溶液 1 mL 和少量水溶解，转入 100 mL 容量瓶中，加入适量盐酸调整其酸度近中性，加水稀释至刻度。4 ℃ 避光保存，保存期 1 年。或购买经国家认证并授予标准物质证书的标准溶液物质。

（12）砷标准使用液（1.00 mg/L，按 As 计）　准确吸取 1.00 mL 砷标准储备液（100 mg/L）于 100 mL 容量瓶中，用硝酸溶液（2∶98，V/V）稀释至刻度。现用现配。

3. 仪器 玻璃器皿及聚四氟乙烯消解内罐均需以硝酸溶液（1：4，*V/V*）浸泡24小时，用水反复冲洗，最后用去离子水冲洗干净。

原子荧光光谱仪；天平（感量0.1 mg和1 mg）；组织匀浆器；高速粉碎机；控温电热板（50～200 ℃）；马弗炉。

4. 分析步骤

（1）试样预处理　在采样和制备过程中，应注意不使试样受到污染。

（2）试样消解

①湿法消解。固体试样称取1.0～2.5 g，置于50～100 mL锥形瓶中，同时做两份试剂空白。加硝酸20 mL，高氯酸4 mL，硫酸1.25 mL，放置过夜。次日置于电热板上加热消解。若消解液处理至1 mL左右时仍有未分解物质或色泽变深，取下放冷，补加硝酸5～10 mL，再消解至2 mL左右，如此反复2～3次，注意避免炭化。继续加热至消解完全后，再持续蒸发至高氯酸的白烟散尽，硫酸的白烟开始冒出。冷却，加水25 mL，再蒸发至冒硫酸白烟。冷却，用水将内溶物转入25 mL容量瓶或比色管中，加入硫脲＋抗坏血酸溶液2 mL，补加水至刻度，混匀，放置30分钟，待测。按同一操作方法做空白实验。

②干灰化法。固体试样称取1.0～2.5 g，置于50～100 mL坩埚中，同时做两份试剂空白。加150 g/L硝酸镁10 mL混匀，低热蒸干，将1 g氧化镁覆盖在干渣上，于电炉上炭化至无黑烟，移入550 ℃马弗炉灰化4小时。取出放冷，小心加入盐酸溶液（1：1，*V/V*）10 mL以中和氧化镁并溶解灰分，转入25 mL容量瓶或比色管，向容量瓶或比色管中加入硫脲＋抗坏血酸溶液2 mL，另用硫酸溶液（1：9，*V/V*）分次洗涤坩埚后合并洗涤液至25 mL刻度，混匀，放置30分钟，待测。按同一操作方法做空白实验。

（3）仪器参考条件　负高压：260 V。砷空心阴极灯电流：50～80 mA。载气：氩气。载气流速：500 mL/min。屏蔽气流速：800 mL/min。测量方式：荧光强度。读数方式：峰面积。

（4）标准曲线制作　取25 mL容量瓶或比色管6支，依次准确加入1.00 μg/mL砷标准使用液0.00 mL、0.10 mL、0.25 mL、0.50 mL、1.5 mL和3.0 mL（分别相当于砷浓度0.0 ng/mL、4.0 ng/mL、10 ng/mL、20 ng/mL、60 ng/mL、120 ng/mL），各加硫酸溶液（1：9，*V/V*）12.5 mL，硫脲＋抗坏血酸溶液2 mL，补加水至刻度，混匀后放置30分钟后测定

仪器预热稳定后，将试剂空白、标准系列溶液依次引入仪器进行原子荧光强度的测定。以原子荧光强度为纵坐标，砷浓度为横坐标绘制标准曲线，得到回归方程。

（5）试样溶液的测定　相同条件下，将样品溶液分别引入仪器进行测定。根据回归方程计算出样品中砷元素的浓度。

5. 分析结果的表述　试样中总砷的含量按式6-6计算。

$$X = \frac{(c - c_0) \times V \times 1000}{m \times 1000 \times 1000} \tag{6-6}$$

式中，X——试样中砷的含量，mg/kg或mg/L；c——试样被测液中砷的测定浓度，ng/mL；c_0——试样空白消化液中砷的测定浓度，ng/mL；V——试样消化液总体积，mL；m——试样质量，g或mL；1000——换算系数。

计算结果保留两位有效数字。

6. 精密度 在重复条件下获得的两次独立测定结果的绝对差值不得超过算术平均值的20%。

（三）银盐法

1. 原理 试样经消化后，以碘化钾、氯化亚锡将高价砷还原为三价砷，然后与锌粒和酸产生的新生态氢生成砷化氢，经银盐溶液吸收后，形成红色胶态物，与标准系列比较定量。

2. 试剂和标准溶液

（1）氧化镁（分析纯）。

（2）硝酸－高氯酸混合溶液（4∶1，*V/V*） 量取80 mL硝酸，加入20 mL高氯酸，混匀。

（3）硝酸镁溶液（150 g/L） 称取15 g硝酸镁，加水溶解并稀释定容至100 mL。

（4）碘化钾溶液（150 g/L） 称取15 g碘化钾，加水溶解并稀释定容至100 mL，贮存于棕色瓶中。

（5）酸性氯化亚锡溶液 称取40 g氯化亚锡，加盐酸溶解并稀释至100 mL，加入数颗金属锡粒。

（6）盐酸溶液（1∶1，*V/V*） 量取100 mL盐酸，缓缓倒入100 mL水中，混匀。

（7）乙酸铅溶液（100 g/L） 称取11.8 g乙酸铅，用水溶解，加入1～2滴乙酸，用水稀释定容至100 mL。

（8）乙酸铅棉花 用乙酸铅溶液（100 g/L）浸透脱脂棉后，压除多余溶液，并使之疏松，在100 ℃以下干燥后，贮存于玻璃瓶中。

（9）氢氧化钠溶液（200 g/L） 称取20 g氢氧化钠，溶于水并稀释至100 mL。

（10）硫酸溶液（6∶94，*V/V*） 量取6.0 mL硫酸，慢慢加入80 mL水中，冷却后再加水稀释至100 mL。

（11）二乙基二硫代氨基甲酸银－三乙醇胺－三氯甲烷溶液 称取0.25 g二乙基二硫代氨基甲酸银置于乳钵中，加少量三氯甲烷研磨，移入100 mL量筒中，加入1.8 mL三乙醇胺，再用三氯甲烷分次洗涤乳钵，洗涤液一并移入量筒中，用三氯甲烷稀释至100 mL，放置过夜。滤入棕色瓶中贮存。

（12）砷标准储备液（100 mg/L，按As计） 准确称取于100 ℃干燥2小时的三氧化二砷0.1320 g，加5 mL氢氧化钠溶液（200 g/L），溶解后加25 mL硫酸溶液（6∶94，*V/V*），移入1000 mL容量瓶中，加新煮沸冷却的水稀释至刻度贮存于棕色玻塞瓶中。4 ℃避光保存，保存期1年。或购买经国家认证并授予标准物质证书的标准物质。

（13）砷标准使用液（1.00 mg/L，按As计） 吸取1.00 mL砷标准储备液（100 mg/L）于100 mL容量瓶中，加1 mL硫酸溶液（6∶94，*V/V*），加水稀释至刻度。现用现配。

3. 仪器 所用玻璃器皿均需以硝酸溶液（1∶4，*V/V*）浸泡24小时，用水反复冲洗，最后用去离子水冲洗干净。

（1）分光光度计。

（2）测砷装置 见图6-1。单位为mm。

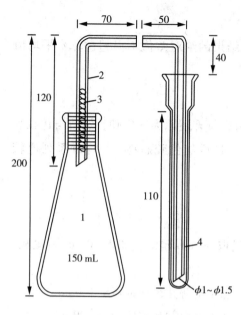

1. 150 mL 锥形瓶；2. 导气管；

3. 乙酸铅棉花；4. 10 mL 刻度离心管

图 6 - 1 测砷装置图

①100 ~ 150 mL 锥形瓶。19 号标准口。

②导气管。管口 19 号标准口或经碱处理后洗净的橡皮塞与锥形瓶密合时不应漏气。管的另一端管径为 1.0 mm。

③吸收管。10 mL 刻度离心管作吸收管用。

4. 试样制备

（1）试样预处理   在采样和制备过程中，应注意不使试样受到污染。

（2）试样溶液制备

①硝酸 - 高氯酸 - 硫酸法。固体样品称取 5.0 ~ 10.0 g 试样（精确至 0.001 g），置于 250 ~ 500 mL 定氮瓶中，先加少许水湿润，加数粒玻璃珠、10 ~ 15 mL 硝酸 - 高氯酸混合液，放置片刻，小火缓缓加热，待作用缓和，放冷。沿瓶壁加入 5 mL 或 10 mL 硫酸，再加热，至瓶中液体开始变成棕色时，不断沿瓶壁滴加硝酸 - 高氯酸混合液至有机质分解完全。加大火力，至产生白烟，待瓶口白烟冒净后，瓶内液体再产生白烟为消化完全，该溶液应澄清透明无色或微带黄色，放冷（在操作过程中应注意防止爆沸或爆炸）。加 20 mL 水煮沸，除去残余的硝酸至产生白烟为止，如此处理两次，放冷。将冷后的溶液移入 50 mL 或 100 mL 容量瓶中，用水洗涤定氮瓶，洗涤液并入容量瓶中，放冷，加水至刻度，混匀。定容后的溶液每 10 mL 相当于 1 g 试样，相当加入硫酸量 1 mL。取与消化试样相同量的硝酸 - 高氯酸混合液和硫酸，按同一方法做空白实验。

②硝酸 - 硫酸法。以硝酸代替硝酸 - 高氯酸混合液进行操作。

③灰化法。称取试样 5.0 g（精确至 0.001 g），置于坩埚中，加 1 g 氧化镁及 10 mL 硝酸镁溶液，混匀，浸泡 4 小时。于低温或置水浴锅上蒸干，用小火炭化至无烟后移入马弗炉中加热至 550 ℃，灼烧 3 ~ 4 小时，冷却后取出。加 5 mL 水湿润后，用细玻棒搅拌，再用少量水洗下玻棒上附着的灰分至坩埚内。放水浴上蒸干后移入马弗炉 550 ℃ 灰化 2 小时，冷却后取出。加 5 mL 水湿润灰分，再慢慢加入 10 mL 盐酸溶液（1：1，*V/V*），然后将溶液移入 50 mL 容量瓶中，坩埚用盐酸溶液（1：1，*V/V*）洗涤 3 次，每次 5 mL，再用水洗涤 3 次，每次 5 mL，洗涤液均并入容量瓶中，再加水至刻度，混匀。定容后的溶液每 10 mL 相当于 1 g 试样，其加入盐酸量不少于（中和需要量除外）1.5 mL。全量供银盐法测定时，不必再加盐酸。按同一操作方法做空白实验。

5. 分析步骤   吸取一定量的消化后的定容溶液（相当于 5 g 试样）及同量的试剂空白液，分别置于 150 mL 锥形瓶中，补加硫酸至总量为 5 mL，加水至 50 ~ 55 mL。

（1）标准曲线的绘制   分别吸取 0.0 mL、2.0 mL、4.0 mL、6.0 mL、8.0 mL、10 mL 砷标准使用液（相当 0.0 μg、2.0 μg、4.0 μg、6.0 μg、8.0 μg、10 μg）置于 6 个 150 mL 锥形瓶中，加水至 40 mL，再加 10 mL 盐酸溶液（1：1，*V/V*）。

（2）用湿法消化液   于试样消化液、试剂空白液及砷标准溶液中各加 3 mL 碘化钾溶液（150 g/L）、0.5 mL 酸性氯化亚锡溶液，混匀，静置 15 分钟。各加入 3 g 锌粒，立即分别塞上装有乙酸铅棉花的导气管，并使管尖端插入盛有 4 mL 银盐溶液的离心管中的液面下，在常温下反应 45 分钟后，取下离心管，加三氯甲烷补足 4 mL。用 1 cm 比色杯，以零管调节零点，于波长 520 nm 处测吸光度，绘制标准曲线。

（3）用灰化法消化液　取灰化法消化液及试剂空白液分别置于 150 mL 锥形瓶中。吸取 0.0 mL、2.0 mL、4.0 mL、60 mL、8.0 mL、10 mL 砷标准使用液（相当 0.0 μg、2.0 μg、4.0 μg、6.0 μg、8.0 μg、10 μg 砷），分别置于 150 mL 锥形瓶中，加水至 43.5 mL，再加 6.5 mL 盐酸。余下操作按"湿法消化液"自"于试样消化液"起依法操作。

6. 分析结果的表述　试样中砷的含量按式 6 – 7 进行计算。

$$X = \frac{(A_1 - A_2) \times V_1 \times 1000}{m \times V_2 \times 1000 \times 1000} \tag{6-7}$$

式中，X——样中砷的含量，mg/kg 或 mg/L；A_1——测定用试样消化液中砷的质量，ng；A_2——试剂空白液中砷的质量，ng；V_1——试样消化液的总体积，mL；m——试样质量（体积），g 或 mL；V_2——测定用试样消化液的体积，mL。

计算结果保留两位有效数字。

7. 精密度　在重复条件下获得的两次独立测定结果的绝对差值不得超过算术平均值的 20%。

第四节　亚硝酸盐的检测

扫码"学一学"

一、亚硝酸盐的危害

亚硝酸钠为白色或淡黄色的粉末，颗粒或块状，外观与食盐相近，故注意防止误食用。有吸潮性，能缓慢吸收空气中的氧，逐渐变为硝酸钠。

大量摄取亚硝酸盐可引发高铁血红蛋白血症，使血液输送氧的能力下降。急性中毒的症状为呼吸困难、呕吐、血压下降等。除此之外，因为亚硝酸盐是形成亚硝胺的前体物，亚硝胺的致癌性一直以来受到人们的高度重视，因此要注意亚硝酸盐的毒性问题。

二、离子色谱法

离子色谱法是 1975 年提出的，这种方法在分析柱和检测器之间增加了一个抑制柱。离子色谱仪的流程与常规的高效液相色谱有所区别，进行离子色谱分析时需要用专门的离子色谱仪。

1. 固定相　离子交换色谱法的固定相通常分为两种类型。一类是离子交换树脂，另一类是离子交换键合固定相，其中离子交换树脂也可分为强酸性和弱酸性的阳离子交换树脂和强碱性与弱碱性的阴离子交换树脂。

2. 流动相　离子交换色谱分析主要在含水介质中进行。离子色谱中组分的保留值可用流动相中盐的浓度和 pH 来控制，增加盐的浓度导致保留值降低；对阳离子交换柱，流动相 pH 增加，使保留值降低，在阴离子交换柱中，情况正好相反。

3. 具体应用　离子交换色谱法主要用来分离离子或可解离的化合物，它不仅应用于无机离子的分析，还可以分析有机离子。

三、检测方法

参考 GB 5009.33—2016《食品安全国家标准 食品中亚硝酸盐与硝酸盐的测定》。

（一）离子色谱法

1. 原理 试样经沉淀蛋白质、除去脂肪后，采用相应的方法提取和净化，以氢氧化钾溶液为淋洗液，阴离子交换柱分离，电导检测器或紫外检测器检测。以保留时间定性，外标法定量。

2. 试剂和标准溶液

（1）乙酸溶液（3%） 量取乙酸 3 mL 于 100 mL 容量瓶中，以水稀释至刻度，混匀。

（2）氢氧化钾溶液（1 mol/L） 称取 6 g 氢氧化钾，加入新煮沸过的冷水溶解，并稀释至 100 mL，混匀。

（3）亚硝酸盐标准储备液（100 mg/L，以 NO_2^- 计） 准确称取 0.1500 g 于 110~120 ℃干燥至恒重的亚硝酸钠，用水溶解并转移至 1000 mL 容量瓶中，加水稀释至刻度，混匀。

（4）硝酸盐标准储备液（1000 mg/L，以 NO_3^- 计） 准确称取 1.3710 g 于 110~120 ℃干燥至恒重的硝酸钠，用水溶解并转移至 1000 mL 容量瓶中，加水稀释至刻度，混匀。

（5）亚硝酸盐和硝酸盐混合标准中间液 准确移取亚硝酸根离子（NO_2^-）和硝酸根离子（NO_3^-）的标准储备液 1.0 mL 于 100 mL 容量瓶中，用水稀释至刻度，此溶液每升含亚硝酸根离子 1.0 mg 和硝酸根离子 10.0 mg。

（6）亚硝酸盐和硝酸盐混合标准使用液 移取亚硝酸盐和硝酸盐混合标准中间液，加水逐级稀释，制成系列混合标准使用液，亚硝酸根离子浓度分别为 0.02 mg/L、0.04 mg/L、0.06 mg/L、0.08 mg/L、0.10 mg/L、0.15 mg/L、0.20 mg/L；硝酸根离子浓度分别为 0.2 mg/L、0.4 mg/L、0.6 mg/L、0.8 mg/L、1.0 mg/L、1.5 mg/L、2.0 mg/L。

3. 仪器 离子色谱仪（配电导检测器及抑制器或紫外检测器，高容量阴离子交换柱，50 μL 定量环）；食物粉碎机；超声波清洗器；分析天平（感量 0.1 mg 和 1 mg）；离心机（转速≥10 000 r/min，配 50 mL 离心管）；0.22 μm 水性滤膜针头滤器；净化柱（包括 C18柱、Ag 柱和 Na 柱或等效柱）；注射器（1.0 mL 和 2.5 mL）。

4. 分析步骤

（1）试样预处理 取有代表性试样 5~10 g，混匀，备用。

（2）提取

①称取试样 0.5 g（精确至 0.001 g），置于 150 mL 具塞锥形瓶中，加入 80 mL 水，1 mL 1 mol/L 氢氧化钾溶液，超声提取 30 分钟，每隔 5 分钟振摇 1 次，保持固相完全分散。于 75 ℃水浴中放置 5 分钟，取出放置至室温，定量转移至 100 mL 容量瓶中，加水稀释至刻度，混匀。溶液经滤纸过滤后，取部分溶液于 10 000 r/min 离心 15 分钟，上清液备用。

②取上述备用溶液约 15 mL，通过 0.22 μm 水性滤膜针头滤器、C18柱，弃去前面 3 mL（如果氯离子大于 100 mg/L，则需要依次通过针头滤器、C18柱、Ag 柱和 Na 柱，弃去前面 7 mL），收集后面洗脱液待测。

③固相萃取柱使用前需进行活化，C18柱（1.0 mL）、Ag 柱（1.0 mL）和 Na 柱

（1.0 mL）。其活化过程为：C18 柱（1.0 mL）使用前依次用 10 mL 甲醇、15 mL 水通过，静置活化 30 分钟。Ag 柱（1.0 mL）和 Na 柱（1.0 mL）用 10 mL 水通过，静置活化 30 分钟。

（3）仪器参考条件。色谱柱：氢氧化物可兼容梯度洗脱的二乙烯基苯－乙基苯乙烯共聚物基质，烷醇基季铵盐功能团的高容量阴离子交换柱 [4 mm×250 mm（带保护柱 4 mm×50 mm）]，或性能相当的离子色谱柱。淋洗液：氢氧化钾溶液，浓度为 6～70 mmol/L；洗脱梯度为 6 mmol/L 30 min，70 mmol/L 5 min，6 mmol/L 5 min；流速 1.0 mL/min。抑制器。检测器：电导检测器，检测池温度为 35 ℃；或紫外检测器，检测波长为 226 nm。进样体积：50 μL（可根据试样中被测离子含量进行调整）。

（4）测定

①标准曲线的制作。将标准系列工作液分别注入离子色谱仪中，得到各浓度标准工作液色谱图，测定相应的峰高或峰面积，以标准工作液的浓度为横坐标，以峰高或峰面积为纵坐标，绘制标准曲线。

②试样溶液的测定。将空白和试样溶液注入离子色谱仪中，得到空白和试样溶液的峰高或峰面积，根据标准曲线得到待测液中亚硝酸根离子或硝酸根离子的浓度。

5. 分析结果的表述　试样中亚硝酸离子或硝酸根离子的含量按式 6-8 计算。

$$X = \frac{(\rho - \rho_0) \times V \times f \times 1000}{m \times 1000} \tag{6-8}$$

式中，X——试样中亚硝酸根离子或硝酸根离子的含量，mg/kg；ρ——测定用试样溶液中的亚硝酸根离子或硝酸根离子浓度，mg/L；ρ_0——试剂空白液中亚硝酸根离子或硝酸根离子的浓度，mg/L；V——试样溶液体积，mL；f——试样溶液稀释倍数；1000——换算系数；m——试样取样量，g。

试样中测得的亚硝酸根离子含量乘以换算系数 1.5，即得亚硝酸盐（按亚硝酸钠计）含量；试样中测得的硝酸根离子含量乘以换算系数 1.37，即得硝酸盐（按硝酸钠计）含量。

结果保留两位有效数字。

6. 精密度　在重复条件下获得的两次独立测定结果的绝对差值不得超过算术平均值的 10%。

（二）分光光度法

1. 原理　亚硝酸盐采用盐酸萘乙二胺法测定，硝酸盐采用镉柱还原法测定。

试样经沉淀蛋白质、除去脂肪后，在弱酸条件下，亚硝酸盐与对氨基苯磺酸重氮化后，再与盐酸萘乙二胺偶合形成紫红色染料，外标法测得亚硝酸盐含量。采用镉柱将硝酸盐还原成亚硝酸盐，测得亚硝酸盐总量，由测得的亚硝酸盐总量减去试样中亚硝酸盐含量，即得试样中硝酸盐含量。

2. 试剂和标准溶液

（1）锌皮或锌棒。

（2）硫酸镉（$CdSO_4 \cdot 8H_2O$）。

（3）亚铁氰化钾溶液（106 g/L）　称取 106.0 g 亚铁氰化钾，用水溶解，并稀释至 1000 mL。

（4）乙酸锌溶液（220 g/L）　称取 220.0 g 乙酸锌，先加 30 mL 冰乙酸溶解，用水稀释至 1000 mL。

（5）饱和硼砂溶液（50 g/L）　称取 5.0 g 硼酸钠，溶于 100 mL 热水中，冷却后备用。

（6）氨缓冲溶液（pH 9.6～9.7）　量取 30 mL 盐酸，加 100 mL 水，混匀后加 65 mL 氨水，再加水稀释至 1000 mL，混匀。调节 pH 至 9.6～9.7。

（7）氨缓冲液的稀释液　量取 50 mL pH 9.6～9.7 氨缓冲溶液，加水稀释至 500 mL，混匀。

（8）盐酸（0.1 mol/L）　量取 8.3 mL 盐酸，用水稀释至 1000 mL。

（9）盐酸（2 mol/L）　量取 167 mL 盐酸，用水稀释至 1000 mL。

（10）盐酸（20%）　量取 20 mL 盐酸，用水稀释至 100 mL。

（11）对氨基苯磺酸溶液（4 g/L）　称取 0.4 g 对氨基苯磺酸，溶于 100 mL 20% 盐酸中，混匀，置棕色瓶中，避光保存。

（12）盐酸萘乙二胺溶液（2 g/L）　称取 0.2 g 盐酸萘乙二胺，溶于 100 mL 水中，混匀，置棕色瓶中，避光保存。

（13）亚硝酸钠标准溶液（200 μg/mL，以亚硝酸钠计）　准确称取 0.1000 g 于 110～120℃ 干燥恒重的亚硝酸钠，加水溶解，移入 500 mL 容量瓶中，加水稀释至刻度，混匀。

（14）硝酸钠标准溶液（200 μg/mL，以亚硝酸钠计）　准确称取 0.1232 g 于 110～120℃ 干燥恒重的硝酸钠，加水溶解，移入 500 mL 容量瓶中，并稀释至刻度。

（15）亚硝酸钠标准使用液（5.0 μg/mL）　临用前，吸取 2.50 mL 亚硝酸钠标准溶液，置于 100 mL 容量瓶中，加水稀释至刻度。

（16）硝酸钠标准使用液（5.0 μg/mL，以亚硝酸钠计）　临用前，吸取 2.50 mL 硝酸钠标准溶液，置于 100 mL 容量瓶中，加水稀释至刻度。

3. 仪器　天平（感量 0.1 mg 和 1 mg）；组织捣碎机；超声波清洗器；恒温干燥箱；分光光度计；镉柱或镀铜镉柱。

①海绵状镉的制备。镉粒直径 0.3～0.8 mm。将适量的锌棒放入烧杯中，用 40 g/L 硫酸镉溶液浸没锌棒。在 24 小时之内，不断将锌棒上的海绵状镉轻轻刮下。取出残余锌棒，使镉沉底，倾去上层溶液。用水冲洗海绵状镉 2～3 次后，将镉转移至搅拌器中，加 400 mL 盐酸（0.1 mol/L），搅拌数秒，以得到所需粒径的镉颗粒。将制得的海绵状镉倒回烧杯中，静置 3～4 小时，期间搅拌数次，以除去气泡。倾去海绵状镉中的溶液，并可按下述方法进行镉粒镀铜。

②镉粒镀铜。将制得的镉粒置锥形瓶中（所用镉粒的量以达到要求的镉柱高度为准），加足量的盐酸（2 mol/L）浸没镉粒，振荡 5 分钟，静置分层，倾去上层溶液，用水多次冲洗镉粒。在镉粒中加入 20 g/L 硫酸铜溶液（每克镉粒约需 2.5 mL），振荡 1 分钟，静置分层，倾去上层溶液后，立即用水冲洗镀铜镉粒（注意镉粒要始终用水浸没），直至冲洗的水中不再有铜沉淀。

③镉柱的装填。如图 6-2 所示，用水装满镉柱玻璃柱，并装入约 2 cm 高的玻璃棉垫，将玻璃棉压向柱底时，应将其中所包含的空气全部排出，在轻轻敲击下，加入海绵状镉至 8～10 cm，见图 6-2a 或 15～20 cm，见图 6-2b，上面用 1 cm 高的玻璃棉覆盖。若使用装置 b，则需上置一贮液漏斗，末端要穿过橡皮塞与镉柱玻璃管紧密连接。

如无上述镉柱玻璃管时，可以 25 mL 酸式滴定管代用，但过柱时要注意始终保持液面在镉层之上。

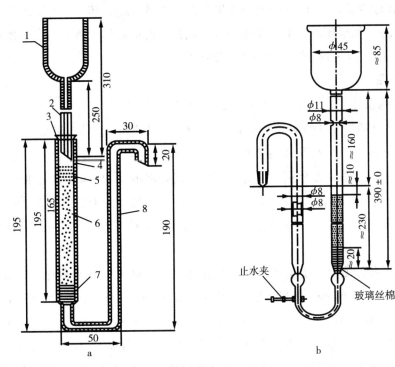

1. 贮液漏斗，内径 35 mm，外径 37 mm；2. 进液毛细管，内径 0.4 mm，外径 6 mm；3. 橡皮塞；

4. 镉柱玻璃管，内径 12 mm，外径 16 mm；5、7. 玻璃棉；6. 海绵状镉；8. 出液毛细管，内径 2 mm，外径 8 mm

图 6 - 2　镉柱示意图

当镉柱填装好后，先用 25 mL 盐酸（0.1 mol/L）洗涤，再以水洗 2 次，每次 25 mL，镉柱不用时用水封盖，随时都要保持水平面在镉层之上，不得使镉层夹有气泡。

④镉柱每次使用完毕后，应先以 25 mL 盐酸（0.1 mol/L）洗涤，再以水洗 2 次，每次 25 mL，最后用水覆盖镉柱。

⑤镉柱还原效率的测定。吸取 20 mL 硝酸钠标准使用液，加入 5 mL 氨缓冲液的稀释液，混匀后注入贮液漏斗，使流经镉柱还原，用一个 100 mL 的容量瓶收集洗提液。洗提液的流量不应超过 6 mL/min，在贮液杯将要排空时，用约 15 mL 水冲洗杯壁。冲洗水流尽后，再用 15 mL 水重复冲洗，第二次冲洗水也流尽后，将贮液杯灌满水，并使其以最大流量流过柱子。当容量瓶中的洗提液接近 100 mL 时，从柱子下取出容量瓶，用水定容至刻度，混匀。取 10.0 mL 还原后的溶液（相当于 10 μg 亚硝酸钠）于 50 mL 比色管中，吸取 0.00 mL、0.20 mL、0.40 mL、0.60 mL、0.80 mL、1.00 mL、1.50 mL、2.00 mL、2.50 mL 亚硝酸钠标准使用液（相当于 0.0 μg、1.0 μg、2.0 μg、3.0 μg、4.0 μg、5.0 μg、7.5 μg、10.0 μg、12.5 μg 亚硝酸钠），分别置于 50 mL 带塞比色管中。于标准管与试样管中分别加入 2 mL 4 g/L 对氨基苯磺酸溶液，混匀，静置 3～5 分钟后各加入 1 mL 2 g/L 盐酸萘乙二胺溶液，加水至刻度，混匀，静置 15 分钟，用 1 cm 比色杯，以零管调节零点，于波长 538 nm 处测吸光度，绘制标准曲线比较。同时做试剂空白。根据标准曲线计算测得结果，与加入量一致，还原效率大于 95% 为符合要求。

⑥还原效率计算按式 6 - 9 计算。

$$X = \frac{m_1}{10} \times 100\% \qquad (6 - 9)$$

式中，X——还原效率，%；m_1——测得亚硝酸钠的含量，μg；10——测定用溶液相当亚硝酸钠的含量，μg。如果还原率小于95%时，将镉柱中的镉粒倒入锥形瓶，再加入足量的盐酸（2mol/L）中，振荡数分钟，再用水反复冲洗。

4. 分析步骤

（1）试样的预处理　取有代表性试样5 g，混匀，备用。

（2）提取　称取5 g（精确至0.001 g）试样，置于250 mL具塞锥形瓶中，加12.5 mL 50 g/L饱和硼砂溶液，加入70 ℃左右的水约150 mL，混匀，于沸水浴中加热15分钟，取出置冷水浴中冷却，并放置至室温。定量转移上述提取液至200 mL容量瓶中，加入5 mL 106 g/L亚铁氰化钾溶液，摇匀，再加入5 mL 220 g/L乙酸锌溶液，以沉淀蛋白质。加水至刻度，摇匀，放置30分钟，除去上层脂肪，上清液用滤纸过滤，弃去初滤液30 mL，滤液备用。

（3）亚硝酸盐的测定　吸取40.0 mL上述滤液于50 mL带塞比色管中，另吸取0.00 mL、0.20 mL、0.40 mL、0.60 mL、0.80 mL、1.00 mL、1.50 mL、2.00 mL、2.50 mL亚硝酸钠标准使用液（相当于0.0 μg、1.0 μg、2.0 μg、3.0 μg、4.0 μg、5.0 μg、7.5 μg、10.0 μg、12.5 μg亚硝酸钠），分别置于50 mL带塞比色管中。于标准管与试样管中分别加入2 mL 4 g/L对氨基苯磺酸溶液，混匀，静置3～5分钟后各加入1 mL 2 g/L盐酸萘乙二胺溶液，加水至刻度，混匀，静置15分钟，用1 cm比色杯，以零管调节零点，于波长538 nm处测吸光度，绘制标准曲线比较。同时做试剂空白。

（4）硝酸盐的测定

①镉柱还原

a. 先以25 mL氨缓冲液的稀释液冲洗镉柱，流速控制在3～5 mL/min（以滴定管代替的可控制在2～3 mL/min）。

b. 吸取20 mL滤液于50 mL烧杯中，加5 mL pH 9.6～9.7氨缓冲溶液，混合后注入贮液漏斗，使流经镉柱还原，当贮液杯中的样液流尽后，加15 mL水冲洗烧杯，再倒入贮液杯中。冲洗水流完后，再用15 mL水重复1次。当第二次冲洗水快流尽时，将贮液杯装满水，以最大流速过柱。当容量瓶中的洗提液接近100 mL时，取出容量瓶，用水定容刻度，混匀。

②亚硝酸钠总量的测定。吸取10～20 mL还原后的样液于50 mL比色管中。以下按（3）自"吸取0.00 mL、0.20 mL、0.40 mL、0.60 mL、0.80 mL、1.00 mL……"起操作。

5. 分析结果的表述　亚硝酸盐（以亚硝酸钠计）的含量按式6-10计算。

$$X_1 = \frac{m_2 \times 1000}{m_3 \times \frac{V_1}{V_0} \times 1000} \tag{6-10}$$

式中，X_1——试样中亚硝酸钠的含量，mg/kg；m_2——测定用样液中亚硝酸钠的质量，μg；1000——转换系数；m_3——试样质量，g；V_1——测定用样液体积，mL；V_0——试样处理液总体积，mL。

结果保留两位有效数字。

6. 精密度　在重复条件下获得的两次独立测定结果的绝对差值不得超过算术平均值的10%。

第五节　农药残留的检测

一、农药残留的危害

农药是农业生产中重要的生产资料之一。使用农药可以有效地控制病虫害，消灭杂草，提高作物的产量和质量。然而，许多农药是有害物质，在生产和使用中带来了环境污染和农药残留问题。当农药残留量超过最大残留限量，则会对人体产生不良影响，因此为了保障安全和健康，必须防止农药的污染和残留量超标，我国非常重视农药残留的研究和监测，制定了农药的允许限量标准。目前常用的有如下三种。

1. 有机氯农药　一类应用最早的高效广谱杀虫剂。其中六六六、滴滴涕相继限用和被禁用。我国已于 1983 年停止生产。这两种农药残留是国家监测的重点之一。

2. 有机磷类农药　这类农药广泛用于农作物的杀虫、杀菌、除草。为我国使用量最大的一类农药。有机磷农药大部分是磷酸酯类或酰胺类化合物，多为油状，具有挥发性和大蒜臭味。这类农药的污染比有机氯农药严重，尤其是毒性较大的化合物，使用后，在短期内可引起人和动物的急性中毒。有机磷农药种类和结构不同，毒性也不同。

3. 拟除虫菊酯类农药　一类模拟天然除虫菊酯的化学结构而合成的杀虫剂和杀螨剂。具有高效广谱、低毒、低残留的特点，广泛用于农作物。在自然环境中降解快，不宜在生物体内残留。拟除虫菊酯属于中等或低毒类农药，这类农药主要作用于神经系统。

二、仪器方法简介

（一）气相色谱法

1. 定义与分类　气相色谱法（gas chromatography，GC）是以气体为流动相的色谱分析法，于 1952 年首次建立。其中填充色谱柱（packed column）最为重要，它将固定相填充在内径通常为 4 mm 的金属或玻璃管中。按分离机制，GC 可分为吸附色谱法和分配色谱法。

2. 气相色谱法的基本组成及其工作原理　气相色谱仪（gas chromatograph）包括气路系统、进样系统、分离系统、温控系统和检测系统等五大系统。气相色谱仪的工作原理是被分析样品（气体或液体与固体汽化后）的蒸气在流速保持一定的惰性气体（称为载气，即流动相）的带动下进入填充有固定相的色谱柱，在色谱柱中样品被分离成一个个组分，并以一定的先后次序从色谱柱流出，进入检测器，组分的浓度被转变成电信号，放大后被记录器记录下来，在记录纸上得到一组曲线图，根据色谱峰的位置和峰高或峰面积，与标准品进行比较，就可以定量待测样品中各个组分的含量。

3. GC 的特点　灵敏度高；分析速度快；分离效率高；样品用量小。

（二）气相色谱－质谱联用法

气相色谱－质谱（GC－MS）联用是将气相色谱仪和质谱仪串联成为一个整机使用的检测技术。在 GC－MS 中，利用气相色谱对混合物强有力的分离能力，将混合物分离成各个单一组分后，按时间顺序依次进入质谱仪，然后利用质谱准确鉴定各组分的结构特点，获得各组分的质谱图。

GC - MS 联用仪由气相色谱单元、接口和质谱仪单元三部分组成。由于该仪器设备昂贵，且操作繁杂，所以一般不适合于农药残留的日常检测工作，主要用来对农药残留组分进行确认。

三、检测方法

（一）有机氯农药测定——毛细管柱气相色谱 - 电子捕获检测器法

参考 GB/T 5009.19—2008《食品中有机氯农药多组分残留量的测定》。

1. 原理　试样中有机氯农药组分经有机溶剂提取、凝胶色谱层析净化，用毛细管柱气相色谱分离，电子捕获检测器检测，以保留时间定性，外标法定量。

2. 试剂和标准溶液

（1）丙酮（分析纯，重蒸）。

（2）石油醚（沸程 30 ~ 60 ℃，分析纯，重蒸）。

（3）乙酸乙酯（分析纯，重蒸）。

（4）环己烷（分析纯，重蒸）。

（5）正己烷（分析纯，重蒸）。

（6）氯化钠（分析纯）。

（7）无水硫酸钠（分析纯，将无水硫酸钠置干燥箱中，于 120 ℃ 干燥 4 小时，冷却后，密闭保存）。

（8）聚苯乙烯凝胶（200 ~ 400 目，或同类产品）。

（9）农药标准品　α - 六六六（α - HCH）、六氯苯（HCB）、β - 六六六（β - HCH）、γ - 六六六（γ - HCH）、五氯硝基苯（PCNB）、δ - 六六六（δ - HCH）、五氯苯胺（PCA）、七氯（Heptachlor）、五氯苯基硫醚（PCPs）、艾氏剂（Aldrin）、氧氯丹（Oxychlordane）、环氧七氯（Heptachlor epoxide）、反氯丹（*trans* - chlordane）、α - 硫丹（α - endosulfan）、顺氯丹（*cis* - chlordane）、p, p' - 滴滴伊（p, p' - DDE）、狄氏剂（Dieldrin）、异狄氏剂（Endrin）、β - 硫丹（β - endosulfan）、p, p' - 滴滴滴（p, p' - DDD）、o, p' 滴滴涕（o, p - DDT）、异狄氏剂醛（Endrin aldehyde）、硫丹硫酸盐（Endosulfan sulfate）、p, p' - 滴滴涕（p, p' - DDT）、异狄氏剂酮（Endrinketone）、灭蚁灵（Mirex），纯度均应不低于 98%。

（10）标准溶液的配制　分别准确称取或量取上述农药标准品适量，用少量苯溶解，再用正己烷稀释成一定浓度的标准储备溶液。量取适量标准储备溶液，用正己烷稀释为系列混合标准溶液。

3. 仪器　气相色谱仪 [配有电子捕获检测器（ECD）]；凝胶净化柱 [长 30 cm，内径 2.3 ~ 2.5 cm 具活塞玻璃层析柱，柱底垫少许玻璃棉。用洗脱剂乙酸乙酯 - 环己烷（1:1，*V/V*）浸泡的凝胶，以湿法装入柱中，柱床高约 26 cm，凝胶始终保持在洗脱剂中]；全自动凝胶色谱系统 [带有固定波长（254 m）紫外检测器，供选择使用]；旋转蒸发仪；组织匀浆器；振荡器；氮气浓缩器。

4. 分析步骤

（1）试样制备　样品混匀待用。

（2）提取与分配　称取试样 2.0 g，加水 5 mL，加丙酮 40 mL，振荡 30 分钟，加氯化钠

6 g，摇匀。加石油醚 30 mL，再振荡 30 分钟，静置分层后，将有机相全部转移至 100 mL 具塞三角瓶中经无水硫酸钠干燥，并量取 35 mL 于旋转蒸发瓶中，浓缩至约 1 mL，加 2 mL 乙酸乙酯 – 环己烷（1∶1，V/V）溶液再浓缩，如此重复 3 次，浓缩至约 1 mL，供凝胶色谱层析净化使用，或将浓缩液转移至全自动凝胶渗透色谱系统配套的进样试管中，用乙酸乙酯 – 环己烷（1∶1，V/V）溶液洗涤旋转蒸发瓶数次，将洗涤液合并至试管中，定容至 10 mL。

（3）净化　选择手动或全自动净化方法的任何一种进行。

①手动凝胶色谱柱净化。将试样浓缩液经凝胶柱以乙酸乙酯 – 环己烷（1∶1，V/V）溶液洗脱，弃去 0~35 mL 流分，收集 35~70 mL 流分。将其旋转蒸发浓缩至约 1 mL，再经凝胶柱净化收集 35~70 mL 流分，蒸发浓缩，用氮气吹除溶剂，用正己烷定容至 1 mL，留待 GC 分析。

②全自动凝胶渗透色谱系统净化。试样由 5 mL 试样环注入凝胶渗透色谱（GPC）柱，泵流速 5.0 mL/min，以乙酸乙酯 – 环己烷（1∶1，V/V）溶液洗脱，弃去 0~7.5 分钟流分，收集 7.5~15 分钟流分，15~20 分钟冲洗 GPC 柱。将收集的流分旋转蒸发浓缩至约 1 mL，用氮气吹至近干，用正己烷定容至 1 mL，留待 GC 分析。

（4）测定

①气相色谱参考条件。色谱柱：DM – 5 石英弹性毛细管柱（长 30 m、内径 0.32 mm、膜厚 0.25 μm），或等效柱。柱温：程序升温如下。90 ℃（1 分钟）$\xrightarrow{40\,℃/min}$ 170 ℃ $\xrightarrow{2.3\,℃/min}$ 230 ℃（17 分钟）$\xrightarrow{40\,℃/min}$ 280 ℃（5 分钟）。进样口温度：280 ℃。不分流进样，进样量 1 μL。检测器：电子捕获检测器（ECD），温度 300 ℃。载气流速：氮气。流速：1 mL/min。尾吹：25 mL/min。柱前压：0.5 MPa。

②色谱分析。分别吸取 1 μL 混合标准液及试样净化液注入气相色谱仪中，记录色谱图，以保留时间定性，以试样和标准的峰高或峰面积比较定量。

③色谱图。出峰顺序为 α – 六六六、六氯苯、β – 六六六、γ – 六六六、五氯硝基苯、δ – 六六六、五氯苯胺、七氯、五氯苯基硫醚、艾氏剂、氧氯丹、环氧七氯、反氯丹、α – 硫丹、顺氯丹、p, p′ – 滴滴伊、狄氏剂、异狄氏剂、β – 硫丹、p, p′ – 滴滴滴、o, p′ 滴滴涕、异狄氏剂醛、硫丹硫酸盐、p, p′ – 滴滴涕、异狄氏剂酮、灭蚁灵。

5. 结果计算　试样中各农药的含量按式 6 – 11 进行计算。

$$X = \frac{m_1 \times V_1 \times f \times 1000}{m \times V_2 \times 1000} \qquad (6-11)$$

式中，X——试样中各农药的含量，mg/kg；m_1——被测样液中各农药的含量，ng；V_1——样液进样体积，μL；f——稀释因子；m——试样质量，g；V_2——样液最后定容体积，mL。

计算结果保留两位有效数字。

6. 精密度　在重复条件下获得的两次独立测定结果的绝对差值不得超过算术平均值的 20%。

（二）有机氯农药测定——填充柱气相色谱 – 电子捕获检测器法

参考 GB/T 5009.19—2008《食品中有机氯农药多组分残留量的测定》。

1. 原理 试样中六六六、滴滴涕经提取、净化后用气相色谱法测定，与标准比较定量。电子捕获检测器对于负电极强的化合物具有极高的灵敏度，利用这一特点，可分别测出痕量的六六六、滴滴涕。不同异构体和代谢物可同时分别测定。

出峰顺序：α – HCH、γ – HCH、β – HCH、δ – HCH、p, p' – DDE、o, p' – DDT、p, p' – DDD、p, p' – DDT。

2. 试剂和标准溶液

（1）丙酮（分析纯，重蒸）。

（2）正己烷（分析纯，重蒸）。

（3）石油醚（沸程 30 ~ 60 ℃，分析纯，重蒸）。

（4）苯（分析纯）。

（5）硫酸（优级纯）。

（6）无水硫酸钠（分析纯）。

（7）硫酸钠溶液（20 g/L）。

（8）农药标准品 六六六（α – HCH、γ – HCH、β – HCH、δ – HCH）纯度 > 99%，滴滴涕（p, p' – DDE、o, p' – DDT、p, p' – DDD、o, p' – DDT）纯度 > 99%。

（9）农药标准储备液 精密称取 α – HCH、γ – HCH、β – HCH、δ – HCH、p, p' – DDE、o, p'DDT、p, p' – DDD、o, p'DDT 各 10 mg，溶于苯中，分别移于 100 mL 容量瓶中，以苯稀释至刻度，混匀，浓度为 100 mg/L，贮存于冰箱中。

（10）农药混合标准工作液 分别量取上述各标准储备液于同一容量瓶中，以正己烷稀释至刻度。α – HCH、γ – HCH、δ – HCH 的浓度为 0.005 mg/L，β – HCH 和 p, p' – DDE 浓度为 0.01 mg/L，o, p' – DDT 浓度为 0.05 mg/L，p, p' – DDD 浓度为 0.02 mg/L，p, p' – DDT 浓度为 0.1 mg/L。

3. 仪器 气相色谱仪（具电子捕获检测器）；旋转蒸发器；氮气浓缩器；匀浆机；调速多用振荡器；离心机；粉碎机。

4. 分析步骤

（1）试样制备 样品混匀待用

（2）提取 称取样品 2.0 g，加水 5 mL，加丙酮 40 mL，振荡 30 分钟，加氯化钠 6 g，摇匀。加石油醚 30 mL，再振荡 30 分钟，静置分层。取上清液 35 mL 经无水硫酸钠脱水，于旋转蒸发器中浓缩至近干，以石油醚定容至 5 mL，加浓硫酸 0.5 mL 净化，振摇 0.5 分钟，于 3000 r/min 离心 15 分钟。取上清液进行 GC 分析。

（3）气相色谱测定 色谱柱：内径 3 mm，长 2 m 的玻璃柱，内装涂以 1.5% OV – 17 和 2% QF – 1 混合固定液的 80 ~ 100 目硅藻土。载气：高纯氮，流速 110 mL/min。柱温：185 ℃。检测器温度：225 ℃。进样口温度：195 ℃。进样量：1 ~ 10 μL。外标法定量。

（4）色谱图 8 种农药的色谱图见图 6 – 3。

5. 分析结果的表述 试样中六六六、滴滴涕及其异构体或代谢物的单一含量按式 6 – 12 进行计算。

$$X = \frac{A_1}{A_2} \times \frac{m_1}{m_2} \times \frac{V_1}{V_2} \times \frac{1000}{1000} \qquad (6-12)$$

式中，X——试样中六六六、滴滴涕及其异构体或代谢物的单一含量，mg/kg；A_1——被测定试样各组分的峰值（峰高或面积）；A_2——各农药组分标准的峰值（峰高或面积）；m_1——单一农药标准溶液的含量，ng；m_2——被测定试样的取样量，ng；V_1——被测定试样的稀释体积，mL；V_2——被测定试样的进样体积，μL。

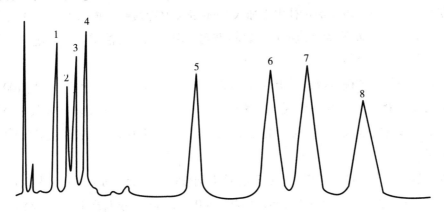

出峰顺序：1、2、3、4 为 α – HCH、β – HCH、γ – HCH、δ – HCH；

5、6、7、8 为 p, p' – DDE、o, p' – DDT、p, p' – DDD、p, p' – DDT

图 6 – 3　8 种农药的色谱图

6. 精密度　在重复条件下获得的两次独立测定结果的绝对差值不得超过算术平均值的 15%。

（三）有机氯和拟除虫菊酯农药测定——气相色谱法

参考 GB/T 5009.146—2008《植物性食品中有机氯和拟除虫菊酯类农药多种残留量的测定》。

1. 原理　试样中有机氯和拟除虫菊酯农药用有机溶剂提取，经液 – 液分配及层析净化除去干扰物质，用电子捕获检测器检测，根据色谱峰的保留时间定性，外标法定量。

2. 试剂和标准溶液　除非另有说明，在分析中仅使用确定为分析纯的试剂和蒸馏水或相当纯度的水。

（1）石油醚（沸程 60 ~ 90 ℃，重蒸）。

（2）苯（重蒸）。

（3）丙酮（重蒸）。

（4）乙酸乙酯（重蒸）。

（5）无水硫酸钠。

（6）弗罗里硅土（层析用，于 620 ℃灼烧 4 小时后备用，用前 140 ℃烘 2 小时，趁热加 5% 水灭活）。

（7）标准溶液　分别准确称取各标准品，用苯溶解并配成 1 mg/mL 的储备液，使用时用石油醚稀释配成单品种的标准使用液。再根据各农药品种在仪器上的响应情况，吸取不同量的标准储备液，用石油醚稀释成混合标准使用液。

3. 仪器　气相色谱仪［电子捕获检测器（ECD）］；电动振荡器；组织捣碎机；旋转蒸发仪；过滤器具［布氏漏斗（直径 80 mm）、抽滤瓶（20 mL）］；具塞三角瓶（100 mL）；分液漏斗（250 mL）；层析柱。

4. 分析步骤

（1）提取　称取 1.0 g 试样，置于 100 mL 具塞三角瓶中，加入 20 mL 石油醚，于振荡器上振摇 0.5 小时。

（2）净化

①层析柱的制备。玻璃层析柱中先加入 1 cm 高无水硫酸钠，再加入 5 g 5% 水脱活弗罗里硅土，最后加入 1 cm 高无水硫酸钠，轻轻敲实，用 20 mL 石油醚淋洗净化柱，弃去淋洗液，柱面要留有少量液体。

②净化与浓缩。准确吸取试样提取液 2 mL，加入已淋洗过的净化柱中，用 100 mL 石油醚–乙酸乙酯（95：5，V/V）洗脱，收集洗脱液于蒸馏瓶中，于旋转蒸发仪上浓缩近干，用少量石油醚多次溶解残渣于刻度离心管中，最终定容至 1.0 mL，供气相色谱分析。

（3）测定

①气相色谱参考条件。色谱柱：石英弹性毛细管柱（0.25 mm × 15 m，内涂有 OV－101 固定液）。气体流速：氮气 40 mL/min，尾吹气 60 mL/min，分流比 1：50。温度：柱温自 180 ℃ 升至 230 ℃ 保持 30 分钟；检测器、进样口温度 250 ℃。

②色谱分析。吸收 1 μL 试样液注入气相色谱仪，记录色谱峰的保留时间和峰高。再吸取 1 μL 混合标准使用液进样，记录色谱峰的保留时间和峰高。根据组分在色谱上的出峰时间与标准组分比较定性；用外标法与标准组分比较定量。

③色谱图，见图 6－4。

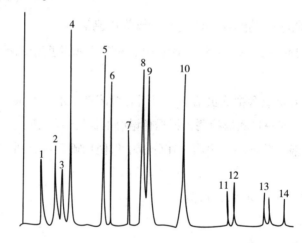

1. α－六六六；2. β－六六六；3. γ－六六六；4. δ－六六六；5. 七氯；6. 艾氏剂；

7. p，p'－滴滴涕；8. o，p'－滴滴涕；9. p，p'－滴滴滴；10. p，p－滴滴涕；

11. 三氟氯氰菊酯；12. 二氯苯醚菊酯；13. 氰戊菊酯；14. 溴氰菊酯

图 6－4　有机氯和拟除虫菊酯标液色谱图

5. 分析结果的表述　试样中农药的含量按式 6－13 计算。

$$X = \frac{h_i \times m_{si} \times V_2}{h_{si} \times V_1 \times m} \times K \tag{6-13}$$

式中，X——试样中农药的含量，mg/kg；H_i——标准样品中 i 组分农药的含量，ng；V_2——最后定容体积，mL；h_{si}——标准样品中 i 组分农药峰高，mm；V_1——试样进样体积，μL；m——试样的质量，g；K——稀释倍数。

扫码"学一学"

第六节　真菌毒素限量的检测

一、真菌毒素的危害

黄曲霉毒素是由黄曲霉和寄生曲霉产生的一类代谢产物，具有极强的毒性和致癌性。能引起多种癌症，主要诱发肝癌。实验证明，黄曲霉毒素 B_1 在人体内转变的主要代谢产物是黄曲霉毒素 M。

黄曲霉毒素对人类健康的危害，主要体现在对于肝脏的损害上，会诱使感染者产生肝炎、肝硬化甚至产生肝坏死。感染黄曲霉毒素的患者会产生以下症状：胃部不适、食欲减退、恶心呕吐；腹胀并且肝区触痛；情况严重的，还会出现水肿昏迷，抽搐甚至死亡。

二、仪器方法简介

液相色谱－质谱（LC－MS）联用是以 HPLC 为分离手段，以 MS 为鉴定工具的分离分析方法，其仪器称为 LC－MS 联用仪。

LC－MS 联用技术的关键是 HPLC 和 MS 之间的接口装置。20 世纪 80 年代，大气压电离源（atmosphere pressure ionization，APD）技术成熟后，LC－MS 得到飞速发展。大气压电离源又包括电喷雾电离源（electrospray ionization，ESD）和大气压化学电离源（atmospheric pressure chemical ionization，APCI）两种。

ESD 的离子化原理是液相色谱分离的样品经毛细管以液体方式导入，带电离子在高压、加热氮气流作用下，形成颗粒更小的"粒子"，完成离子化过程。

ESD 的主要优点：离子化效率高，离子化模式多；对热不稳定化合物能够产生高度的分子离子峰，可与大流量的液相色谱联机使用，通过调节离子源电压可以控制离子的变化，从而给出物质的结构信息。

APCI 应用于 LC－MS 联用，在 20 世纪 80 年代末得到了突飞猛进的发展，与 ESI 的发展基本上是同步的，但是 APCI 不同于传统的化学电离接口，它借助于电晕放电，启动一系列反应以完成离子化过程，因此也称为放电电离或等离子电离。APCI 的优点是形成的是单电荷的准分子离子，不会发生 ESD 过程中降低图谱清晰度的问题；适应高流量的流动相。

LC－MS 除了可以分析气相色谱－质谱（GC－MS）所不能分析的强极性、难挥发、具有热不稳定性的化合物之外，还具有以下优点。

1. 分析范围广　LC－MS 几乎可以检测所有的化合物，能比较容易地解决分析热不稳定化合物的难题。

2. 自动化程度高　LC－MS 具有高度的自动化。

3. 检测限低　LC－MS 具备高灵敏度，通过选择离子检测（selected ion monitoring，SIM）方式，其检测能力还可以提高一个数量级以上。

4. 分离能力强　即使被分析混合物在色谱上没有完全分离开，通过 MS 的特征离子质量色谱图也能分别给出它们各自的色谱图，从而进行定性定量分析。

5. 分析时间快　LC－MS 使用的液相色谱柱为窄径柱，缩短了分析时间，提高了分离效果。

6. 定性分析结果可靠 可以同时给出每一个组分的分子量和丰富的结构信息。

但是，由于仪器设备昂贵，所以通常 LC - MS 仅用于对农药残留进行确证性实验。

三、黄曲霉毒素 B 族和 G 族的测定

参考 GB 5009.22—2016《食品安全国家标准 食品中黄曲霉毒素 B 族和 G 族的测定》。

（一）酶联免疫吸附筛查法

1. 原理 试样中的黄曲霉毒素 B_1 用甲醇水溶液提取，经均质、涡旋、离心（过滤）等处理获取上清液。被辣根过氧化物酶标记或固定在反应孔中的黄曲霉毒素 B_1，与试样上清液或标准品中的黄曲霉毒素 B_1 竞争性结合产生特异性抗体。在洗涤后加入相应显色剂显色，经无机酸终止反应，于 450 nm 或 630 nm 波长下检测。样品中的黄曲霉毒素 B_1 与吸光度在一定浓度范围内呈反比。

2. 试剂 所需试剂均为分析纯，水为 GB/T 6682 规定二级水。按照试剂盒说明书所述，配制所需溶液。

3. 仪器

微孔板酶标仪［带 450 nm 与 630 nm（可选）滤光片］；研磨机；振荡器；电子天平（感量 0.01 g）；离心机（转速 ≥6000 r/min）；快速定量滤纸（孔径 11 μm）；筛网（1 ~ 2 mm 孔径）；试剂盒所要求的仪器。

4. 分析步骤

（1）样品前处理　称取至少 10.0 g 样品，用研磨机进行粉碎，粉碎后的样品过 1 ~ 2 mm 孔径试验筛。取 5.0 g 样品于 50 mL 离心管中，加入试剂盒所要求提取液，按照试纸盒说明书所述方法进行检测。

（2）样品检测　按照酶联免疫试剂盒所述操作步骤对待测试样（液）进行定量检测。

5. 分析结果的表述

（1）酶联免疫试剂盒定量检测的标准工作曲线绘制　按照试剂盒说明书提供的计算方法或者计算机软件，根据标准品浓度与吸光度变化关系绘制标准工作曲线。

（2）待测液浓度计算　按照试剂盒说明书提供的计算方法以及计算机软件，将待测液吸光度代入所获得公式，计算所得待测液浓度（ρ）。

（3）结果计算　黄曲霉毒素 B_1 的含量按式 6 - 14 计算。

$$X = \frac{\rho \times V \times f}{m} \qquad (6 - 14)$$

式中，X——试样中黄曲霉毒素 B_1 的含量，μg/kg；ρ——待测液中黄曲霉毒素 B_1 的浓度，ng/kg；V——提取液体积（固态样品为加入提取液体积，液态样品为样品和提取液总体积），L；f——在前处理过程中的稀释倍数；m——试样的称样量，kg。

计算结果保留小数点后两位。

阳性样品需用第二法、第三法或第四法进一步确认。

6. 精密度 每个试样称取两份进行平行测定，以其算术平均值为分析结果。其分析结果的相对差应不大于 20%。

（二）同位素稀释液相色谱 – 串联质谱法

1. 原理　试样中的黄曲霉毒素 B_1、黄曲霉毒素 B_2、黄曲霉毒素 G_1、黄曲霉毒素 G_2，用乙腈 – 水溶液或甲醇 – 水溶液提取，提取液用含 1% TritonX – 100（或吐温 – 20）的磷酸盐缓冲溶液稀释后（必要时经黄曲霉毒素固相净化柱初步净化），通过免疫亲和柱净化和富集，净化液浓缩、定容和过滤后经液相色谱分离，串联质谱检测，同位素内标法定量。

2. 试剂和标准溶液

（1）乙酸铵溶液（5 mmol/L）　称取 0.39 g 乙酸铵，用水溶解后稀释至 1000 mL，混匀。

（2）乙腈 – 水溶液（84∶16，*V/V*）　取 840 mL 乙腈加入 160 mL 水，混匀。

（3）甲醇 – 水溶液（70∶30，*V/V*）　取 700 mL 甲醇加入 300 mL 水，混匀。

（4）乙腈 – 水溶液（50∶50，*V/V*）　取 50 mL 乙腈加入 50 mL 水，混匀。

（5）乙腈 – 甲醇溶液（50∶50，*V/V*）　取 50 mL 乙腈加入 50 mL 甲醇，混匀。

（6）10% 盐酸溶液　取 1 mL 盐酸，用纯水稀释至 10 mL，混匀。

（7）磷酸盐缓冲溶液（PBS）　称取 8.00 g 氯化钠、1.20 g 磷酸氢二钠（或 2.92 g 十二水磷酸氢二钠）、0.20 g 磷酸二氢钾、0.20 g 氯化钾，用 900 mL 水溶解，用盐酸调节 pH 至（7.4±0.1），加水稀释至 1000 mL。

（8）1% TritonX – 100（或吐温 – 20）的 PBS　取 10 mL TritonX – 100（或吐温 – 20），用 PBS 稀释至 1000 mL。

（9）标准储备溶液（10 μg/mL）　分别称取 $AFTB_1$、$AFTB_2$、$AFTG_1$ 和 $AFTG_2$（纯度均≥98%）1 mg（精确至 0.01 mg），用乙腈溶解并定容至 100 mL。此溶液浓度约为 10 μg/mL。溶液转移至试剂瓶中后，在 –20 ℃下避光保存，备用。临用前进行浓度校准。

（10）混合标准工作液（100 ng/mL）　准确移取混合标准储备溶液（1.0 μg/mL）1.00 mL 至 100 mL 容量瓶中，乙腈定容。此溶液密封后避光 –20 ℃下保存，3 个月有效。

（11）混合同位素内标工作液（100 ng/mL）　准确移取 0.5 μg/mL $^{13}C_{17}$ – $AFTB_1$、$^{13}C_{17}$ – $AFTB_2$、$^{13}C_{17}$ – $AFTG_1$ 和 $^{13}C_{17}$ – $AFTG_2$（纯度均≥98%）各 2.00 mL，用乙腈定容至 10 mL。在 –20 ℃下避光保存，备用。

（12）标准系列工作溶液　准确移取混合标准工作液（100 ng/mL）10 μL、50 μL、100 μL、200 μL、500 μL、800 μL、1000 μL 至 10 mL 容量瓶中，加入 200 μL 100 ng/mL 的同位素内标工作液，用初始流动相定容至刻度，配制浓度点为 0.1 ng/mL、0.5 ng/mL、1.0 ng/mL、2.0 ng/mL、5.0 ng/mL、8.0 ng/mL、10.0 ng/mL 的系列标准溶液。

3. 仪器　匀浆机；高速粉碎机；组织捣碎机；超声波/涡旋振荡器或摇床；天平（感量 0.01 g 和 0.00001 g）；涡旋混合器；高速均质器（转速 6500～24 000 r/min）；离心机（转速≥6000 r/min）；玻璃纤维滤纸（快速、高载量、液体中颗粒保留 1.6 μm）；固相萃取装置（带真空泵）；氮吹仪；液相色谱 – 串联质谱仪（带电喷雾离子源）；液相色谱柱；免疫亲和柱（$AFTB_1$ 柱容量≥200 ng，$AFTB_1$ 柱回收率≥80%，$AFTG_2$ 的交叉反应率≥80%）；黄曲霉毒素专用型固相萃取净化柱或功能相当的固相萃取柱（对复杂基质样品测定时使用）；微孔滤头［带 0.22 μm 微孔滤膜（所选用滤膜应采用标准溶液检验确认无吸附现象，方可使用）]；筛网（1～2 mm 试验筛孔径）；pH 计。

4. 分析步骤 使用不同厂商的免疫亲和柱，在样品上样、淋洗和洗脱的操作方面可能会略有不同，应该按照供应商所提供的操作说明书要求进行操作。

警示：整个分析操作过程应在指定区域内进行。该区域应避光（直射阳光）、具备相对独立的操作台和废弃物存放装置。在整个实验过程中，操作者应按照接触剧毒物的要求采取相应的保护措施。

（1）样品制备 采样量需大于 10 g，过筛，使其粒径小于 2 mm 孔径试验筛，混合均匀后缩分至 1.0 g，储存于样品瓶中，密封保存，供检测用。

（2）样品提取 称取 2 g 试样（精确至 0.01 g）于 50 mL 离心管中，加入 100 μL 同位素内标工作液振荡混合后静置 30 分钟。加入 20.0 mL 乙腈 - 水溶液（84：16，*V/V*）或甲醇 - 水溶液（70：30，*V/V*），涡旋混匀，置于超声波/涡旋振荡器或摇床中振荡 20 分钟（或用均质器均质 3 分钟），在 6000 r/min 下离心 10 分钟（或均质后玻璃纤维滤纸过滤），取上清液备用。

（3）样品净化

①免疫亲和柱净化

a. 上样液的准备。准确移取 4 mL 上清液，加入 46 mL 1% TritionX - 100（或吐温 - 20）的 PBS（使用甲醇 - 水溶液提取时可减半加入），混匀。

b. 免疫亲和柱的准备。将低温下保存的免疫亲和柱恢复至室温。

c. 试样的净化。待免疫亲和柱内原有液体流尽后，将上述样液移至 50 mL 注射器筒中，调节下滴速度，控制样液以 1～3 mL/min 的速度稳定下滴。待样液滴完后，往注射器筒内加入 2×10 mL 水，以稳定流速淋洗免疫亲和柱。待水滴完后，用真空泵抽干亲和柱。脱离真空系统，在亲和柱下部放置 10 mL 刻度试管，取下 50 mL 的注射器筒，加入 2×1 mL 甲醇洗脱亲和柱，控制 1～3 mL/min 的速度下滴，再用真空泵抽干亲和柱，收集全部洗脱液至试管中。在 50 ℃下用氮气缓缓地将洗脱液吹至近干，加入 1.0 mL 初始流动相，涡旋 30 秒溶解残留物，0.22 μm 滤膜过滤，收集滤液于进样瓶中以备进样。

②黄曲霉毒素固相净化柱和免疫亲和柱同时使用

a. 净化柱净化。移取适量上清液，按净化柱操作说明进行净化，收集全部净化液。

b. 免疫亲和柱净化。用刻度移液管准确吸取上述净化液 4 mL，加入 46 mL 1% TritionX - 100（或吐温 - 20）的 PBS [使用甲醇 - 水溶液提取时，加入 23 mL 1% TritionX - 100（或吐温 - 20）的 PBS]，混匀。

注：全自动（在线）或半自动（离线）的固相萃取仪器可优化操作参数后使用。

（4）液相色谱参考条件 流动相 A 相：5 mmol/L 乙酸铵溶液。流动相 B 相：乙腈 - 甲醇溶液（50：50，*V/V*）。梯度洗脱。32% B（0～0.5 分钟），45% B（3～4 分钟），100% B（4.2～4.8 分钟），32% B（5.0～7.0 分钟）。色谱柱：C18 柱（柱长 100 mm，柱内径 2.1 mm；填料粒径 1.7 μm），或相当者。流速：0.3 mL/min。柱温：40 ℃。进样体积：10 μL。

（5）质谱参考条件

①检测方式。多离子反应监测（MRM）。

②离子源控制条件。参见表 6 - 1。

表 6 - 1　离子源控制条件

电离方式	ESI⁺
毛细管电压（kV）	3.5
锥孔电压（V）	30
射频透镜 1　电压（V）	14.9
射频透镜 2　电压（V）	15.1
离子源温度（℃）	150
锥孔反吹气流量（L/h）	50
电子倍增电压（V）	650
脱溶剂气温度（℃）	500
脱溶剂气流量（L/h）	800

③离子选择参数。参见表 6 - 2。

表 6 - 2　离子选择参数表

化合物名称	母离子（m/z）	定量离子（m/z）	碰撞能量（eV）	定性离子（m/z）	碰撞能量（eV）	离子化方式
$AFTB_1$	313	285	22	241	38	ESI⁺
$^{13}C_{17} - AFTB_1$	330	255	23	301	35	ESI⁺
$AFTB_2$	315	287	25	259	28	ESI⁺
$^{13}C_{17} - AFTB_2$	332	303	25	273	28	ESI⁺
$AFTG_1$	329	243	25	283	25	ESI⁺
$^{13}C_{17} - AFTG_1$	346	257	25	299	25	ESI⁺
$AFTG_2$	331	245	30	285	27	ESI⁺
$^{13}C_{17} - AFTG_2$	348	259	30	301	27	ESI⁺

④子离子扫描图。

⑤液相色谱 - 质谱图。

（6）定性测定　试样中目标化合物色谱峰的保留时间与相应标准色谱峰的保留时间相比较，变化范围应在 ±2.5% 之内。每种化合物的质谱定性离子必须出现，至少应包括一个母离子和两个子离子，而且同一检测批次，对同一化合物，样品中目标化合物的两个子离子的相对丰度比与浓度相当的标准溶液相比，其允许偏差不超过表 6 - 3 规定的范围。

表 6 - 3　定性时相对离子丰度的最大允许偏差

相对离子丰度（%）	>50	20 ~ 50	10 ~ 20	≤10
允许相对偏差（%）	±20	±25	±30	±50

（7）标准曲线的制作　在液相色谱串联质谱仪分析条件下，将标准系列溶液由低到高浓度进样检测，以 $AFTB_1$、$AFTB_2$、$AFTG_1$ 和 $AFTG_2$ 色谱峰与各对应内标色谱峰的峰面积比值 - 浓度作图，得到标准曲线回归方程，其线性相关系数应大于 0.99。

（8）试样溶液的测定　取处理得到的待测溶液进样，内标法计算待测液中目标物质的质量浓度，计算样品中待测物的含量。待测样液中的响应值应在标准曲线线性范围内，超过线性范围则应适当减少取样量重新测定。

（9）空白实验　不称取试样，按样品的处理步骤做空白实验。应确认不含有干扰待测组分的物质。

5. 分析结果的表述　试样中 AFTB$_1$、AFTB$_2$、AFTG$_1$ 和 AFTG$_2$ 的残留量按式 6 – 15 计算。

$$X = \frac{\rho \times V_1 \times V_3 \times 1000}{V_2 \times m \times 1000} \tag{6-15}$$

式中，X——试样中 AFT B$_1$、AFT B$_2$、AFT G$_1$ 或 AFT G$_2$ 的含量，μg/kg；ρ——进样溶液中 AFT B$_1$、AFT B$_2$、AFT G$_1$ 或 AFT G$_2$ 按照内标法在标准曲线中对应的浓度，ng/mL；V_1——试样提取液体积，mL；V_3——样品经净化洗脱后的最终定容体积，mL；1000——换算系数；V_2——用于净化分取的样品体积，mL；m——试样的称样量，g。

计算结果保留三位有效数字。

6. 精密度　在重复条件下获得的两次独立测定结果的绝对差值不得超过算术平均值的 20%。

思考题

1. 简述原子吸收法测定铅元素的优缺点。

2. 农药残留依据性质分成几类？每类试说出几种农药的名称。

3. 黄曲霉毒素测定有几种方法？各自特点是什么？

实训四　保健食品中黄曲霉毒素的快速检测

一、实验目的

掌握黄曲霉毒素 B$_1$ 及黄曲霉毒素总量快速检测的原理和方法。

二、实验原理

基于竞争法胶体金免疫层析技术，用于快速筛查含有黄曲霉毒素的样品。将检测样品液加入速测卡上的样品孔，检测液中的黄曲霉毒素与金标卡上的金标抗体结合形成复合物，若黄曲霉毒素在检测液中浓度低于设定检测灵敏度值（阴性样本），则未结合的金标抗体流到 T 区时，会被固定在膜上的抗原捕获，形成一条可见的 T 线；若黄曲霉毒素浓度高于设定检测灵敏度值，金标抗体即与黄曲霉毒素全部形成复合物，不再与 T 线处抗原结合，T 线不可见。C 线为质控线，出现则说明该速测卡有效。

三、实验试剂与仪器

1. 试剂　0.500 mol/L 氢氧化钾 – 乙醇溶液、0.500 mol/L 盐酸标准溶液、1% 酚酞指示剂。

2. 仪器　水浴锅、托盘天平、烧瓶 250 mL、（酸式）25 mL 滴定管、（碱式）25 mL、球形冷凝管、25 ml 移液管、铁架台。

3. 样品　某保健品。

四、实验步骤与结果分析

（一）黄曲霉毒素B₁的快速检测

1. 操作 称取约 5.0 g 均匀粉碎（20 目）的样品于 50 mL 离心管中，按所需的检测限加入样品提取液（80% 甲醇水溶液），具塞振荡 3 分钟，4000 r/min 离心 5 分钟得上清液，取 100 μL 上清液，加入样品稀释液 200 μL，混匀，待检。

上清液提取后 pH > 5，直接后续测定；上清液提取后 pH < 5，使用 1.0 mol/L 的 NaOH 溶液调节 pH = 6 ~ 8 再进行稀释检测。

使用前试纸条和微孔试剂必须恢复至室温（20 ~ 25 ℃），用移液枪移取 150 μL 稀释后的样品于微孔试剂中，缓慢抽吸至检测样品与微孔试剂充分混合，5 ~ 6 次，室温孵育 3 分钟，从试剂桶中取出试剂条插入微孔试剂中，再次室温反应 8 分钟，取出试纸条并进行结果判读。见表 6 - 4。

表 6 - 4 黄曲霉毒素 B₁ 结果判读表

残留限量（μg/kg）	5 ☐	10 ☐	20 ☐
样品提取液用量（mL）	10	20	40

2. 判定标准

阴性（-）：C、T 线均显色，表示样品中不含有待检测物质或其浓度低于检测限。

阳性（+）：检测 T 线未显色，表示样品中待检测物质浓度高于检测限。

无效：质控 C 线未显色，表示操作过程不正确或检测试纸条已失效。

3. 实验结果 在表 6 - 5 中填写实验结果。

表 6 - 5 黄曲霉毒素 B₁ 实验结果表

样品名称	样品来源	称样量	试纸条示意图	结论
			C T	
			C T	

（二）黄曲霉毒素总量的快速检测

1. 操作

（1）谷物样品处理 称取约 2.0 g 均匀粉碎（20 目）的样品及 8 mL 80% 甲醇 - 水溶液，振荡 5 分钟，4000 r/min 离心 5 分钟，得上清液，吸取 1 mL 上清液于离心管中，50 ℃ 水浴蒸干。根据所需检测限，按表 6 - 6 选取适量样品缓冲液，用滴管反复冲洗，彻底溶解吹干所有固体后，待检。

表6-6　固体样品黄曲霉毒素总量结果判读表

残留限量（ppb）	□ 2.5	□ 5	□ 10	□ 15	□ 20	□ 30	□ 40	□ 50
样品稀释液用量（mL）	0.1	0.2	0.4	0.6	0.8	1.2	1.6	2

（2）食用油样品处理　称4.0 g油样于小烧杯中，加入3 mL纯净水和16 mL正己烷，振荡3分钟，吸去上层正己烷，再加入4 mL的乙酸乙酯，具塞振荡3分钟，4000 r/min离心5分钟，得上清液，将上清液吸出4 mL于离心管中，50 ℃水浴蒸干。根据所需检测限，按表6-7选取适量样品缓冲液，用滴管反复冲洗，彻底溶解吹干所有固体后待检。

表6-7　液体样品黄曲霉毒素总量结果判读表

残留限量（ppb）	□ 2.5	□ 5	□ 10	□ 15	□ 20
样品稀释液用量（mL）	0.4	0.8	1.6	2.4	3.2

（3）检测　用滴管吸取待检样品溶液，垂直滴加3~5滴（120~150 μL）于加样孔中，加样的同时开始计时，5分钟后读取结果。

2. 判定标准

阴性（-）：C、T线均显色，表示样品中不含有待检测物质或其浓度低于检测限。

阳性（+）：检测T线未显色，表示样品中待检测物质浓度高于检测限。

无效：质控C线未显色，表示操作过程不正确或检测试纸条已失效。

3. 实验结果　在表6-8中填写实验结果。

表6-8　黄曲霉毒素B_1总量实验结果表

样品名称	样品来源	称样量	试纸条示意图	结论
			C T	
			C T	

五、注意事项

1. 使用前，要确定快速检测卡是否过期。

2. 不同厂家生产的快速检测卡的检测原理不一样。

3. 快速检测卡为一次性产品，请勿重复使用。

4. 检测卡极易受潮，打开小包装后应立即使用。

（王俊全）

第七章　保健食品微生物限量检验方法

知识目标

1. **掌握**　保健食品中菌落总数、大肠菌群、霉菌和酵母的测定和计数方法。
2. **熟悉**　保健食品中沙门菌、金黄色葡萄球菌等致病菌的检验程序、检验方法和操作步骤。
3. **了解**　保健食品中菌落总数测定、大肠菌群计数，霉菌和酵母计数，以及沙门菌、金黄色葡萄球菌等致病菌检验的原理和卫生学意义。

能力目标

1. 能够进行保健食品中菌落总数、大肠菌群、霉菌和酵母的测定。
2. 能够参照国家标准对保健食品中的沙门菌、金黄色葡萄球菌等致病菌进行检验。
3. 能够理解保健食品中菌落总数、大肠菌群、霉菌和酵母菌的测定原理。

案例讨论

案例：深圳市某大药房连锁有限公司销售的标称某保健品有限公司生产的××牌芦荟胶囊，水分检出值为 10.30%，比企业标准规定高出 14%；霉菌和酵母检出值为 2.8×10^3 CFU/g，比国家标准规定高出 55 倍。

霉菌和酵母是微生物污染检测指标之一，由于它们在自然界普遍存在，所以霉菌和酵母超标主要原因可能是加工用原料受到污染，或者生产过程控制不当（如环境或操作人员污染），或流通环节样品储运条件未满足要求所致。

GB 16740—2014《食品安全国家标准保健食品》中规定，霉菌和酵母不得超过 50 CFU/g 或 50 CFU/mL。霉菌和酵母超标可使食品腐败变质，破坏食品的色、香、味，部分霉菌可产生霉菌毒素而致病。

问题：1. 保健食品被微生物污染的原因有哪些？

2. 保健食品被被微生物污染有什么危害？

保健食品在原料加工、生产、成品贮存、运输及销售等各个环节都有可能受到微生物的污染。要想评价保健食品被微生物污染的程度及其安全性，就要对微生物指标进行检验测定。具体要根据产品的详细配方和原料组成、主要工艺、剂型及其他相关资料，依据保健食品和各类食品相关国家、行业标准，确定卫生学检验项目。常采用的微生物检验指标有菌落总数、大肠菌群、霉菌和酵母菌数，以及沙门菌、金黄色葡萄球菌等致病菌。每种指标都有一种或几种检验方法，应根据保健食品的种类及检验目的来选择。

本章按照 GB 16740—2014《食品安全国家标准 保健食品》的要求，参考 GB 4789—

扫码"学一学"

2016《食品安全国家标准 食品微生物学检验》，主要介绍菌落总数、大肠菌群、霉菌和酵母菌数，以及沙门菌和金黄色葡萄球菌等致病菌的常规检验方法。

第一节 概 述

保健食品微生物的限量检验过程一般包括检验前准备、样品的采集与处理、样品的送检与检验、结果报告、检验后样品的处理等五个方面，检验时必须符合 GB 4789.1—2016《食品安全国家标准 食品微生物学检验 总则》的基本原则和要求。

一、实验室基本要求

1. 环境与设施

（1）实验室环境不应影响检验结果的准确性。

（2）实验区域应与办公室区域明显分开。

（3）实验室工作面积和总体布局应能满足从事检验工作的需要，实验室布局宜采用单方向工作流程，避免交叉污染。

（4）实验室内环境的温度、湿度、洁净度及照度、噪声等应符合工作要求。

（5）保健食品样品检验应在洁净区域进行，洁净区域应有明显的标示。

（6）病原微生物分离鉴定工作应在二级或以上生物安全实验室进行。

2. 检验人员

（1）应具有相应的微生物专业教育或培训经历，具备相应的资质，能够理解并正确实施检验。

（2）应掌握实验室生物安全操作和消毒知识。

（3）应在检验过程中保持个人整洁与卫生，防止人为污染样品。

（4）应在检验过程中遵守相关安全措施的规定，确保自身安全。

（5）有颜色视觉障碍的人员不能从事涉及辨色的实验。

3. 实验设备

（1）实验设备应满足检验工作的需要，常用设备见 GB 4789.1—2016 附录 A.1。

（2）实验设备应放置于适宜的环境条件下，便于维护、清洁、消毒与校准，并保持整洁与良好的工作状态。

（3）实验设备应定期进行检查和（或）检定（加贴标识）、维护和保养，以确保工作性能和操作安全。

（4）实验设备应有日常监控记录和使用记录。

4. 检验用品

（1）检验用品应满足微生物检验工作的需求，常用检验用品见 GB 4789.1—2016 附录 A.2。

常规检验用品主要有接种环（针）、酒精灯、镊子、剪刀、药匙、消毒棉球、硅胶（棉）塞、微量移液器、吸管、吸球、试管、平皿、微孔板、广口瓶、量筒、玻棒及 L 形玻棒等。

（2）检验用品在使用前应保持清洁和（或）无菌。

（3）需要灭菌的检验用品应放置在特定容器内或用合适的材料（如专用包装纸、铝箔纸等）包裹或加塞，应保证灭菌效果。

（4）检验用品的储存环境应保持干燥和清洁，已灭菌与未灭菌的用品应分开存放并明确标识。

（5）灭菌检验用品应记录灭菌的温度与持续时间及有效使用期限。

5. 培养基和试剂

（1）培养基　微生物检验的关键试验材料，实验室必须对自配或购买的培养基的可靠性进行鉴定，确保培养基的有效性。实验室制备培养基的原料（包括商业脱水配料和单独配方组分）应在适当的条件下储存，如低温、干燥和避光等。

（2）试剂　检验试剂的质量及配制应适用于相关检验。对检验结果有重要影响的关键试剂应进行适用性验证。

注意：培养基和试剂的制备和质量要求按照 GB 4789.28—2013 的规定执行。

6. 质控菌株

（1）实验室应保存能满足实验需要的标准菌株。

（2）应使用微生物菌种保藏专门机构或同行认可机构保存的、可溯源的标准菌株。

（3）标准菌株的保存、传代按照 GB 4789.28—2013 的规定执行。

（4）对实验室分离菌株（野生菌株），经过鉴定后，可作为实验室内部质量控制的菌株。

二、样品的采集

1. 采样原则

（1）样品的采集应遵循随机性、代表性的原则。

（2）采样过程遵循无菌操作程序，防止一切可能的外来污染。

2. 采样方案

（1）根据检验目的、保健食品特点、批量、检验方法、微生物的危害程度等确定采样方案。

（2）采样方案分为二级和三级采样方案。二级采样方案设有 n、c 和 m 值，三级采样方案设有 n、c、m 和 M 值。

①n：同一批次产品应采集的样品件数。

②c：最大可允许超出 m 值的样品数。

③m：微生物指标可接受水平限量值（三级采样方案）或最高安全限量值（二级采样方案）。

④M：微生物指标的最高安全限量值。

注 1：按照二级采样方案设定的指标，在 n 个样品中，允许有 $\leq c$ 个样品的相应微生物指标检验值大于 m 值。

注 2：按照三级采样方案设定的指标，在 n 个样品中，允许全部样品中相应微生物指标检验值小于或等于 m 值；允许有 $\leq c$ 个样品其相应微生物指标检验值在 m 值和 M 值之间；不允许有样品相应微生物指标检验值大于 M 值。

例如：$n = 5$，$c = 2$，$m = 100\ \text{CFU/g}$，$M = 1000\ \text{CFU/g}$。含义是从一批产品中采集 5 个样品，若 5 个样品的检验结果均小于或等于 m 值（$\leq 100\ \text{CFU/g}$），则这种情况是允许的；若 ≤ 2 个样品的结果 X 位于 m 值和 M 值之间（$100\ \text{CFU/g} < X <= 1000\ \text{CFU/g}$），则这种情

况也是允许的；若有 3 个及以上样品的检验结果位于 *m* 值和 *M* 值之间，则这种情况是不允许的；若有任一样品的检验结果大于 *M* 值（>1000 CFU/g），则这种情况也是不允许的。

（3）各类保健食品的采样方案按食品安全相关标准的规定执行。

3. 采样方法　各类保健食品的采样方法按食品安全相关标准的规定执行。

（1）预包装食品

①应采集相同批次、独立包装、适量件数的食品样品，每件样品的采样量应满足微生物指标检验的要求。

②独立包装小于等于 1000 g 的固态食品或小于等于 1000 mL 的液态食品，取相同批次的包装。

③独立包装大于 1000 mL 的液态食品，应在采样前摇动或用无菌棒搅拌液体，均质后采集适量样品，放入同一个无菌采样容器内作为一件食品样品；大于 1000 g 的固态食品，应用无菌采样器从同一包装的不同部位分别采取适量样品，放入同一个无菌采样容器内作为一件食品样品。

（2）散装食品或现场制作食品　用无菌采样工具从 *n* 个不同部位现场采集样品，放入 *n* 个无菌采样容器内作为 *n* 件食品样品。每件样品的采样量应满足微生物指标检验单位的要求。

（3）采集样品的标记　应对采集的样品进行及时、准确的记录和标记，内容包括采样人、采样地点、时间、样品名称、来源、批号、数量、保存条件等信息。

（4）采集样品的贮存和运输

①应尽快将样品送往实验室检验。

②应在运输过程中保持样品完整。

③应在接近原有贮存温度条件下贮存样品，或采取必要措施防止样品中微生物数量的变化。

三、样品的检验

1. 样品处理

（1）实验室接到送检样品后应认真核对登记，确保样品的相关信息完整并符合检验要求。

（2）实验室应按要求尽快检验。若不能及时检验，应采取必要的措施保持样品的原有状态，防止样品中目标微生物因客观条件的干扰而发生变化。

（3）各类保健食品样品处理应按相关食品安全标准检验方法的规定执行。

2. 样品检验　按食品安全相关标准的规定进行检验。

四、生物安全与质量控制

应符合 GB 19489 的规定。

1. 实验室生物安全要求　微生物实验室所用的实验器材、培养物等未经消毒处理，一律不得带出实验室。

（1）微生物培养物、被微生物污染的材料及废弃物应集中存放在指定地点，统一进行 121 ℃ 30 分钟的高压灭菌。

（2）染菌后的吸管，使用后放入 5% 煤酚皂溶液或苯酚溶液中，最少浸泡 24 小时（消毒液体不得低于浸泡的高度），再经 121 ℃ 30 分钟高压灭菌。

（3）涂片染色时冲洗玻片的液体，一般可直接冲入下水道；烈性菌的冲洗液必须冲在专用烧杯中，经高压灭菌后方可倒入下水道。染色的玻片放入 5% 煤酚皂溶液或苯酚溶液中浸泡 24 小时后，煮沸洗涤。做凝集实验用到的玻片或培养皿，必须经高压灭菌后方可洗涤。

（4）不小心溅出的培养物立即用 5% 煤酚皂溶液或苯酚溶液喷洒和浸泡被污染部位，浸泡 30 分钟后再擦拭干净。

（5）污染的工作服或进行烈性实验所穿戴的工作服、帽、口罩等，应放入专用消毒袋内，经高压灭菌后方能洗涤。

2. 质量控制

（1）实验室应根据需要设置阳性对照、阴性对照和空白对照，定期对检验过程进行质量控制。

（2）实验室应定期对实验人员进行技术考核。

五、记录与报告

1. 记录　检验过程中应及时、准确地记录观察到的现象、结果和数据等信息。

2. 报告　实验室应按照检验方法中规定的要求，准确、客观地报告检验结果。

六、检验后样品的处理

1. 检验结果报告后，被检样品方能处理。

2. 检出致病菌的样品要经过无害化处理。

3. 检验结果报告后，剩余样品和同批样品不进行微生物项目的复检。

案例讨论

　　案例： 广东省消委会工作人员模拟实际消费，从广州市 13 家药房随机购买了蛋白粉、鱼油胶囊、钙片/胶囊等 3 个类别，共涉及 20 个品牌 30 个批次的保健食品样品，并委托广东省质量监督食品检验站进行专业检测比较。

　　经检测发现，其中有 7 个品牌蛋白粉样品检出菌落总数，其检出值为 $20 \sim 1.8 \times 10^3$ CFU/g 不等，主要原因是蛋白质粉营养比较丰富，微生物较易生长。另外有 2 批次样品检出霉菌和酵母，其检出值分别为 10 CFU/g 及 30 CFU/g。广东省消委会工作人员表示，虽然保健食品总体上质量有保障，但作为服食类产品，其品质仍有提升的空间，微生物污染防控仍需加强。

　　问题： 保健食品为什么容易被微生物污染？

第二节　菌落总数的测定

　　菌落总数（aerobic plate count）是指食品（含保健食品）检样经过处理，在一定条件下（如培养基、培养温度和培养时间等）培养后，所得每克（毫升）检样中形成的微生物

扫码"学一学"

菌落总数，又称作细菌总数。保健食品中菌落总数测定的卫生学意义：①它可以作为保健食品被污染程度的标志。②它可以用来进行保健食品卫生学评价。

GB 16740—2014《食品安全国家标准 保健食品》规定了保健食品菌落总数的检验方法按照 GB 4789.2—2016《食品安全国家标准 食品微生物学检验 菌落总数测定》进行。该标准适用于保健食品中菌落总数的测定。

1. 设备和材料 除微生物实验室常规灭菌及培养设备外，其他设备和材料如下：恒温培养箱 [（36±1）℃和（30±1）℃]；冰箱（2~5℃）；恒温水浴箱 [（46±1）℃]；天平（感量0.1g）；均质器；振荡器；无菌吸管 [1 mL（具0.01 mL刻度）、10 mL（具0.1 mL

扫码"看一看"

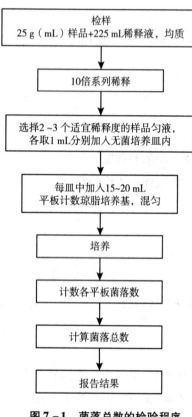

检样
25 g（mL）样品+225 mL稀释液，均质

↓

10倍系列稀释

↓

选择2~3个适宜稀释度的样品匀液，各取1 mL分别加入无菌培养皿内

↓

每皿中加入15~20 mL平板计数琼脂培养基，混匀

↓

培养

↓

计数各平板菌落数

↓

计算菌落总数

↓

报告结果

图7-1 菌落总数的检验程序

刻度）或微量移液器及吸头]；无菌锥形瓶（容量250 mL 和 500 mL）；无菌培养皿（直径90 mm）；pH 计或 pH 比色管或精密 pH 试纸；放大镜和（或）菌落计数器。

2. 培养基和试剂 平板计数琼脂培养基；磷酸盐缓冲液；无菌生理盐水。

3. 检验程序 菌落总数的检验程序见图7-1。

4. 操作步骤

（1）样品的稀释

①固体和半固体样品。称取 25 g 样品置于盛有 225 mL磷酸盐缓冲液或生理盐水的无菌均质杯内，8000~10 000 r/min 均质 1~2 分钟，或放入盛有225 mL稀释液的无菌均质袋中，用拍击式均质器拍打 1~2 分钟，制成 1∶10 的样品匀液。

②液体样品。以无菌吸管吸取 25 mL 样品置于盛有 225 mL 磷酸盐缓冲液或生理盐水的无菌锥形瓶（瓶内预置适当数量的无菌玻璃珠）中，充分混匀，制成 1∶10 的样品匀液。

③用 1 mL 无菌吸管或微量移液器吸取 1∶10 样品匀液 1 mL，沿管壁缓慢注于盛有 9 mL 稀释液的无菌试管中（注意吸管或吸头尖端不要触及稀释液面），振摇试管或换用 1 支无菌吸管反复吹打使其混合均匀，制成 1∶100 的样品匀液。

④按上述操作程序，制备 10 倍系列稀释样品匀液。每递增稀释一次，换用 1 支 1 mL 无菌吸管或吸头。

⑤根据对样品污染状况的估计，选择 2~3 个适宜稀释度的样品匀液（液体样品可包括原液），在进行 10 倍递增稀释时，吸取 1 mL 样品匀液于无菌平皿内，每个稀释度做两个平皿。同时，分别吸取 1 mL 空白稀释液加入两个无菌平皿内作空白对照。

⑥及时将 15~20 mL 冷却至 46℃的平板计数琼脂培养基 [可放置于（46±1）℃恒温水浴箱中保温] 倾注平皿，并转动平皿使其混合均匀。

（2）培养

①待琼脂凝固后，将平板翻转，（36±1）℃培养（48±2）小时。水产品（30±1）℃培养（72±3）小时。

②如果样品中可能含有在琼脂培养基表面弥漫生长的菌落时，可在凝固后的琼脂表面覆盖一薄层琼脂培养基（约 4 mL），凝固后翻转平板，按上述①条件进行培养。

（3）菌落计数　可用肉眼观察，必要时用放大镜或菌落计数器，记录稀释倍数和相应的菌落数量。菌落计数以菌落形成单位 CFU 表示。

①选取菌落数在 30 ~ 300 CFU 之间、无蔓延菌落生长的平板计数菌落总数。低于 30 CFU 的平板记录具体菌落数，大于 300 CFU 的可记录为多不可计。每个稀释度的菌落数应采用两个平板的平均数。

②其中一个平板有较大片状菌落生长时，则不宜采用，而应以无片状菌落生长的平板作为该稀释度的菌落数；若片状菌落不到平板的一半，而其余一半中菌落分布又很均匀，即可计算半个平板后乘以 2，代表一个平板菌落数。

③当平板上出现菌落间无明显界线的链状生长时，则将每条单链作为一个菌落计数。

5. 结果与报告

（1）菌落总数的计算方法

①若只有一个稀释度平板上的菌落数在适宜计数范围内，则计算两个平板菌落数的平均值，再将平均值乘以相应稀释倍数，作为每克（毫升）样品中菌落总数的结果。

②若有两个连续稀释度的平板菌落数在适宜计数范围内时，则按式 7 – 1 计算。

$$N = \frac{\sum C}{(n_1 + 0.1n_2)d} \qquad (7-1)$$

式中，N——样品中菌落数；$\sum C$——平板（含适宜范围菌落数的平板）菌落数之和；n_1——第一稀释度（低稀释倍数）平板个数；n_2——第二稀释度（高稀释倍数）平板个数；d——稀释因子（第一稀释度）。

③若所有稀释度的平板上菌落数均大于 300 CFU，则对稀释度最高的平板进行计数，其他平板可记录为多不可计，结果按平均菌落数乘以最高稀释倍数计算。

④若所有稀释度的平板菌落数均小于 30 CFU，则应按稀释度最低的平均菌落数乘以稀释倍数计算。

⑤若所有稀释度（包括液体样品原液）平板均无菌落生长，则以小于 1 乘以最低稀释倍数计算。

⑥若所有稀释度的平板菌落数均不在 30 ~ 300 CFU 之间，其中一部分小于 30 CFU 或大于 300 CFU 时，则以最接近 30 CFU 或 300 CFU 的平均菌落数乘以稀释倍数计算。

（2）菌落总数的报告

①菌落数小于 100 CFU 时，按"四舍五入"原则修约，以整数报告。

②菌落数大于或等于 100 CFU 时，第 3 位数字采用"四舍五入"原则修约后，取前 2 位数字，后面用 0 代替位数；也可用 10 的指数形式来表示，按"四舍五入"原则修约后，保留两位有效数字。

③若所有平板上为蔓延菌落而无法计数，则报告菌落蔓延。

④若空白对照上有菌落生长，则此次检测结果无效。

⑤称重取样以 CFU/g 为单位报告，体积取样以 CFU/mL 为单位报告。菌落总数的计算方法及报告示例见表 7 – 1。

表7-1 菌落总数的计算方法及报告示例

稀释度	1:100（第一稀释度）	1:1000（第二稀释度）
菌落数（CFU）	232，244	33，35

$$N = \frac{\sum C}{(n_1 + 0.1n_2)d}$$

$$= \frac{232 + 244 + 33 + 35}{[2 + (0.1 \times 2)] \times 10^{-2}} = \frac{544}{0.022} = 24\ 727$$

上述数据按②进行数字修约后，表示为 25 000 或 2.5×10^4。

6. 注意事项 为保证检验结果能准确反映被检样品的真实情况，检验时必须注意以下问题。

（1）无菌操作 检验中用到的所有器具都必须洗净、烘干、灭菌，不能残留活菌或抑菌物质。样品如果有包装，应用75%乙醇在包装开口处擦拭后取样。检验过程应在超净工作台或经过消毒处理的无菌室进行，要保证无菌操作。

（2）采样的代表性 如系固体样品，取样时不应集中一点，宜多采几个部位。固体检样在加入稀释液后，必须经过均质或研磨，液体检样必须经过振摇，最好置于均质器中处理，以获得均匀的稀释液。

（3）稀释液 样品稀释液主要是无菌生理盐水，有时采用磷酸盐缓冲液或蛋白胨水，后者能对保健食品中受损伤的细菌细胞有一定的保护作用。如果检样为含盐量较高的保健食品（如酱制品），稀释液可采用无菌蒸馏水。

（4）样品稀释误差 为减少样品稀释时造成的误差，在连续递次稀释时，每个稀释液应充分振摇，使其均匀（为避免出现气溶胶，最好用涡旋混合器），同时每变化一个稀释度应更换一支吸管。在进行连续稀释时，应将吸管内的液体沿管壁流入生理盐水内，勿使吸管尖端伸入稀释液内，以免吸管外部黏附的液体溶于其内，造成误差。

（5）对照实验 检验过程中应设置稀释液空白对照，用以判定稀释液、培养基、培养皿或吸管可能存在的污染。同时，检验过程中应在工作台上打开一块空白平板计数琼脂，其暴露时间应与检样时间相当，以了解检样在检验操作过程中有无被空气污染。

（6）培养基温度 倾注用培养基应在46℃水浴内保温，温度过高会影响细菌生长，过低琼脂易于凝固而不能与菌液充分混匀。如无水浴，应以皮肤感受较热而不烫为宜。

拓展阅读

菌落总数快速测试片法

菌落总数测试片是在食品检样经过处理，在一定条件下（如培养基、培养温度和培养时间等）培养后，得出每克（毫升）检样中形成的微生物菌落总数的方法。它应用于所有的食品，包括保健食品，主要用于评估大多数食品总细菌的含量水平。

菌落总数测试片检测方法有操作简单、检测周期短等优点，一旦投入使用，将大大缩短检测周期，简化实验操作，并取得较大的经济收益，目前已被国内很多食品工厂所认可并使用。位列美国前100强的80多家食品厂，都在使用3M Petrifilm™测试片进行微生物的检测。

Petrifilm™测试片是美国 3M 公司发明的一种进行菌落计数的干膜，采用可再生的水合物材质，由上下两层薄膜组成。上层聚丙烯薄膜含有黏合剂、指示剂及冷水可溶性凝胶；下层聚乙烯薄膜含有细菌生长所需的营养琼脂培养基。细菌在测试片上生长时，细胞代谢产物与上层的指示剂 TTC 发生氧化还原反应，将指示剂还原成红色非溶解性产物三苯甲腙，从而使细菌着色。故测试片上红色菌落判断即为菌落总数。具体方法详见行业标准 SN/T 1897-2007 食品中菌落总数的测定 Petrifilm™ 测试片法。

扫码"学一学"

第三节　大肠菌群的计数

案例讨论

案例： 天猫 A 旗舰店在天猫（网站）商城销售的标称某公司生产的壳聚糖牡蛎片，大肠菌群检出值为 2.3 MPN/g，比标准规定高出 1.5 倍。天猫 B 食品专营店在天猫（网站）商城销售的标称某生产的减肥茶，大肠菌群检出值为大于 110 MPN/g，比标准规定高出 118.6 倍多。C 药房有限公司滨盛路店销售的标称某公司委托生产的钙加维 D 咀嚼片，大肠菌群检出值为 2.3 MPN/g，比标准规定高出 1.5 倍。

据了解，大肠菌群是国内外通用的食品污染常用指示菌之一。食品中检出大肠菌群，提示被致病菌（如沙门菌、志贺菌、致病性大肠埃希菌）污染的可能性较大。大肠菌群超标可能由于产品的加工原料、包装材料受污染，或在生产过程中产品受人员、工器具等生产设备、环境的污染，或有灭菌工艺的产品灭菌不彻底而导致。

问题： 1. 大肠菌群污染的可能原因是什么？

2. 检测大肠菌群有什么卫生学意义？

大肠菌群是指一群在 36 ℃ 条件下培养 48 小时能发酵乳糖、产酸产气、需氧和兼性厌氧的革兰阴性无芽孢杆菌。一般认为该菌群细菌主要包括大肠埃希菌、柠檬酸杆菌、产气克雷伯菌和阴沟肠杆菌等。

大肠菌群主要存在于人和温血动物的肠道，直接或间接来自人和温血动物的粪便。保健食品中检出大肠菌群，表明该食品直接或间接受到粪便污染，提示可能有肠道致病菌的存在。因此，大肠菌群是评价保健食品卫生质量的重要指标之一，对其计数的卫生学意义：①作为粪便污染的指示菌，表明保健食品受粪便污染的程度；②作为肠道致病菌污染保健食品的指示菌，提示某些肠道病原菌的存在。

GB 16740—2014《食品安全国家标准 保健食品》规定了保健食品大肠菌群的检验方法按照 GB 4789.3《食品安全国家标准 食品微生物学检验 大肠菌群计数》进行。该标准适用于保健食品中大肠菌群的计数。

一、大肠菌群 MPN 计数法

大肠菌群 MPN 计数法是将统计学和微生物学结合的一种定量检测法。待测样品经系列稀释并培养后，根据其未生长的最低稀释度与生长的最高稀释度，应用统计学概率论推算出待测样品中大肠菌群的最大可能数（most probable number，MPN），这是基于泊松分布的一种间接计数方法。

1. 设备和材料　除微生物实验室常规灭菌及培养设备外，其他设备和材料如下：恒温培养箱 [（36±1）℃]；冰箱（2~5℃）；恒温水浴箱 [（46±1）℃]；天平（感量 0.1 g）；均质器；振荡器；无菌吸管 [1 mL（具 0.01 mL 刻度）、10 mL（具 0.1 mL 刻度）或微量移液器及吸头]；无菌锥形瓶（容量 500 mL）；无菌培养皿（直径 90 mm）；pH 计或 pH 比色管或精密 pH 试纸；菌落计数器。

2. 培养基和试剂　月桂基硫酸盐胰蛋白胨（lauryl sulfate tryptose，LST）肉汤；煌绿乳糖胆盐（brilliant green lactose bile，BGLB）肉汤；结晶紫中性红胆盐琼脂（violet red bile agar，VRBA）；酸盐缓冲液；无菌生理盐水；无菌 1 mol/L NaOH；无菌 1 mol/L HCl。

3. 检验程序　大肠菌群 MPN 计数法的检验程序见图 7-2。

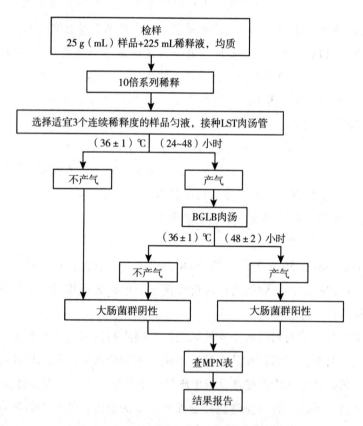

图 7-2　大肠菌群 MPN 计数法检验程序

4. 操作步骤

（1）样品的稀释

①固体和半固体样品。称取 25 g 样品，放入盛有 225 mL 磷酸盐缓冲液或生理盐水的无菌均质杯内，8000~10 000 r/min 均质 1~2 分钟，或放入盛有 225 mL 磷酸盐缓冲液或生理

盐水的无菌均质袋中，用拍击式均质器拍打1~2分钟，制成1：10的样品匀液。

②液体样品。以无菌吸管吸取25 mL样品置于盛有225 mL磷酸盐缓冲液或生理盐水的无菌锥形瓶（瓶内预置适当数量的无菌玻璃珠）中，充分混匀，制成1：10的样品匀液。

③样品匀液的pH应在6.5~7.5，必要时分别用1 mol/L NaOH或1 mol/L HCl调节。

④用1 mL无菌吸管或微量移液器吸取1：10样品匀液1 mL，沿管壁缓缓注入9 mL磷酸盐缓冲液或生理盐水的无菌试管中（注意吸管或吸头尖端不要触及稀释液面），振摇试管或换用1支1 mL无菌吸管反复吹打，使其混合均匀，制成1：100的样品匀液。

⑤根据对样品污染状况的估计，按上述操作，依次制成10倍递增系列的稀释样品匀液。每递增稀释1次，换用1支1 mL无菌吸管或吸头。从制备样品匀液至样品接种完毕，全过程不得超过15分钟。

（2）初发酵试验　每个样品，选择3个适宜的连续稀释度的样品匀液（液体样品可以选择原液），每个稀释度接种3管LST肉汤，每管接种1 mL（如接种量超过1 mL，则用双料LST肉汤），（36±1）℃培养（24±2）小时，观察导管内是否有气泡产生，（24±2）小时产气者进行复发酵实验（证实实验），如未产气则继续培养至（48±2）小时，产气者进行复发酵实验。未产气者为大肠菌群阴性。

（3）复发酵实验　用接种环从产气的LST肉汤管中分别取培养物1环，移种于BGLB肉汤管中，（36±1）℃培养（48±2）小时，观察产气情况。产气者，即为大肠菌群阳性管。

（4）大肠菌群最可能数（MPN）的报告　按上述复发酵实验确证的大肠菌群BGLB阳性管数，检索MPN表（见表7-2），报告每克（毫升）样品中大肠菌群的MPN值。

表7-2　大肠菌群最可能数（MPN）检索表

阳性管数			MPN	95%可信限		阳性管数			MPN	95%可信限	
0.10	0.01	0.001		下限	上限	0.10	0.01	0.001		下限	上限
0	0	0	<3.0	—	9.5	2	2	0	21	4.5	42
0	0	1	3.0	0.15	9.6	2	2	1	28	8.7	94
0	1	0	3.0	0.15	11	2	2	2	35	8.7	94
0	1	1	6.1	1.2	18	2	3	0	29	8.7	94
0	2	0	6.2	1.2	18	2	3	1	36	8.7	94
0	3	0	9.4	3.6	38	3	0	0	23	4.6	94
1	0	0	3.6	0.17	18	3	0	1	38	8.7	110
1	0	1	7.2	1.3	18	3	0	2	64	17	180
1	0	2	11	3.6	38	3	1	0	43	9	180
1	1	0	7.4	1.3	20	3	1	1	75	17	200
1	1	1	11	3.6	38	3	1	2	120	37	420
1	2	0	11	3.6	42	3	1	3	160	40	420
1	2	1	15	4.5	42	3	2	0	93	18	420
1	3	0	16	4.5	42	3	2	1	150	37	420

续表

阳性管数			MPN	95%可信限		阳性管数			MPN	95%可信限	
0.10	0.01	0.001		下限	上限	0.10	0.01	0.001		下限	上限
2	0	0	9.2	1.4	38	3	2	2	210	40	430
2	0	1	14	3.6	42	3	2	3	290	90	1000
2	0	2	20	4.5	42	3	2	0	240	42	1000
2	1	0	15	3.7	42	3	3	1	460	90	2000
2	1	1	20	4.5	42	3	3	2	1100	180	4100
2	1	2	27	8.7	94	3	3	3	>1100	420	—

注：本表采用 3 个稀释度 [0.1 g（mL）、0.01 g（mL）和 0.001 g（mL）]，每个稀释度接种 3 管。表内所列检样量如改用 1 g（mL）、0.1 g（mL）和 0.01 g（mL）时，表内数字应相应降低 10 倍；如改用 0.01 g（mL）、0.001 g（mL）和 0.0001 g（mL）时，则表内数字应相应增高 10 倍，其余类推。

二、大肠菌群平板计数法

大肠菌群在固体培养基中能发酵乳糖产酸，在指示剂的作用下形成可计数的红色或紫色，带有或不带有沉淀环的菌落。大肠菌群平板计数法相对于 MPN 计数法，结果更精确，能反映实际样品的含菌量。平板计数法适用于污染严重的样品，对于污染少的样品，MPN 计数法则更有优势。平板计数法在操作上与 MPN 计数法基本相同。

1. 设备和材料　同"大肠菌群 MPN 计数法"。

2. 培养基和试剂　同"大肠菌群 MPN 计数法"。

3. 检验程序　大肠菌群平板计数法的检验程序见图 7-3。

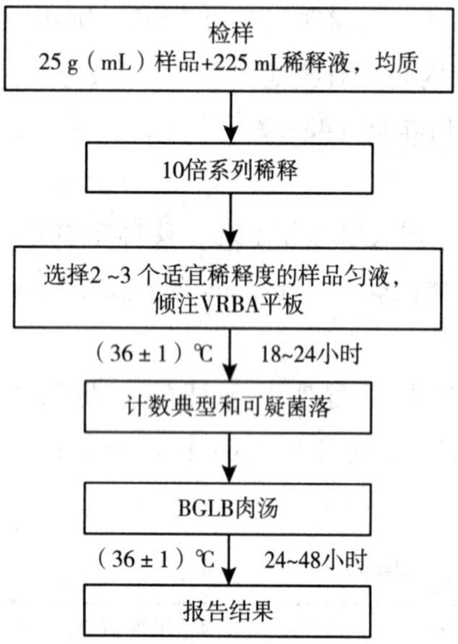

4. 操作步骤

（1）样品的稀释　同"大肠菌群 MPN 计数法"。

检样
25 g（mL）样品+225 mL稀释液，均质
↓
10倍系列稀释
↓
选择2~3个适宜稀释度的样品匀液，倾注VRBA平板
（36±1）℃ ↓ 18~24小时
计数典型和可疑菌落
↓
BGLB肉汤
（36±1）℃ ↓ 24~48小时
报告结果

图 7-3　大肠菌群平板计数法检验程序

（2）平板计数

①选取 2~3 个适宜的连续稀释度，每个稀释度接种 2 个无菌平皿，每皿 1 mL。同时取 1 mL 生理盐水加入无菌平皿作空白对照。

②及时将 15~20 mL 冷却至 46 ℃的结晶紫中性红胆盐琼脂（VRBA）倾注于每个平皿中。小心旋转平皿，将培养基与样液充分混匀，待琼脂凝固后，再加 3~4 mL VRBA 覆盖平板表层。翻转平板，置于（36±1）℃培养 18~24 小时。

（3）平板菌落数的选择　选取菌落数在 15~150 CFU 之间的平板，分别计数平板上出现的典型和可疑大肠菌群菌落（如菌落直径较典型菌落小）。典型菌落为紫红色，菌落周围有红色的胆盐沉淀环，菌落直径为 0.5 mm 或更大，最低稀释度平板低于 15 CFU 的记录具体菌落数。

（4）证实实验　从 VRBA 平板上挑取 10 个不同类型的典型和可疑菌落，少于 10 个菌落的挑取全部典型和可疑菌落。分别移种于 BGLB 肉汤管内，（36±1）℃培养 24~48 小时，观察产气情况。凡 BGLB 肉汤管产气，即可报告为大肠菌群阳性。

（5）大肠菌群平板计数的报告　经最后证实为大肠菌群阳性的试管比例乘以上述计数

的平板菌落数，再乘以稀释倍数，即为每 g（mL）样品中大肠菌群数。

例如，10^{-4} 样品稀释液 1 mL，在 VRBA 平板上有 100 个典型和可疑菌落，挑取其中 10 个接种 BGLB 肉汤管，证实有 6 个阳性管，则该样品的大肠菌群数 = 100 × 6/10 × 10^4/g（mL）= 6.0×10^5 CFU/g（mL）。

若所有稀释度（包括液体样品原液）平板均无菌落生长，则以小于 1 乘以最低稀释倍数计算。

三、注意事项

1. 初发酵和证实实验

（1）LST 中提供了磷酸盐缓冲体系，氯化钠可维持渗透压，月桂基硫酸钠可抑制非大肠菌群的生长，这个缓冲蛋白胨乳糖肉汤允许"缓慢乳糖发酵"来促进菌体产气。BGLB 中胆盐和煌绿可以抑制革兰阳性细菌和除大肠菌群以外的很多革兰阴性细菌。

（2）初发酵阳性管，不能肯定就是大肠菌群细菌，经过证实实验后，才能确认成为阳性。有数据表明，食品中大肠菌群检验步骤的符合率，初发酵与证实实验相差较大。因此，在实际检测工作中，必须要进行证实实验。

2. 产气量与倒管　在乳糖发酵实验中，经常可以看到在发酵导管内极微小的气泡（有时比小米粒还小），有时可以遇到在初发酵时产酸或沿管壁有缓缓上浮的小气泡。实验表明，大肠菌群的产气量，多者可以使发酵小导管全部充满气体，少者可以产生比小米粒还小的气泡。如果对产酸但未产气的乳糖发酵有疑问时，可以用手轻轻晃动试管，如有气泡沿管壁上浮，即应考虑可能有气体产生，应做进一步实验。

3. MPN 计数法

（1）MPN 法　每 mL（g）食品检样中所含的大肠菌群最近似数或最可能数，基于泊松分布的一种间接计数方法。

（2）MPN 值　只是活菌密度的估算值，并不是样品中活菌数的真实值。

（3）当实验结果在 MPN 表中无法查找到 MPN 值时，如：阳性管数为 122、123、232、233 等时，建议增加稀释度（可做 4~5 个稀释度），使样品的最高稀释度能获得阴性终点，最终确定 MPN 值。

> **拓展阅读**
>
> #### 餐饮具大肠菌群快速检测——纸片法
>
> 1. 适用范围　适用于餐（饮）具、食品加工器具等表面卫生状况的测定。
>
> 2. 产品特点　大肠菌群多存在于温血动物粪便、人类经常活动的场所以及有粪便污染的地方，用大肠菌群数作为餐具消毒效果的监测指标，具有很好的代表性和很高的灵敏度。纸片法与传统发酵法相比具有很高的符合率，而且使用方便，15 个小时就可以出结果，已经成为国家标准方法，为各地卫生监督部门所广泛采用。本品也可以用于食品生产企业、餐厅、医院、旅业、浴池等场所的物体表面，以及从业人员手和衣物等方面卫生质量的监测。执行标准：GB 14934—94 食（饮）具消毒卫生标准——纸片法采样和检验。

3. 采样

（1）随机抽取消毒后准备使用的各类食具（碗、盘、杯等），取样量可根据大、中、小不同饮食行业每次采样 6～10 件，每件贴纸片两张，每张纸片面积 25 cm² （5 cm×5 cm）。用无菌生理盐水湿润大肠菌群检验纸片后，立即贴于食具内侧表面，30 秒后取下，置于无菌塑料袋内。

（2）筷子以 5 支为一件样品，用灭菌 1 mL 吸管吸取无菌生理盐水湿润纸片后，立即将筷子进口端（约 5 cm）抹拭纸片，每件样品抹拭两张，放入无菌塑料袋内。

4. 培养 将已采样的纸片置于 37 ℃恒温培养箱中培养 15～18 小时，取出观察结果。

5. 结果判读

（1）若纸片变黄或在黄色背景上呈现红色斑点，则为大肠菌群阳性；纸片保持蓝紫色不变或在紫蓝色背景上呈现红色斑点但周围没有黄晕，均为大肠菌群阴性。

（2）国家标准规定：在 50 cm² 的纸片（两片）上大肠菌群不得检出。

扫码"学一学"

第四节　霉菌和酵母菌的计数

霉菌和酵母菌是真菌中的一大类，广泛分布于自然界中，它们有时是保健食品中正常菌相的一部分，但在某些情况下，霉菌和酵母菌也能造成保健食品的腐败变质。因此，霉菌和酵母菌也常被作为评价保健食品卫生质量的指标菌，并以霉菌和酵母菌计数来确定保健食品被污染的程度。目前，已有多个国家制订了某些保健食品的霉菌和酵母菌限量标准，并把霉菌和酵母菌计数作为保健食品微生物学常规检验的项目之一。

GB 16740—2014《食品安全国家标准 保健食品》规定了保健食品中霉菌和酵母菌的计数方法按照 GB 4789.15《食品安全国家标准 食品微生物学检验 霉菌和酵母计数》进行。该标准适用于保健食品中霉菌和酵母菌的计数。

一、霉菌和酵母菌平板计数法

本方法适用于各类保健食品中霉菌和酵母菌的计数。

1. 设备和材料 除微生物实验室常规灭菌及培养设备外，其他设备和材料如下：培养箱［(28±1)℃］；拍击式均质器及均质袋；电子天平（感量0.1 g）；无菌锥形瓶（容量500 mL）；无菌吸管［1 mL（具0.01 mL 刻度）、10 mL（具0.1 mL 刻度）］；无菌试管（18 mm×180 mm）；旋涡混合器；无菌平皿（直径90 mm）；恒温水浴箱［(46±1)℃］；显微镜（10～100 倍）；微量移液器及枪头（1.0 mL）。

2. 培养基和试剂 生理盐水；马铃薯葡萄糖琼脂；孟加拉红琼脂；酸盐缓冲液。

3. 检验程序 霉菌和酵母菌计数的检验程序见图 7-4。

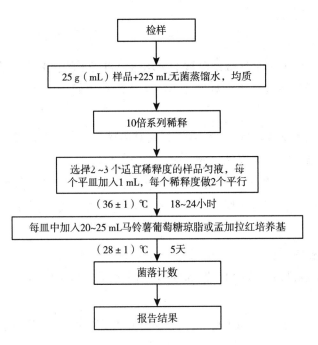

图 7 - 4　霉菌和酵母菌平板计数法的检验程序

4. 操作步骤

（1）样品的稀释

①固体和半固体样品。称取 25 g 样品，加入 225 mL 无菌稀释液（蒸馏水或生理盐水或磷酸盐缓冲液），充分振摇，或用拍击式均质器拍打 1 ~ 2 分钟，制成 1∶10 的样品匀液。

②液体样品。以无菌吸管吸取 25 mL 样品至盛有 225 mL 无菌稀释液（蒸馏水或生理盐水或磷酸盐缓冲液）的适宜容器内（可在瓶内预置适当数量的无菌玻璃珠）或无菌均质袋中，充分振摇或用拍击式均质器拍打 1 ~ 2 分钟，制成 1∶10 的样品匀液。

③取 1 mL 1∶10 稀释液注入含有 9 mL 无菌稀释液的试管中，另换一支 1 mL 无菌吸管反复吹吸，或在旋涡混合器上混匀，此液为 1∶100 样品匀液。

④按上述操作程序，制备 10 倍递增系列稀释样品匀液。每递增稀释一次，换用 1 支 1 mL 无菌吸管。

⑤根据对样品污染状况的估计，选择 2 ~ 3 个适宜稀释度的样品匀液（液体样品可包括原液），在进行 10 倍递增稀释的同时，每个稀释度分别吸取 1 mL 样品匀液于 2 个无菌平皿内。同时分别取 1 mL 无菌稀释液加入 2 个无菌平皿作空白对照。

⑥及时将 20 ~ 25 mL 冷却至 46 ℃的马铃薯葡萄糖琼脂或孟加拉红琼脂［可放置于 (46 ±1)℃恒温水浴箱中保温］倾注平皿，并转动平皿使其混合均匀。置水平台面待培养基完全凝固。

（2）培养　琼脂凝固后，正置平板，置 (28 ±1)℃培养箱中培养，观察并记录培养至第 5 天的结果。

（3）菌落计数　用肉眼观察，必要时可用放大镜或低倍镜，记录稀释倍数和相应的霉菌和酵母菌落数。以菌落形成单位 CFU 表示。选取菌落数在 10 ~ 150 CFU 的平板，根据菌落形态分别计数霉菌和酵母菌。霉菌蔓延生长覆盖整个平板的可记录为菌落蔓延。

159

5. 结果与报告

（1）结果

①计算同一稀释度的两个平板菌落数的平均值，再将平均值乘以相应稀释倍数。

②若有两个稀释度平板上菌落数均在 10～150 CFU 之间，则按照 GB 4789.2 的相应规定进行计算。

③若所有平板上菌落数均大于 150 CFU，则对稀释度最高的平板进行计数，其他平板可记录为多不可计，结果按平均菌落数乘以最高稀释倍数计算。

④若所有平板上菌落数均小于 10 CFU，则应按稀释度最低的平均菌落数乘以稀释倍数计算。

⑤若所有稀释度（包括液体样品原液）平板均无菌落生长，则以小于 1 乘以最低稀释倍数计算。

⑥若所有稀释度的平板菌落数均不在 10～150 CFU 之间，其中一部分小于 10 CFU 或大于 150 CFU 时，则以最接近 10 CFU 或 150 CFU 的平均菌落数乘以稀释倍数计算。

（2）报告

①菌落数按"四舍五入"原则修约。菌落数在 10 以内时，采用 1 位有效数字报告；菌落数在 10～100 之间时，采用 2 位有效数字报告。

②菌落数大于或等于 100 时，前第 3 位数字采用"四舍五入"原则修约后，取前 2 位数字，后面用 0 代替位数来表示结果；也可用 10 的指数形式来表示，此时也按"四舍五入"原则修约，采用 2 位有效数字。

③若空白对照平板上有菌落出现，则此次检测结果无效。

④称重取样以 CFU/g 为单位报告，体积取样以 CFU/mL 为单位报告，报告或分别报告霉菌和（或）酵母菌数。

6. 注意事项 为了准确测定霉菌和酵母菌数，真实反映被检样品的卫生质量，检验时必须注意以下问题。

（1）样品的处理 应注意样品的代表性。对大的固体食品样品，要用灭菌刀或镊子从不同部位采取试验材料，再混合磨碎。如样品不太大，最好把全部样品放到灭菌均质器杯内搅拌 2 分钟。液体或半固体样品可迅速颠倒容器多次来混匀。

（2）样品的稀释 为了减少样品稀释时造成的误差，在连续递增稀释时，每一稀释度应更换一根吸管。在稀释过程中，为了使霉菌的孢子充分散开，需用灭菌吸管反复多次吹吸。

（3）培养基的选择 在霉菌和酵母菌计数中，GB 4789.15—2010 规定可使用马铃薯葡萄糖琼脂培养基（PDA）或孟加拉红琼脂培养基。选择时应注意：霉菌和酵母菌在 PDA 培养基上生长良好，用 PDA 培养基进行平板计数时，必须加入抗生素以抑制细菌；孟加拉红琼脂培养基中的孟加拉红和抗生素具有抑制细菌的作用，同时孟加拉红还可抑制霉菌菌落的蔓延生长，在菌落背面由孟加拉红产生的红色有助于霉菌和酵母菌落的计数。

（4）倾注培养 每个样品应选择适宜的稀释度，每个稀释度倾注 2 个平皿。培养基融化后冷却至 46 ℃，立即倾注并旋转混匀，先向一个方向旋转，再向相反方向旋转，充分混合均匀。培养基凝固后，将平板正置于培养箱中培养，观察并记录培养至第 5 天的结果。

（5）菌落计数及报告 选取菌落数在 10～150 CFU 之间的平板进行计数。一个稀释度使用 2 个平板，取 2 个平板菌落数的平均值，乘以稀释倍数报告。关于稀释倍数的选择可参考细菌菌落总数测定。

二、霉菌直接镜检计数法

常用的为郝氏霉菌计数法，本方法适用于番茄酱罐头、番茄汁中霉菌的计数。

1. 设备和材料　显微镜（10～100倍）；折光仪；郝氏计测玻片（具有标准计测室的特制玻片）；盖玻片；测微器（具标准刻度的玻片）。

2. 操作步骤

（1）检样的制备　取适量检样，加蒸馏水稀释至折光指数为1.3447～1.3460（浓度为7.9%～8.8%），备用。

（2）显微镜标准视野的校正　将显微镜按放大率90～125倍调节标准视野，使其直径为1.382 mm。

（3）涂片　洗净郝氏计测玻片，将制好的标准液，用玻璃棒均匀地摊布于计测室，加盖玻片，以备观察。

（4）观测　将制好的载玻片置于显微镜标准视野下进行观测。一般每一检样每人观察50个视野。同一检样应由两人进行观察。

（5）结果与计算　在标准视野下，发现有霉菌菌丝长度超过标准视野（1.382 mm）的1/6或3根菌丝总长度超过标准视野的1/6（测微器的一格）时，即记录为阳性（＋），否则记录为阴性（－）。

（6）报告　报告每100个视野中全部阳性视野数为霉菌的视野百分数（视野%）。

第五节　致病菌的检验技术

扫码"学一学"

保健食品中的致病菌是以保健食品为传播媒介的致病性细菌，能直接或间接地污染保健食品，人经口感染可导致食物中毒或肠道传染病的发生。常见的致病菌主要有沙门菌、金黄色葡萄球菌、致病性大肠埃希菌、志贺菌、小肠结肠炎耶尔森菌、霍乱弧菌等，不同的保健食品种类检验的致病菌指标也不同。

从保健食品卫生要求角度来说，保健食品中不能有致病菌存在，各国的卫生部门都对致病菌做了严格的规定，把它作为保健食品卫生质量的重要指标。检验致病菌指标的意义：①可以判断产品在生产、加工和流通过程中被致病菌污染的状况；②能有效防止或减少食物中毒和肠道传染病的发生，保障人民群众的身体健康。

一、沙门菌的检验技术

沙门菌（*Salmonella*）是一类形态短小的革兰阴性杆菌，主要寄居于人类和动物的肠道中，是肠杆菌科中重要的肠道病原菌，能侵犯多种宿主，是引起食物中毒的重要病原菌。现已发现2000多个血清型，它们的形态结构、培养特性、生化特性和抗原构造非常相似。

（一）生物学特性

1. 形态与染色　沙门菌是革兰阴性、两端钝圆的短杆菌，大小为（0.4～0.9）μm×（1～3）μm，无芽孢，一般无荚膜，周身鞭毛（除鸡白痢沙门菌和鸡伤寒沙门菌外），能运动，多数细菌具有菌毛，能吸附于宿主细胞表面或凝集豚鼠红细胞。

2. 培养特性

（1）沙门菌为需氧或兼性厌氧菌。营养要求不高，在普通琼脂培养基上均能生长良好。最适生长温度为 35~37 ℃，最适生长 pH 为 6.8~7.8。

（2）沙门菌在胆盐（煌绿或亚硒酸盐）肉汤培养基中生长良好，均匀混浊。

（3）沙门菌在普通营养琼脂培养基上，培养 24 小时后，形成中等大小、圆形、表面光滑、湿润、无色半透明、边缘整齐的菌落；在 S.S 琼脂培养基上形成无色、半透明的菌落；在远藤琼脂培养基上形成淡粉色或无色菌落；如果是产生 H_2S 的菌株，则菌落中心带黑色。

3. 生化特性 沙门菌有 2000 多个血清型，多数生化特性一致，但也有个别菌株的个别特性有差异。一般特性如下。

（1）发酵葡萄糖、麦芽糖、甘露醇和山梨醇产酸产气。

（2）不发酵乳糖、蔗糖和侧金盏花醇。

（3）不产吲哚，V-P 反应阴性。

（4）不分解尿素，对苯丙氨酸不脱氨。

4. 抵抗力 沙门菌对热及消毒剂的抵抗力不强，55 ℃ 1 小时、60 ℃ 15~30 分钟即被杀死，在 5% 的苯酚中，5 分钟即死亡。沙门菌在外界环境的生活力较强，在 10~42 ℃ 的范围内均能生长，在水中可存活 2~3 周，在粪便中可存活 1~2 个月，在牛乳及肉类中能存活数月，在含有 10%~15% 食盐的腌肉中可存活 2~3 个月。

在烹调大块鱼、肉类食品时，如果食品内部达不到沙门菌的致死温度，其中的沙门菌仍能存活，食用后可导致食物中毒。冷冻对于沙门菌无杀灭作用，即使在 -25 ℃ 低温环境中仍可存活 10 个月左右。

由于沙门菌不分解蛋白质，不产生靛基质，污染食物后无感官性状的变化，所以易被忽视而引起食物中毒。

5. 毒素特征 沙门菌不产生外毒素，但菌体裂解时，可产毒性很强的内毒素，此种毒素是致病的主要原因，可引起人体发冷、发热及白细胞减少等病症。

6. 抗原特征 沙门菌具有复杂的抗原结构，一般沙门菌具有菌体（O）抗原、鞭毛（H）抗原和表面（Vi）抗原（荚膜或包膜抗原）三种抗原。

（1）O 抗原 存在于菌体表面，其化学性质为类脂-多糖-多肽复合物，多糖决定其特异性。对热稳定，能耐 100 ℃ 加热 2.5 小时，不被乙醇或 0.1% 苯酚破坏。与特异抗血清呈颗粒状凝集，形成慢，不易散。

（2）H 抗原 存在于鞭毛中，其化学性质为蛋白质，对热不稳定，60 ℃ 15 分钟或乙醇处理即被破坏。其特异性取决于多肽链上氨基酸的排列顺序和空间构型。

（3）Vi 抗原 少数沙门菌如伤寒沙门菌、丙型副伤寒沙门菌、都柏林沙门菌等具有包膜（Vi）抗原，经过几次传代、60 ℃ 热处理或苯酚处理后容易消失。Vi 抗原包于菌体外层，能阻止 O 抗原与抗体结合，因此在进行血清凝集反应时，必须先加热去除 Vi 抗原，O 凝集方可实现。

（二）检验方法

GB 16740—2014《食品安全国家标准 保健食品》规定了保健食品中沙门菌的限量检验方法按照 GB 4789.4—2016《食品安全国家标准 食品微生物学检验沙门氏菌检验》进行。

该标准规定了沙门菌的检验方法，适用于保健食品中沙门菌的检验。

1. 设备和材料　除微生物实验室常规灭菌及培养设备外，其他设备和材料如下。冰箱(2～5℃)；恒温培养箱［(36±1)℃、(42±1)℃］；均质器；振荡器；电子天平（感量0.1 g）；无菌锥形瓶（容量为500 mL、250 mL）；无菌吸管［1 mL（具0.01 mL刻度）、10 mL（具0.1 mL刻度）或微量移液器及吸头］；无菌培养皿（直径为90 mm）；无菌试管（3 mm×50 mm、10 mm×75 mm）；pH计或pH比色管或精密pH试纸；全自动微生物生化鉴定系统；无菌毛细管。

2. 培养基和试剂　缓冲蛋白胨水（BPW）；四硫磺酸钠煌绿（TTB）增菌液；亚硒酸盐胱氨酸（SC）增菌液；亚硫酸铋（BS）琼脂；HE琼脂；木糖赖氨酸脱氧胆盐（XLD）琼脂；沙门菌属显色培养基；三糖铁（TSI）琼脂；蛋白胨水、靛基质试剂；尿素琼脂（pH 7.2）；氰化钾（KCN）培养基；赖氨酸脱羧酶实验培养基；糖发酵管；邻硝基酚β-D半乳糖苷（ONPG）培养基；半固体琼脂；丙二酸钠培养基；沙门菌O、H和Vi诊断血清；生化鉴定试剂盒。

3. 检验程序　沙门菌检验程序见图7-5。

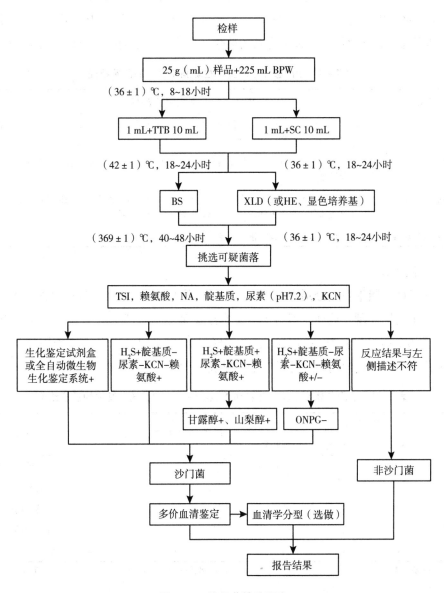

图7-5　沙门菌检验程序

4. 操作步骤

（1）预增菌 无菌操作称取 25 g 或量取 25 mL 样品放入盛有 225 mL BPW 的无菌均质杯或合适容器内，以 8000～10 000 r/min 均质 1～2 分钟，或置于盛有 225 mL BPW 的无菌均质袋中，用拍击式均质器拍打 1～2 分钟。若样品为液态，不需要均质，振荡混匀。如需调整 pH，用 1 mol/mL 无菌 NaOH 或 HCl 调节 pH 至（6.8±0.2）。无菌操作下将样品转至 500 mL 锥形瓶或其他合适容器内（如均质杯本身具有无孔盖，可不转移样品），如使用均质袋，可直接进行培养，于（36±1）℃培养 8～18 小时。

如为冷冻产品，应在 45 ℃以下不超过 15 分钟，或 2～5 ℃不超过 18 小时解冻。

（2）增菌 轻轻摇动培养过的样品混合物，移取 1 mL，转种于 10 mL TTB 内，于（42±1）℃培养 18～24 小时。同时，另取 1 mL，转种于 10 mL SC 内，于（36±1）℃培养 18～24 小时。

（3）分离 分别用直径 3 mm 的接种环取增菌液 1 环，划线接种于一个 BS 琼脂平板和一个 XLD 琼脂平板（或 HE 琼脂平板或沙门菌属显色培养基平板），于（36±1）℃分别培养 40～48 小时（BS 琼脂平板）或 18～24 小时（XLD 琼脂平板、HE 琼脂平板、沙门菌属显色培养基平板），观察各个平板上生长的菌落。各个平板上的菌落特征见表 7－3。

表 7－3 沙门菌在不同选择性琼脂平板上的菌落特征

选择性琼脂平板	沙门菌菌落特征
BS 琼脂	菌落为黑色有金属光泽、棕褐色或灰色，菌落周围培养基可呈黑色或棕色；有些菌株形成灰绿色的菌落，周围培养基不变
HE 琼脂	菌落呈蓝绿色或蓝色，多数菌落中心黑色或几乎全黑色；有些菌株为黄色，中心黑色或几乎全黑色
XLD 琼脂	菌落呈粉红色，带或不带黑色中心，有些菌株可呈现大的带光泽的黑色中心，或呈现全部黑色的菌落；有些菌株为黄色菌落，带或不带黑色中心
沙门菌属显色培养基	按照显色培养基的说明进行判定

（4）生化实验

①自选择性琼脂平板上分别挑取。2 个以上典型或可疑菌落，接种三糖铁琼脂，先在斜面划线，再于底层穿刺；接种针不要灭菌，直接接种赖氨酸脱羧酶实验培养基和营养琼脂平板，于（36±1）℃培养 18～24 小时，必要时可延长至 48 小时。在三糖铁琼脂和赖氨酸脱羧酶实验培养基内，沙门菌属的反应结果见表 7－4。

表 7－4 沙门菌属在三糖铁琼脂和赖氨酸脱羧酶实验培养基内的反应结果

| 三糖铁琼脂 | | | | 赖氨酸脱羧酶实验培养基 | 初步判断 |
斜面	底层	产气	硫化氢		
K	A	+（-）	+（-）	+	可疑沙门菌属
K	A	+（-）	+（-）	-	可疑沙门菌属
A	A	+（-）	+（-）	+	可疑沙门菌属
A	A	+/-	+/-		非沙门菌
K	K	+/-	+/-	+/-	非沙门菌

注：K：产碱，A：产酸；+：阳性，-：阴性；+（-）多数阳性，少数阴性；+/-：阳性或阴性。

②接种三糖铁琼脂和赖氨酸脱羧酶实验培养基的同时，可直接接种蛋白胨水（供做靛

基质实验)、尿素琼脂(pH 7.2)、氰化钾(KCN)培养基,也可在初步判断结果后从营养琼脂平板上挑取可疑菌落接种。于(36±1)℃培养18~24小时,必要时可延长至48小时,按表7-5判定结果。将已挑菌落的平板储存于2~5℃或室温至少保留24小时,以备必要时复查。

表7-5　沙门菌属生化反应初步鉴别表

反应序号	硫化氢(H₂S)	靛基质	pH 7.2 尿素	氰化钾(KCN)	赖氨酸脱羧酶
A1	+	-	-	-	+
A2	+	+	-	-	+
A3	-	-	-	-	+/-

注:+:阳性,-:阴性,+/-:阳性或阴性。

反应序号 A1:典型反应判定为沙门菌属。如尿素、KCN 和赖氨酸脱羧酶 3 项中有 1 项异常,按表7-6可判定为沙门菌。如有 2 项异常,为非沙门菌。

表7-6　沙门菌属生化反应初步鉴别表

pH 7.2 尿素	氰化钾(KCN)	赖氨酸脱羧酶	判定结果
-	-	-	甲型副伤寒沙门菌(要求血清学鉴定结果)
-	+	+	沙门菌Ⅳ或Ⅴ(要求符合本群生化特性)
+	-	+	沙门菌个别变体(要求血清学鉴定结果)

注:+表示阳性;-表示阴性。

反应序号 A2:补做甘露醇和山梨醇实验,沙门菌靛基质阳性变体的两项实验结果均为阳性,但需要结合血清学鉴定结果进行判定。

反应序号 A3:补做 ONPG。ONPG 阴性为沙门菌,同时赖氨酸脱羧酶阳性,甲型副伤寒沙门菌为赖氨酸脱羧酶阴性。

必要时按表7-7进行沙门菌生化群的鉴别。

表7-7　沙门菌属各生化群的鉴别

项目	Ⅰ	Ⅱ	Ⅲ	Ⅳ	Ⅴ	Ⅵ
卫矛醇	+	+	-	-	+	-
山梨醇	+	+	+	+	+	-
水杨苷	-	-	-	+	-	-
ONPG	-	-	+	-	+	-
丙二酸盐	-	+	+	-	-	-
KCN	-	-	-	+	+	-

注:+表示阳性;-表示阴性。

③如选择生化鉴定试剂盒或全自动微生物生化鉴定系统,可根据①的初步判断结果,从营养琼脂平板上挑取可疑菌落,用生理盐水制备成浊度适当的菌悬液,使用生化鉴定试剂盒或全自动微生物生化鉴定系统进行鉴定。

（5）血清学鉴定

①检查培养物有无自凝性。一般采用 1.2% ~ 1.5% 琼脂培养物作为玻片凝集实验用的抗原。首先排除自凝集反应，在洁净的玻片上滴加一滴生理盐水，将待试培养物混合于生理盐水滴内，成为均一性的混浊悬液，将玻片轻轻摇动 30 ~ 60 秒，在黑色背景下观察反应（必要时用放大镜观察），若出现可见的菌体凝集，即认为有自凝性，反之无自凝性。对无自凝的培养物参照下面方法进行血清学鉴定。

②多价菌体抗原（O）鉴定。在玻片上划出 2 个约 1 cm × 2 cm 的区域，挑取 1 环待测菌，各放 1/2 环于玻片上的每一区域上部，在其中一个区域下部加 1 滴多价菌体（O）抗血清，在另一区域下部加入 1 滴生理盐水作为对照。再用无菌的接种环或针分别将两个区域内的菌落研成乳状液。将玻片倾斜摇动混合 1 分钟，并对着黑暗背景进行观察，任何程度的凝集现象皆为阳性反应。O 血清不凝集时，将菌株接种在琼脂量较高的（如 2% ~ 3%）培养基上再检查；如果是由于 Vi 抗原的存在而阻止了 O 凝集反应时，可挑取菌苔于 1 ml 生理盐水中做成浓菌液，于酒精灯火焰上煮沸后再检查。

③多价鞭毛抗原（H）鉴定。同上述②。H 抗原发育不良时，将菌株接种在 0.55% ~ 0.65% 半固体琼脂平板的中央，待菌落蔓延生长时，在其边缘部分取菌检查；或将菌株通过装有 0.3% ~ 0.4% 半固体琼脂的小玻管 1 ~ 2 次，自远端取菌培养后再检查。

④血清学分型（选做项目）

a. O 抗原的鉴定。用 A ~ F 多价 O 血清做玻片凝集实验，同时用生理盐水作对照。在生理盐水中自凝者为粗糙型菌株，不能分型。

被 A ~ F 多价 O 血清凝集者，依次用 O4、O3、O10、O7、O8、O9、O2 和 O11 因子血清做凝集实验。根据实验结果，判定 O 群。被 O3、O10 血清凝集的菌株，再用 O10、O15、O34、O19 单因子血清做凝集实验，判定 E1、E4 各亚群，每一个 O 抗原成分的最后确定均应根据 O 单因子血清的检查结果，没有 O 单因子血清的要用两个 O 复合因子血清进行核对。

不被 A ~ F 多价 O 血清凝集者，先用 9 种多价 O 血清检查，如有其中一种血清凝集，则用这种血清所包括的 O 群血清逐一检查，以确定 O 群。每种多价 O 血清所包括的 O 因子如下。

O 多价 1：A，B，C，D，E，F 群（并包括 6、14 群）。

O 多价 2：13，16，17，18，21 群。

O 多价 3：28，30，35，38，39 群。

O 多价 4：40，41，42，43 群。

O 多价 5：44，45，47，48 群。

O 多价 6：50，51，52，53 群。

O 多价 7：55，56，57，58 群。

O 多价 8：59，60，61，62 群。

O 多价 9：63，65，66，67 群。

b. H 抗原的鉴定。属于 A ~ F 各 O 群的常见菌型，依次用表 7 - 8 所述 H 因子血清检查第 1 相和第 2 相的 H 抗原。

表7-8　A～F群常见菌型H抗原表

O群	第1相	第2相
A	a	无
B	g, f, s	无
B	i, b, d	2
C1	k, v, r, c	5, z15
C2	b, d, r	2, 5
D（不产气的）	d	无
D（产气的）	g, m, p, q	无
E1	h, v	6, w, x
E4	g, s, t	无
E4	i	

不常见的菌型，先用8种多价H血清检查，如有其中一种或两种血清凝集，则再用这一种或两种血清所包括的各种H因子血清逐一检查，以确定第1相和第2项的H抗原。8种多价H血清所包括的H因子如下。

H多价1：a，b，c，d，i。

H多价2：eh，enx，enz$_{15}$，fg，gms，gpu，gp，gq，mt，gz$_{51}$。

H多价3：k，r，y，z，z$_{10}$，lv，lw，lz$_{13}$，lz$_{28}$，lz$_{40}$。

H多价4：1，2；1，5；1，6；1，7；z$_6$。

H多价5：z$_4$z$_{23}$，z$_4$z$_{24}$，z$_4$z$_{32}$，z$_{29}$，z$_{35}$，z$_{36}$，z$_{38}$。

H多价6：z$_{39}$，z$_{41}$，z$_{42}$，z$_{44}$。

H多价7：z$_{52}$，z$_{53}$，z$_{54}$，z$_{55}$。

H多价8：z$_{56}$，z$_{57}$，z$_{60}$，z$_{61}$，z$_{62}$。

每一个H抗原成分的最后确定均应根据H单因子血清的检查结果，没有H单因子血清的要用两个H复合因子血清进行核对。

检出第1相H抗原而未检出第2相H抗原的，或检出第2相H抗原而未检出第1相H抗原的，可在琼脂斜面上移种1～2代后再检查。如仍只检出一个相的H抗原，要用位相变异的方法检查其另一个相。单相菌不必做位相变异检查。

位相变异实验（简易平板法）：将0.35%～0.4%半固体琼脂平板烘干表面水分，挑取因子血清1环，滴在半固体平板表面，放置片刻，待血清吸收到琼脂内，在血清部位的中央点种待检菌株，培养后，在形成蔓延生长的菌苔边缘取菌检查。

小玻管法：将半固体管（每管1～2 mL）在酒精灯上溶化并冷至50℃，取已知相的H因子血清0.05～0.1 mL，加入于溶化的半固体内，混匀后，用毛细吸管吸取分装于供位相变异实验的小玻管内，待凝固后，用接种针挑取待检菌，接种于一端。将小玻管平放在平皿内，并在其旁放一团湿棉花，以防琼脂中水分蒸发而干缩，每天检查结果，待另一相细菌解离后，可以从另一端挑取细菌进行检查。培养基内血清的浓度应有适当的比例，过高时细菌不能生长，过低时同一相细菌的动力不能抑制。一般按原血清1:200～1:800的量加入。

小导管法：将两端开口的小玻管（下端开口要留一个缺口，不要平齐）放在半固体管内，小玻管的上端应高出于培养基的表面，灭菌后备用。临用时在酒精灯上加热溶化，冷至 50 ℃，挑取因子血清 1 环，加入小套管中的半固体内，略加搅动，使其混匀，待凝固后，将待检菌株接种于小套管中的半固体表层内，每天检查结果，待另一相细菌解离后，可从套管外的半固体表面取菌检查，或转种 1% 软琼脂斜面，于 36 ℃培养后再做凝集实验。

c. Vi 抗原的鉴定。用 Vi 因子血清检查。已知具有 Vi 抗原的菌型有伤寒沙门菌、丙型副伤寒沙门菌、都柏林沙门菌。

d. 菌型的判定。根据血清学分型鉴定的结果，按照有关沙门菌属抗原表判定菌型。

（6）结果与报告　综合以上生化实验和血清学鉴定的结果，报告 25 g（mL）样品中检出或未检出沙门菌。

（三）注意事项

1. 注意无菌操作和生物安全　沙门菌是重要的肠道致病菌，操作时应在二级生物安全实验室或二级生物安全柜中进行，可防止致病微生物气溶胶飘离实验室对实验人员及环境造成污染。实验结束后要消毒实验室环境，检验过程中所用过的培养基、试剂以及增菌、分离纯化、生化和血清学实验所用的器具，均应高压灭菌后方可清洗或弃之。

2. 检验用培养基　所用培养基均应按照质量控制标准进行技术验收，填写质量鉴定记录。用标准菌株或已知典型反应的菌株作为测试菌株，培养基的灵敏度及典型特征反应必须符合要求。培养基应新鲜配制并在规定时间内使用。分离平板在使用前应于 36 ℃恒温培养箱中倒置培养 1~2 小时，使其表面温润，以利于细菌生长和分离。不得使用陈旧、水分散失的平板。

3. 设置阴性和阳性对照　阴性对照应无菌生长，阳性对照应显示阳性结果，否则结果无效。在做阳性对照实验时，应与待检样本检验分开操作，避免交叉污染，特别要注意在操作时，应避免动作过大，防止产生气溶胶污染操作用具及环境。

4. 可疑菌落的挑选　为保证检验的准确性，必须用多种选择性培养基，并且要挑取足够数量的菌落同时进行筛选和鉴定。应注意不要在菌落密集的部位挑取可疑菌落，应在菌落分布稀疏的部位挑取不同形态的单个菌落。

5. 生化鉴定　进行生化反应时，应以待检样本的新鲜纯培养物进行实验，方可获得可靠的生化实验结果。如果出现血清学阳性，而生化反应特征不符合时，应对培养物进一步纯化，用纯化后的培养物重新进行生化实验。所有生化反应必须按照说明书规定条件去做，如培养时间和温度、试剂的滴加顺序、加塞或半加塞等，不按规定操作容易造成假阳性或假阴性结果。

6. 血清学鉴定　要在生化实验的基础上进行血清学鉴定，直接用多价血清进行凝集而不进行生化实验是绝对不可取的。血清学鉴定时，要设置盐水对照，防止出现自凝菌影响检验结果。如果 O 多价血清没有凝集不能直接判定为阴性，还要考虑 Vi 抗原的影响。

二、金黄色葡萄球菌的检验技术

金黄色葡萄球菌（*Staphylococcus aureus*）在自然界中广泛存在，空气、水、土壤、灰尘及人和动物的排泄物中都可找到。可直接或间接地污染保健食品，在适宜条件下可产生肠毒素，引起食物中毒。

（一）生物学特性

1. 形态与染色　金黄色葡萄球菌为革兰阳性球菌，直径为 0.5~1 μm，呈葡萄状排列，无芽孢，无鞭毛，大多数无荚膜，不能运动。

2. 培养特性

（1）金黄色葡萄球菌为需氧或兼性厌氧菌，营养要求不高，在普通琼脂培养基上生长良好，最适生长温度为 35 ~ 37 ℃，最适生长 pH 为 7.4。

（2）金黄色葡萄球菌耐盐性强，可在 7.5% ~ 15% 的氯化钠肉汤培养基中生长，在含有 20% ~ 30% 二氧化碳环境中培养，可产生大量的毒素。

（3）金黄色葡萄球菌在肉汤培养基中生长迅速，在 37 ℃ 培养 24 小时后，呈均匀混浊生长。

（4）金黄色葡萄球菌在普通营养琼脂培养基上，培养 18 ~ 24 小时后，可形成圆形凸起、边缘整齐、表面光滑、湿润、有光泽、不透明的菌落，直径通常为 1 ~ 2 mm，可产生脂溶性的金黄色色素，只局限于菌落内，不渗至培养基中。

（5）金黄色葡萄球菌在血琼脂平板上，形成的菌落较大，多数致病性菌株可产生溶血毒素，周围形成明显的完全透明的溶血环（β 溶血）。

（6）金黄色葡萄球菌可产生卵磷脂酶，在卵黄高盐培养基上形成周围有白色沉淀环的菌落。

3. 生化特性　金黄色葡萄球菌可分解葡萄糖、麦芽糖、乳糖、蔗糖，产酸不产气；有致病性的菌株血浆凝固酶阳性，多能分解甘露醇产酸；甲基红反应阳性，V - P 反应弱阳性，触酶阳性；多数菌株能分解尿素产氨，还原硝酸盐，不产生吲哚。

4. 抵抗力　金黄色葡萄球菌对外界具有较强的抵抗力，加热至 80 ℃、保持 0.5 ~ 1 小时才能杀死；可耐受冷藏，在含有 50% ~ 66% 蔗糖或 15% 以上食盐的食品中可被抑制；对磺胺类药物敏感性低，但对青霉素、红霉素等高度敏感。

5. 毒素和酶　金黄色葡萄球菌为条件致病菌，可产生溶血素、杀白细胞素、血浆凝固酶、脱氧核糖核酸酶（DNA 酶）、肠毒素、透明质酸酶和脂酶等与菌株致病性相关的毒素和侵袭性酶。

（1）溶血素　外毒素，能损伤血小板，破坏溶酶体，引起肌体局部缺血和坏死；在血平板培养出现溶血环。

（2）杀白细胞素　可破坏人的白细胞和巨噬细胞。

（3）血浆凝固酶　当金黄色葡萄球菌侵入人体时，该酶使血液或血浆中的纤维蛋白沉积于菌体表面或凝固，阻碍吞噬细胞的吞噬作用。

（4）脱氧核糖核酸酶（DNA 酶）　耐热核酸酶，是一种能降解 DNA 的胞外酶，对热有较强抵抗力，100 ℃ 处理 15 分钟仍保持活性，能产生肠毒素的菌株一定有耐热核酸酶的存在。

（5）肠毒素　可引起食物中毒，典型症状是急性胃肠炎。

（二）检验方法

GB 16740—2014《食品安全国家标准 保健食品》规定了保健食品中金黄色葡萄球菌的限量检验方法按照 GB 4789.10—2016《食品安全国家标准 食品微生物学检验 金黄色葡萄球菌检验》进行。该标准规定了金黄色葡萄球菌的检验方法，适用于保健食品中金黄色葡萄球菌的检验。

设备和材料：除微生物实验室常规灭菌及培养设备外，其他设备和材料如下：恒温培养箱 [（36±1）℃]；冰箱（2~5℃）；恒温水浴箱（37~65℃）；天平（感量0.1g）；均质器；振荡器；无菌吸管 [1 mL（具0.01 mL刻度）、10 mL（具0.1 mL刻度）或微量移液器及吸头]；无菌锥形瓶（容量为100 mL、500 mL）；无菌培养皿（直径90 mm）；注射器（0.5 mL）；pH计或pH比色管或精密pH试纸。

培养基和试剂：10%氯化钠胰酪胨大豆肉汤；7.5%氯化钠肉汤；血琼脂平板；Baird-Parker琼脂平板；脑心浸出液肉汤（BHI）；兔血浆；稀释液：磷酸盐缓冲液；营养琼脂小斜面；革兰染色液；无菌生理盐水。

第一法：金黄色葡萄球菌定性检验

1. 检验程序 金黄色葡萄球菌定性检验程序见图7-6。

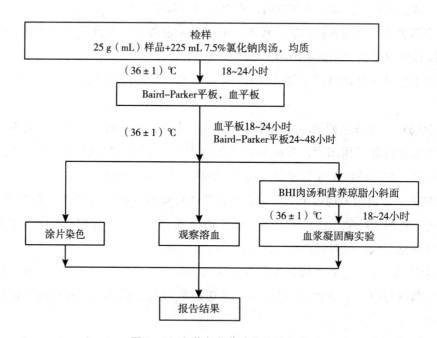

图7-6 金黄色葡萄球菌检验程序

2. 操作步骤

（1）样品的处理 称取25 g样品至盛有225 mL 7.5%氯化钠肉汤的无菌均质杯内，8000~10 000 r/min均质1~2分钟，或放入盛有225 mL 7.5%氯化钠肉汤的无菌均质袋中，用拍击式均质器拍打1~2分钟。若样品为液态，吸取25 mL样品至盛有225 mL 7.5%氯化钠肉汤的无菌锥形瓶（瓶内可预置适当数量的无菌玻璃珠）中，振荡混匀。

（2）增菌 将上述样品匀液于（36±1）℃培养18~24小时。金黄色葡萄球菌在7.5%氯化钠肉汤中呈混浊生长。

（3）分离 将增菌后的培养物，分别划线接种到Baird-Parker平板和血平板。血平板于（36±1）℃培养18~24小时，Baird-Parker平板（36±1）℃培养24~48小时。

（4）初步鉴定 金黄色葡萄球菌在Baird-Parker平板上呈圆形，表面光滑、凸起、湿润、菌落直径为2~3 mm，颜色呈灰黑色至黑色，有光泽，常有浅色（非白色）的边缘，周围绕以不透明圈（沉淀），其外常有一清晰带。当用接种针触及菌落时具有黄油样黏稠感。有时可见到不分解脂肪的菌株，除没有不透明圈和清晰带外，其他外观基本相同。从长期贮存的冷冻或脱水食品中分离的菌落，其黑色常较典型菌落浅些，且外观可能较粗糙，质地较干燥。在血平板上，形成菌落较大，圆形、光滑凸起、湿润、金黄色（有时为白色），菌落周围可见完全透明溶血圈。挑取上述菌落进行革兰染色镜检及血浆凝固酶实验。

（5）确证鉴定

①染色镜检。金黄色葡萄球菌为革兰阳性球菌，排列呈葡萄球状，无芽孢，无荚膜，直径为 0.5 ~ 1 μm。

②血浆凝固酶实验。挑取 Baird – Parker 平板或血平板上至少 5 个可疑菌落（小于 5 个全选），分别接种到 5 mL BHI 和营养琼脂小斜面，（36 ±1）℃培养 18 ~ 24 小时。取新鲜配制的兔血浆 0.5 mL，放入小试管中，再加入 BHI 培养物 0.2 ~ 0.3 mL，振荡摇匀，置（36 ±1）℃温箱或水浴箱内，每半个小时观察一次，观察 6 小时，如呈现凝固（将试管倾斜或倒置时，呈现凝块）或凝固体积大于原体积的一半，则判定为阳性结果。同时以血浆凝固酶实验阳性和阴性葡萄球菌菌株的肉汤培养物作为对照。也可用商品化的试剂，按说明书操作，进行血浆凝固酶实验。

结果如可疑，挑取营养琼脂小斜面的菌落到 5 mL BHI，（36 ±1）℃培养 18 ~ 48 小时，重复实验。

（6）葡萄球菌肠毒素的检验　可疑食物中毒样品或产生葡萄球菌肠毒素的金黄色葡萄球菌菌株的鉴定，应按国家标准 GB 4789.10—2016 附录 B 检测葡萄球菌肠毒素。

3. 结果与报告

结果判定。符合上述（4）、（5）所述，可判定为金黄色葡萄球菌。

结果报告。在 25 g（mL）样品中检出或未检出金黄色葡萄球菌。

第二法：金黄色葡萄球菌 Baird – Parker 平板计数

1. 检验程序　金黄色葡萄球菌平板计数法检验程序见图 7 – 7。

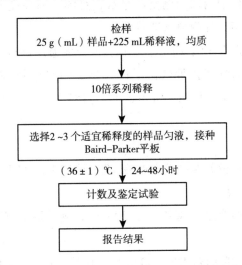

图 7 – 7　金黄色葡萄球菌平板计数法检验程序

2. 操作步骤

（1）样品的稀释

①固体和半固体样品。称取 25 g 样品置于盛有 225 mL 磷酸盐缓冲液或生理盐水的无菌均质杯内，8000 ~ 10 000 r/min 均质 1 ~ 2 分钟，或置于盛有 225 mL 稀释液的无菌均质袋

中，用拍击式均质器拍打 1~2 分钟，制成 1：10 的样品匀液。

②液体样品。以无菌吸管吸取 25 mL 样品置于盛有 225 mL 磷酸盐缓冲液或生理盐水的无菌锥形瓶（瓶内预置适当数量的无菌玻璃珠）中，充分混匀，制成 1：10 的样品匀液。

③用 1 mL 无菌吸管或微量移液器吸取 1：10 样品匀液 1 mL，沿管壁缓慢注于盛有 9 mL 磷酸盐缓冲液或生理盐水的无菌试管中（注意吸管或吸头尖端不要触及稀释液面），振摇试管或换用 1 支 1 mL 无菌吸管反复吹打使其混合均匀，制成 1：100 的样品匀液。

④按操作程序③，制备 10 倍系列稀释样品匀液。每递增稀释一次，换用一支 1 mL 无菌吸管或吸头。

（2）样品的接种　根据对样品污染状况的估计，选择 2~3 个适宜稀释度的样品匀液（液体样品可包括原液），在进行 10 倍递增稀释时，每个稀释度分别吸取 1 mL 样品匀液，分别以 0.3 mL、0.3 mL、0.4 mL 接种量分别加入三块 Baird – Parker 平板，然后用无菌涂布棒涂布整个平板，注意不要触及平板边缘。使用前，如 Baird – Parker 平板表面有水珠，可放在 25~50 ℃的培养箱里干燥，直到平板表面的水珠消失。

（3）培养　在通常情况下，涂布后，将平板静置 10 分钟，如样液不易吸收，可将平板放在培养箱（36 ± 1）℃培养 1 小时；等样品匀液吸收后翻转平板，倒置于培养箱，（36 ± 1）℃培养 24~48 小时。

（4）典型菌落计数和确认

①金黄色葡萄球菌在 Baird – Parker 平板上呈圆形，表面光滑、凸起、湿润、菌落直径为 2~3 mm，颜色呈灰黑色至黑色，有光泽，常有浅色（非白色）的边缘，周围绕以不透明圈（沉淀），其外常有一清晰带。当用接种针触及菌落时具有黄油样黏稠感。有时可见到不分解脂肪的菌株，除没有不透明圈和清晰带外，其他外观基本相同。从长期贮存的冷冻或脱水食品中分离的菌落，其黑色常较典型菌落浅些，且外观可能较粗糙，质地较干燥。

②选择有典型的金黄色葡萄球菌菌落的平板，且同一稀释度 3 个平板所有菌落数合计在 20~200 CFU 之间的平板，计数典型菌落数。

③从典型菌落中至少选 5 个可疑菌落（小于 5 个全选）进行鉴定实验。分别做染色镜检、血浆凝固酶实验；同时划线接种到血平板（36 ± 1）℃培养 18~24 小时后观察菌落形态，金黄色葡萄球菌菌落较大，圆形、光滑凸起、湿润、金黄色（有时为白色），菌落周围可见完全透明溶血圈。

3. 结果计算

①若只有一个稀释度平板的典型菌落数在 20~200 CFU 之间，则计数该稀释度平板上的典型菌落，按式 7－2 计算。

②若最低稀释度平板的典型菌落数小于 20 CFU，则计数该稀释度平板上的典型菌落，按式 7－2 计算。

③若某一稀释度平板的菌落数大于 200 CFU，但下一稀释度平板上没有典型菌落，则计数该稀释度平板上的典型菌落，按式 7－2 计算。

④若某一稀释度平板的典型菌落数大于 200 CFU 且有典型菌落，且下一稀释度平板上虽有典型菌落但不在 20~200 CFU 之间，应计数该稀释度平板上的典型菌落，按式 7－2 计算。

⑤若 2 个连续稀释度的平板菌落数均在 20~200 CFU 之间，按式 7－3 计算。

$$T = \frac{AB}{Cd} \tag{7-2}$$

式中，T——样品中金黄色葡萄球菌菌落数；A——某一稀释度典型菌落的总数；B——某一稀释度鉴定为阳性的菌落数；C——某一稀释度用于鉴定实验的菌落数；d——稀释因子。

$$T = \frac{A_1 B_1 / C_1 + A_2 B_2 / C_2}{1.1 d} \tag{7-3}$$

式中，T——样品中金黄色葡萄球菌菌落数；A_1——第一稀释度（低稀释倍数）典型菌落的总数；B_1——第一稀释度（低稀释倍数）鉴定为阳性的菌落数；C_1——第一稀释度（低稀释倍数）用于鉴定实验的菌落数；A_2——第二稀释度（高稀释倍数）典型菌落的总数；B_2——第二稀释度（高稀释倍数）鉴定为阳性的菌落数；C_2——第二稀释度（高稀释倍数）用于鉴定实验的菌落数；1.1——计算系数；d——稀释因子（第一稀释度）。

4. 报告 根据上述公式计算结果，报告每克（毫升）样品中金黄色葡萄球菌数，以 CFU/g（mL）表示；如 T 值为 0，则以小于 1 乘以最低稀释倍数报告。

第三法：金黄色葡萄球菌 MPN 计数检验

1. 检验程序 金黄色葡萄球菌 MPN 计数程序见图 7-8。

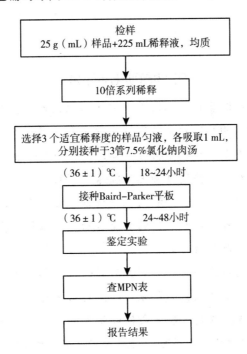

图 7-8 金黄色葡萄球菌 MPN 法检验程序

2. 操作步骤

（1）样品的稀释 按第二法进行。

（2）接种和培养 根据对样品污染状况的估计，选择 3 个适宜稀释度的样品匀液（液体样品可包括原液），在进行 10 倍递增稀释时，每个稀释度分别接种 1 mL 样品匀液至 7.5% 氯化钠肉汤管（如接种量超过 1 mL，则用双料 7.5% 氯化钠肉汤），每个稀释度接种 3 管，将上述接种物（36 ± 1）℃培养 18 ～ 24 小时。用接种环从培养后的 7.5% 氯化钠肉汤管中分别取培养物 1 环，移种于 Baird - Parker 平板，（36 ± 1）℃培养 24 ～ 48

小时。

（3）典型菌落确认　按第二法2中（4）的①和③进行。

3. 结果与报告　根据证实为金黄色葡萄球菌阳性的试管管数，查MPN检索表（见GB 4789.10—2016 附录C），报告每g（mL）样品中金黄色葡萄球菌的最可能数，以MPN/g（mL）表示。

（三）注意事项

1. 金黄色葡萄球菌是重要的肠道致病菌，对无菌操作和生物安全、检验用培养基、阴性和阳性对照、可疑菌落挑选等的方法和要求同沙门菌。

2. 血浆凝固酶实验一般常用商业化的兔血浆，大部分菌株可在6小时内出现凝固。

（1）若被检菌株为陈旧培养物（超过18～24小时），或生长不良，可能造成凝固酶活性低，出现假阴性。

（2）不能使用甘露醇氯化钠琼脂培养基上的菌落做血浆凝固酶实验，因为所有高盐培养基都可以抑制A蛋白的产生，造成假阴性结果。

（3）不要用力振摇试管，以免凝块震碎。

（4）实验必须设置阳性（金黄色葡萄球菌标准菌株）、阴性（白色葡萄球菌）和空白（肉汤）对照。

> ■ **拓展阅读**

微生物自动化鉴定系统

近年来，微生物的检测鉴定技术已逐步由手工检测走向仪器化和电脑化，并力求简便、快速、准确。微生物鉴定的自动化技术近十几年得到了快速发展。数码分类技术集数学、计算机、信息及自动化分析为一体，采用商品化和标准化的配套鉴定和抗菌药物敏感试验卡或条板，可快速准确地对临床数百种常见分离菌进行自动分析鉴定和药敏试验。目前自动化微生物鉴定和药敏分析系统已在世界范围内临床实验室中广泛应用，为微生物检验工作者对病原菌的快速诊断和药敏试验提供了有力工具。主要对致病性微生物进行鉴定及药敏分析。

自动化的微生物鉴定系统的工作原理因不同的仪器和系统而异。不同的细菌对底物的反应不同是生化反应鉴定细菌的基础，而试验结果的准确度取决于鉴定系统配套培养基的制备方法、培养物浓度、孵育条件和结果判定等。大多鉴定系统采用细菌分解底物后反应液中pH的变化，色原性或荧光原性底物的酶解，测定挥发或不挥发酸，或识别是否生长等方法来分析鉴定细菌。

药敏试验分析系统的基本原理是将抗生素微量稀释在条孔或条板中，加入菌悬液孵育后放入仪器或在仪器中直接孵育，通过测定细菌生长的浊度，或测定培养基中荧光指示剂的强度或荧光原性物质的水解，观察细菌的生长情况。在含有抗生素的培养基中，浊度的增加提示细菌生长，根据判断标准解释敏感或耐药。

扫码"练一练"

思考题

1. 简述保健食品中菌落总数的测定方法。

2. 如何对保健食品中的大肠菌群进行 MPN 计数？

3. 霉菌和酵母计数时为什么要选择正置平板培养？简述保健食品中霉菌和酵母的计数方法。

4. 沙门菌检验的基本步骤有哪些？简述沙门菌在不同选择性培养基上的菌落特征。

5. 保健食品中的金黄色葡萄球菌如何检验？其在血平板和 B－P 平板上的菌落特征如何？

实训五　蛋白粉中菌落总数的测定

一、实验目的

1. 学会查阅和解读食品检验国家标准。

2. 掌握样品中菌落总数的测定方法和结果报告方式。

二、实验原理

菌落总数是指食品（含保健食品）检样经过处理，在一定条件下（如培养基、培养温度和培养时间等）培养后，所得每克（毫升）检样中形成的微生物菌落总数，又称作细菌总数。

菌落总数的测定方法采用国家标准规定的平板培养计数方法，能反映多数食品的卫生质量，一般只包括一群能在平板计数琼脂上生长发育的、嗜中温的、需氧和兼性厌氧的细菌菌落数，并不能区分细菌的种类。平板培养计数方法所得结果应以单位质量、容积或表面积内的菌落形成单位 CFU 报告。食品（含保健食品）中菌落总数测定的方法参考 GB 4789.2—2016。

三、实验试剂与仪器

1. 试剂和培养基　平板计数琼脂培养基；磷酸盐缓冲液；无菌生理盐水。

2. 仪器　除微生物实验室常规灭菌及培养设备外，其他设备和材料如下。

恒温培养箱 [（36±1）℃]；冰箱（2～5 ℃）；恒温水浴箱 [（46±1）℃]；天平（感量为0.1 g）；均质器；振荡器；无菌吸管 1 mL [（具 0.01 mL 刻度）、10 mL（具 0.1 mL 刻度）或微量移液器及吸头]；无菌锥形瓶（250 mL、500 mL）；无菌培养皿（直径 90 mm）；pH 计或 pH 比色管或精密 pH 试纸；放大镜；菌落计数器。

3. 样品　某蛋白粉。

四、实验步骤

（一）样品的稀释

1. 称取 25 g 蛋白粉样品置于盛有 225 mL 磷酸盐缓冲液或生理盐水的无菌均质杯内，8000～10 000 r/min 均质 1～2 分钟，或放入盛有 225 mL 稀释液的无菌均质袋中，用拍击式均质器拍打 1～2 分钟，制成 1∶10 的样品匀液。

2. 用 1 mL 无菌吸管或微量移液器吸取 1∶10 样品匀液 1 mL，沿管壁缓慢注于盛有 9 mL 稀释液的无菌试管中（注意吸管或吸头尖端不要触及稀释液面），振摇试管或换用 1 支无菌吸管反复吹打使其混合均匀，制成 1∶100 的样品匀液。

3. 按上述操作程序，制备 10 倍系列稀释样品匀液。每递增稀释一次，换用 1 支 1 mL 无菌吸管或吸头。

4. 根据对样品污染状况的估计，选择 2～3 个适宜稀释度的样品匀液（液体样品可包括原液），在进行 10 倍递增稀释时，吸取 1 mL 样品匀液于无菌平皿内，每个稀释度做两个平皿。同时，分别吸取 1 mL 空白稀释液加入两个无菌平皿内作空白对照。

5. 及时将 15～20 mL 冷却至 46 ℃的平板计数琼脂培养基〔可放置于（46±1）℃恒温水浴箱中保温〕倾注平皿，并转动平皿使其混合均匀。

（二）培养

1. 待琼脂凝固后，将平板翻转，（36±1）℃培养（48±2）小时。

2. 如果样品中可能含有在琼脂培养基表面弥漫生长的菌落时，可在凝固后的琼脂表面覆盖一薄层琼脂培养基（约 4 mL），凝固后翻转平板，按上述 1 条件进行培养。

（三）菌落计数

可用肉眼观察，必要时用放大镜或菌落计数器，记录稀释倍数和相应的菌落数量。菌落计数以菌落形成单位 CFU 表示。

1. 选取菌落数在 30～300 CFU 之间、无蔓延菌落生长的平板计数菌落总数。低于 30 CFU 的平板记录具体菌落数，大于 300 CFU 的可记录为多不可计。每个稀释度的菌落数应采用两个平板的平均数。

2. 其中一个平板有较大片状菌落生长时，不宜采用，而应以无片状菌落生长的平板作为该稀释度的菌落数；若片状菌落不到平板的一半，而其余一半中菌落分布又很均匀，即可计算半个平板后乘以 2，代表一个平板菌落数。

3. 当平板上出现菌落间无明显界线的链状生长时，则将每条单链作为一个菌落计数。

五、实验结果分析

1. 菌落总数的计算方法

（1）若只有一个稀释度平板上的菌落数在适宜计数范围内，计算两个平板菌落数的平均值，再将平均值乘以相应稀释倍数，作为每克（毫升）样品中菌落总数的结果。

（2）若有两个连续稀释度的平板菌落数在适宜计数范围内时，按式 7-4 计算。

$$N = \frac{\sum C}{(n_1 + 0.1 n_2)d} \tag{7-4}$$

式中，N——样品中菌落数；$\sum C$——平板（含适宜范围菌落数的平板）菌落数之和；n_1——第一稀释度（低稀释倍数）平板个数；n_2——第二稀释度（高稀释倍数）平板个数；d——稀释因子（第一稀释度）。

（3）若所有稀释度的平板上菌落数均大于 300 CFU，则对稀释度最高的平板进行计数，其他平板可记录为多不可计，结果按平均菌落数乘以最高稀释倍数计算。

（4）若所有稀释度的平板菌落数均小于 30 CFU，则应按稀释度最低的平均菌落数乘以稀释倍数计算。

（5）若所有稀释度（包括液体样品原液）平板均无菌落生长，则以小于 1 乘以最低稀释倍数计算。

（6）若所有稀释度的平板菌落数均不在 30～300 CFU 之间，其中一部分小于 30 CFU 或大于 300 CFU 时，则以最接近 30 CFU 或 300 CFU 的平均菌落数乘以稀释倍数计算。

2. 菌落总数的报告

（1）菌落数小于 100 CFU 时，按"四舍五入"原则修约，以整数报告。

（2）菌落数大于或等于 100 CFU 时，第 3 位数字采用"四舍五入"原则修约后，取前 2 位数字，后面用 0 代替位数；也可用 10 的指数形式来表示，按"四舍五入"原则修约后，保留两位有效数字。

（3）若所有平板上为蔓延菌落而无法计数，则报告菌落蔓延。

（4）若空白对照上有菌落生长，则此次检测结果无效。

（5）称重取样以 CFU/g 为单位报告，体积取样以 CFU/mL 为单位报告。

六、注意事项

1. 无菌操作 检验中用到的所有器具都必须洗净、烘干、灭菌，不能残留活菌或抑菌物质。样品如果有包装，应用 75% 乙醇在包装开口处擦拭后取样。

2. 采样的代表性 蛋白粉样品应充分混匀后取样，取到的样品在加入稀释液后，必须经过均质或研磨，以获得均匀的稀释液。

3. 样品稀释误差 为减少样品稀释时造成的误差，在连续递次稀释时，每个稀释液应充分振摇，使其均匀（为避免出现气溶胶，最好用涡旋混合器），同时每变化一个稀释度应更换一支吸管。

4. 对照实验 检验过程中应设置空白对照。

实训六 功能饮料中大肠菌群的 MPN 计数

一、实验目的

通过本实训能够更好地学会查阅和解读食品检验国家标准；掌握样品中大肠菌群的 MPN 计数方法和结果报告方式。

二、实验原理

大肠菌群是指一群在 36 ℃条件下培养 48 小时能发酵乳糖、产酸产气、需氧和兼性厌氧的革兰阴性无芽孢杆菌。MPN 法是将统计学和微生物学结合的一种定量检测法，是指待测样品经过系列稀释并培养后，根据其未生长的最低稀释度与生长的最高稀释度，应用统计学概率论推算出待测样品中大肠菌群的最大可能数 MPN。大肠菌群 MPN 计数法按大肠菌群的定义进行检测，以每克（毫升）样品中大肠菌群的最可能数表示，这是基于泊松分布的一种间接计数方法。保健食品中大肠菌群的计数参考 GB 4789.3—2016。

三、实验试剂与仪器

1. 试剂和培养基 月桂基硫酸盐胰蛋白胨（LST）肉汤；煌绿乳糖胆盐肉汤（BGLB）肉汤；无菌 1 mol/L NaOH；无菌 1 mol/L HCl；磷酸盐缓冲液；无菌生理盐水。

2. 仪器 除微生物实验室常规灭菌及培养设备外，其他设备和材料如下。

恒温培养箱〔（36 ± 1）℃〕；冰箱（2 ~ 5 ℃）；恒温水浴箱〔（46 ± 1）℃〕；天平（感量为 0.1 g）；均质器；振荡器；无菌吸管〔1 mL（具 0.01 mL 刻度）、10 mL（具 0.1 mL 刻度）或微量移液器及吸头〕；无菌锥形瓶（容量 500 mL）；无菌培养皿（直径 90 mm）；pH 计或 pH 比色管或精密 pH 试纸；放大镜；菌落计数器。

3. 样品 某功能饮料。

四、实验步骤

（一）样品的稀释

1. 以无菌吸管吸取 25 mL 功能饮料，置于盛有 225 mL 磷酸盐缓冲液或生理盐水的无菌锥形瓶（瓶内预置适当数量的无菌玻璃珠）中，充分混匀，制成 1 : 10 的样品匀液。样品匀液的 pH 应在 6.5 ~ 7.5 之间，必要时分别用 1 mol/L NaOH 或 1 mol/L HCl 调节。

2. 用 1 mL 无菌吸管或微量移液器吸取 1 : 10 样品匀液 1 mL，沿管壁缓缓注入 9 mL 磷酸盐缓冲液或生理盐水的无菌试管中（注意吸管或吸头尖端不要触及稀释液面），振摇试管或换用 1 支 1 mL 无菌吸管反复吹打，使其混合均匀，制成 1 : 100 的样品匀液。

3. 根据对样品污染状况的估计，按上述操作，依次制成 10 倍递增系列稀释样品匀液。每递增稀释 1 次，换用 1 支 1 mL 无菌吸管或吸头。

（二）初发酵试验

选择 3 个适宜的连续稀释度的样品匀液（功能饮料样品可以选择原液），每个稀释度接种 3 管月桂基硫酸盐胰蛋白胨（LST）肉汤，每管接种 1 mL（如接种量超过 1 mL，则用双料 LST 肉汤），（36 ± 1）℃培养（24 ± 2）小时，观察导管内是否有气泡产生，（24 ± 2）小时产气者进行复发酵实验，如未产气则继续培养至（48 ± 2）小时，产气者进行复发酵实验。未产气者为大肠菌群阴性。

（三）复发酵试验

用接种环从产气的 LST 肉汤管中分别取培养物 1 环，移种于煌绿乳糖胆盐肉汤（BGLB）管中，（36 ± 1）℃培养（48 ± 2）小时，观察产气情况。产气者为大肠菌群阳性。

五、实验结果分析

大肠菌群最可能数（MPN）的报告：按上述复发酵实验确证的大肠菌群 LST 阳性管数，检索 MPN 表，报告每克（毫升）样品中大肠菌群的 MPN 值。

六、注意事项

1. 从制备样品匀液至样品接种完毕，全过程不得超过 15 分钟。

2. 初发酵阳性管，不能肯定就是大肠菌群细菌，必须经过证实实验后，才能够确认是否阳性。

3. 当实验结果在 MPN 表中无法查找到 MPN 值时，如：阳性管数为 122、123、232、233 等时，建议增加稀释度（可做 4~5 个稀释度），使样品的最高稀释度能获得阴性终点，然后再遵循相关的规则进行查找，最终确定 MPN 值。

（曹　晓）

第八章　保健食品中添加剂的测定

知识目标

1. **掌握**　各种食品添加剂的测定原理和方法。
2. **熟悉**　食品添加剂的类型及测定意义。
3. **了解**　食品添加剂的作用和性质。

能力目标

1. 能够根据样品类型及检验目的选择合理的测定方法。
2. 能够采用规定方法测定食品中常见添加剂。

👉 案例讨论

案例： 深圳某公司生产的牦牛壮骨粉因甜蜜素不符合相关标准而被检测为不合格。同次抽检的 33 批次"口服液"类保健食品中，不合格率为 54.5%。具体问题：违规使用食品添加剂，如山梨酸、苯甲酸、糖精钠、甜蜜素等。

燕窝中含有胶原蛋白，被很多人认为是美容保健的佳品，近几年的燕窝产量只增不减。某品牌血燕就曾被检测出亚硝酸盐超标严重。调查发现，燕窝行业中存在熏色、掺假、化学加工等现象。亚硝酸盐及金丝燕粪便的蒸汽熏蒸可以使白燕变红，冒充血燕。

长期食用含有非法或超量添加剂的保健食品，会对人体造成严重毒害。

问题： 1. 我国允许在保健食品中使用哪些食品添加剂？

　　　　 2. 如何正确测定保健食品中的添加剂含量？

食品添加剂是为改善保健食品的品质和色、香、味，以及为防腐和加工工艺的需要而加入保健食品中的化学合成或天然物质。我国较为常用的食品添加剂有 300 多种，保健食品生产中经常测定的项目有：防腐剂、甜味剂、发色剂、漂白剂、抗氧化剂、着色剂、抗结剂等。依据 GB 16740—2014《食品安全国家标准 保健食品》规定，保健食品食品添加剂的使用应符合 GB 2760—2014《食品安全国家标准 食品添加剂使用标准》，测定方法应符合相应类属食品的食品安全国家标准的规定。

第一节　防腐剂的测定

防腐剂是能够杀灭微生物或抑制其繁殖作用，减轻保健食品在生产、运输、销售等过程中因微生物而引起腐败的食品添加剂。我国 GB 2760—2014《食品安全国家标准 食品添加剂使用标准》中收载的防腐剂共有 26 类，如苯甲酸及其钠盐、山梨酸及其钾盐、对羟基

扫码"学一学"

苯甲酸乙酯及丙酯等。

依据 GB 5009.28—2016《食品安全国家标准 食品中苯甲酸、山梨酸和糖精钠的测定》，保健食品中苯甲酸和山梨酸的测定方法包括液相色谱法和气相色谱法，本节以液相色谱法为例，介绍如下。

1. 原理 样品经水提取，高脂肪样品经正己烷脱脂，高蛋白样品经蛋白沉淀剂沉淀蛋白，采用液相色谱分离、紫外检测器检测，外标法定量。

2. 试剂和标准溶液 除非另有说明，本方法所用试剂均为分析纯，水为 GB/T 6682 规定的一级水。

（1）甲醇（色谱纯）。

（2）氨水溶液（1:99，*V/V*） 取氨水 1 mL，加到 99 mL 水中，混匀。

（3）亚铁氰化钾溶液（92 g/L） 称取 106 g 亚铁氰化钾，加入适量水溶解，定容至 1000 mL。

（4）乙酸锌溶液（183 g/L） 称取 220 g 乙酸锌溶于少量水中，加入 30 mL 冰乙酸，用水定容至 1000 mL。

（5）乙酸铵溶液（20 mmol/L） 称取 1.54 g 乙酸铵，加入适量水溶解，用水定容至 1000 mL，经 0.22 μm 水相微孔滤膜过滤后备用。

（6）甲酸 – 乙酸铵溶液（2 mmol/L 甲酸 + 20 mmol/L 乙酸铵） 称取 1.54 g 乙酸铵，加入适量水溶解，再加入 75.2 μL 甲酸，用水定容至 1000 mL，经 0.22 μm 水相微孔滤膜过滤后备用。

（7）苯甲酸和山梨酸标准储备溶液（1000 mg/L） 分别准确称取苯甲酸钠（CAS：532 – 32 – 1，纯度 ≥99%）和山梨酸钾（CAS：590 – 00 – 1，纯度 ≥99%）0.118 g 和 0.134 g（精确到 0.0001 g），用水溶解并分别定容至 100 mL。于 4 ℃ 贮存，保存期为 6 个月。

（8）苯甲酸和山梨酸标准中间溶液（200 mg/L） 准确吸取苯甲酸和山梨酸标准储备溶液 10.0 mL 于 50 mL 容量瓶中，用水定容。于 4 ℃ 贮存，保存期为 3 个月。

（9）苯甲酸和山梨酸标准系列工作溶液 准确吸取苯甲酸和山梨酸混合标准中间溶液 0 mL、0.05 mL、0.25 mL、0.50 mL、1.00 mL、2.50 mL、5.00 mL、10.0 mL，用水定容至 10 mL，配制成质量浓度分别为 0 mg/L、1.00 mg/L、5.00 mg/L、10.0 mg/L、20.0 mg/L、50.0 mg/L、100 mg/L、200 mg/L 的混合标准系列工作溶液。临用现配。

3. 仪器 水相微孔滤膜（0.22 μm）；塑料离心管（50 mL）；高效液相色谱仪（配紫外检测器）；分析天平（感量 0.0001 g 和 0.001 g）；涡旋振荡器；离心机（转速 >8000 r/min）；匀浆机；恒温水浴锅；超声波发生器。

4. 分析步骤

（1）试样制备 取多个预包装的保健饮料、液态奶等均匀样品直接混合；非均匀的液态、半固态样品用组织匀浆机匀浆；固体样品用研磨机充分粉碎并搅拌均匀；并趁热充分搅拌均匀。取其中的 2~5 g 装入玻璃容器中，密封，液体试样于 4 ℃ 保存，其他试样于 –18 ℃ 保存。

（2）试样提取

①一般性试样。准确称取 2 g（精确到 0.001 g）试样于 50 mL 具塞离心管中，加水约 25 mL，涡旋混匀，于 50 ℃ 水浴超声 20 分钟，冷却至室温后加亚铁氰化钾溶液 2 mL 和乙酸

锌溶液 2 mL，混匀，于 8000 r/min 离心 5 分钟，将水相转移至 50 mL 容量瓶中，于残渣中加水 20 mL，涡旋混匀后超声 5 分钟，于 8000 r/min 离心 5 分钟，将水相转移到同一 50 mL 容量瓶中，并用水定容至刻度，混匀。取适量上清液过 0.22 μm 滤膜，待液相色谱测定。

②含胶基的保健糖果等试样。准确称取 2 g（精确到 0.001 g）试样于 50 mL 具塞离心管中，加水约 25 mL，涡旋混匀，于 70 ℃ 水浴加热溶解试样，于 50 ℃ 水浴超声 20 分钟，之后的操作同"一般性试样"的提取。

（3）液相色谱仪器参数　色谱柱：C18 柱（柱长 250 mm，内径 4.6 mm，粒径 5 μm），或等效色谱柱。流动相：甲醇 + 乙酸铵溶液 = 5 + 95。流速：1 mL/min。检测波长：230 nm。进样量：10 μL。

注：当存在干扰峰或需要辅助定性时，可以采用加入甲酸的流动相来测定，如流动相：甲醇 + 甲酸 – 乙酸铵溶液 = 8 + 92。

（4）标准曲线的制作　将混合标准系列工作溶液分别注入液相色谱仪中，测定相应的峰面积，以混合标准系列工作溶液的质量浓度为横坐标，以峰面积为纵坐标，绘制标准曲线。

（5）测定　将试样溶液注入液相色谱仪中，得到峰面积，根据标准曲线得到待测液中苯甲酸和山梨酸的质量浓度。

5. 分析结果的表述　试样中苯甲酸和山梨酸的含量按式 8 – 1 计算。

$$X = \frac{\rho \times V}{m \times 1000} \tag{8-1}$$

式中，X——试样中待测组分的含量，g/kg；ρ——由标准曲线得出的试样液中待测物的质量浓度，mg/L；V——试样定容体积，mL；m——试样质量，g；1000——由 mg/kg 转换为 g/kg 的换算因子。

结果保留三位有效数字。

6. 精密度　在重复性条件下获得的两次独立测定结果的绝对差值不得超过算术平均值的 10%。

第二节　甜味剂的测定

扫码"学一学"

"无糖"保健食品，是指保健食品中碳水化合物或者糖的含量低于标准的"0"界限值，也就是说每 100 g 或每 100 mL 保健食品中糖含量等于或低于 0.5 g。也许消费者会有疑惑，有些保健食品明明不含糖为什么还是有甜味？其实，为了获得较好的口感，在保健食品生产过程中都会添加甜味剂来替代蔗糖。甜味剂属于食品添加剂，应在配料表中标出，如阿斯巴甜、安赛蜜、甜蜜素等。我国最早的甜味剂是从甘蔗和甜菜中榨取的蔗糖，后来人们又合成了一些高甜度甜味剂，如糖精等。1965 年发现阿斯巴甜之后，人们又致力于二肽类甜味剂的开发，如阿力甜，其甜度是蔗糖的 2000 倍以上。在强力甜味剂市场中，糖精和阿斯巴甜占着主导地位。甜味剂工业已成为添加剂工业中产量比重最大的工业。我国对保健食品加工添加甜味剂有一定的限制，其使用应符合 GB 2760—2014《食品安全国家标准 食品添加剂使用标准》的规定。

一、阿斯巴甜和阿力甜的测定

天门冬酰苯丙氨酸甲酯又名阿斯巴甜，是由两种氨基酸（苯丙氨酸、天冬氨酸）和甲醇组成的一种非碳水化合物类的人造甜味剂，甜度是蔗糖的 200 倍。阿斯巴甜在人体内的代谢过程不会或很少刺激胰岛 β 细胞产生胰岛素，在保健食品工业，尤其是糖尿病患者专用保健食品以及老年人保健品中应用广泛。阿斯巴甜的缺点是对酸、热的稳定性较差。GB 2760—2014 规定添加阿斯巴甜的保健食品应标明"阿斯巴甜（含苯丙氨酸）"，苯丙酮尿患者不宜使用。

阿力甜是第二代人工设计的肽类甜味剂，主要是针对阿斯巴甜热稳定性较差的缺点而研制开发的，其甜度是蔗糖的 2000 倍，已经广泛应用于各类保健食品中。

依据 GB 5009.263—2016《食品安全国家标准 食品中阿斯巴甜和阿力甜的测定》，保健食品中阿斯巴甜和阿力甜的测定方法为液相色谱法。

1. 原理 根据阿斯巴甜和阿力甜易溶于水、甲醇和乙醇等极性溶剂而不溶于脂溶性溶剂的特点，保健饮品和除胶基糖果以外的其他保健糖果试样用水提取；保健乳制品和含乳保健饮品试样用乙醇沉淀蛋白后用乙醇水溶液提取；胶基保健糖果用正己烷溶解胶基并用水提取。各提取液在液相色谱 C18 反相柱上进行分离，在波长 200 nm 处检测，以色谱峰的保留时间定性，外标法定量。

2. 试剂和标准溶液 除非另有说明，所用试剂均为分析纯，水为 GB/T 6682 规定的实验室一级水。

（1）甲醇（色谱纯）。

（2）乙醇（优级纯）。

（3）阿斯巴甜和阿力甜的标准储备液（0.5 mg/mL） 各称取 0.025 g（精确至 0.0001 g）阿斯巴甜（CAS：22839 - 47 - 0，纯度≥99%）和阿力甜（CAS：80863 - 62 - 3，纯度≥99%），用水溶解并转移至 50 mL 容量瓶中，定容至刻度，置于 4 ℃ 左右的冰箱保存，有效期为 90 天。

（4）阿斯巴甜和阿力甜混合标准工作液 将阿斯巴甜和阿力甜标准储备液用水逐级稀释成混合标准系列，阿斯巴甜和阿力甜的浓度均分别为 100 μg/mL、50 μg/mL、25 μg/mL、10.0 μg/mL、5.0 μg/mL 的标准使用溶液系列。置于 4 ℃ 左右的冰箱保存，有效期为 30 天。

3. 仪器 液相色谱仪（配有二极管阵列检测器或紫外检测器）；超声波振荡器；天平（感量 0.1 mg 和 1 mg）；离心机（转速≥4000 r/min）。

4. 分析步骤

（1）试样制备及前处理（保健乳制品和含乳保健饮品） 分别称取约 5 g 保健乳制品和含乳保健饮品匀浆试样（精确到 0.001 g）于 50 mL 离心管，加入 10 mL 乙醇，盖上盖子。对于含乳保健饮品试样，首先轻轻上下颠倒离心管 5 次（不能振摇）。对于保健乳制品，先将离心管涡旋混匀 10 秒，然后静置 1 分钟，4000 r/min 离心 5 分钟，上清液滤入 25 mL 容量瓶，沉淀用 8 mL 乙醇 - 水（2∶1，V/V）洗涤，离心后上清液转移入同一 25 mL 容量瓶，用乙醇 - 水（2∶1，V/V）定容，经 0.45 μm 有机系滤膜过滤后用于色谱分析。

（2）液相色谱仪器参数 色谱柱：C18（柱长 250 mm，内径 4.6 mm，粒径 5 μm）。柱温：30 ℃。流动相：甲醇 - 水（40∶60，V/V）或乙腈 - 水（20∶80，V/V）。流速：

0.8 mL/min。进样量：20 μL。检测器：二极管阵列检测器或紫外检测器。检测波长：200 nm。

（3）标准曲线的制作　将标准系列工作液分别在上述色谱条件下测定相应的峰面积（峰高），以标准工作液的浓度为横坐标，以峰面积（峰高）为纵坐标，绘制标准曲线。

（4）测定　在相同的液相色谱条件下，将试样溶液注入液相色谱仪中，以保留时间定性，以试样峰高或峰面积与标准比较定量。

5. 分析结果的表述　试样中阿斯巴甜或阿力甜的含量按式 8 - 2 计算。

$$X = \frac{\rho \times V}{m \times 1000} \tag{8-2}$$

式中，X——试样中阿斯巴甜或阿力甜的含量，g/kg；ρ——由标准曲线计算出进样液中阿斯巴甜或阿力甜的浓度，μg/mL；V——试样的最后定容体积，mL；m——试样质量，g；1000——由 μg/g 换算成 g/kg 的换算因子。

结果保留三位有效数字。

6. 精密度　在重复性条件下获得的两次独立测定结果的绝对差值不得超过算术平均值的 10%。

二、糖精钠的测定

糖精钠又名邻苯甲酰磺酰亚胺钠，为无色结晶或白色结晶性粉末，无臭或微有香气，味浓甜带苦，甜度为蔗糖的 300 ~ 500 倍，无营养价值，不能被人体利用，若保健食品食品中添加过量会出现苦味。

依据 GB 5009.28—2016《食品安全国家标准 食品中苯甲酸、山梨酸和糖精钠的测定》，保健食品中糖精钠的测定方法为液相色谱法，同"液相色谱法测定保健食品中的苯甲酸、山梨酸"。

扫码"学一学"

第三节　漂白剂的测定

二氧化硫是我国允许使用的保健食品漂白剂，它能跟某些有色物质发生加成反应而生成不稳定的无色物质，这种无色物质容易又分解而使有色物质恢复原来的颜色，为避免保健食品中二氧化硫残留量超过标准要求，从而引起食用者的不良反应，漂白剂使用时要严格控制使用量及二氧化硫残留量。

依据 GB 5009.34—2016《食品安全国家标准 食品中二氧化硫的测定》，使用滴定法测定保健食品中总二氧化硫的含量。

1. 原理　在密闭容器中对样品进行酸化、蒸馏，蒸馏物用乙酸铅溶液吸收。吸收后的溶液用盐酸酸化，碘标准溶液滴定，根据所消耗的碘标准溶液量计算出样品中的二氧化硫含量。

2. 试剂和标准溶液　除非另有说明，本方法所用试剂均为分析纯，水为 GB/T 6682 规定的三级水。

（1）盐酸溶液（1:1，V/V）　量取 50 mL 盐酸，缓缓倒入 50 mL 水中，边加边搅拌。

（2）硫酸溶液（1：9，*V/V*）　量取 10 mL 硫酸，缓缓倒入 90 mL 水中，边加边搅拌。

（3）淀粉指示液（10 g/L）　称取 1 g 可溶性淀粉，用少许水调成糊状，缓缓倾入 100 mL 沸水中，边加边搅拌，煮沸 2 分钟，放冷备用，临用现配。

（4）乙酸铅溶液（20 g/L）　称取 2 g 乙酸铅，溶于少量水中，稀释至 100 mL。

（5）硫代硫酸钠标准溶液（0.1 mol/L）　称取 25 g 含结晶水的硫代硫酸钠或 16 g 无水硫代硫酸钠溶于 1000 mL 新煮沸放冷的水中，加入 0.4 g 氢氧化钠或 0.2 g 碳酸钠，摇匀，贮存于棕色瓶内，放置 2 周后过滤，用重铬酸钾标准溶液标定其准确浓度。或购买有证书的硫代硫酸钠标准溶液。

（6）碘标准溶液（0.1000 mol/L）　称取 13 g 碘和 35 g 碘化钾，加水约 100 mL，溶解后加入 3 滴盐酸，用水稀释至 1000 mL，过滤后转入棕色瓶。使用前用硫代硫酸钠标准溶液标定。

（7）重铬酸钾标准溶液（0.1000 mol/L）　准确称取 4.9031 g 已于（120±2）℃电烘箱中干燥至恒重的重铬酸钾（优级纯，纯度≥99%），溶于水并转移至 1000 mL 量瓶中，定容至刻度。或购买有证书的重铬酸钾标准溶液。

（8）碘标准溶液（0.01000 mol/L）　将 0.1000 mol/L 碘标准溶液用水稀释 10 倍。

3. 仪器　500 mL 全玻璃蒸馏器或等效的蒸馏设备；酸式滴定管（25 mL 或 50 mL）；剪切式粉碎机；500 mL 碘量瓶。

4. 分析步骤

（1）样品制备　将试样剪成小块，再用剪切式粉碎机剪碎，搅均匀，备用。

（2）样品蒸馏　称取 5 g 均匀固体试样（精确至 0.001 g）或吸取 5.00～10.00 mL 液体样品，置于蒸馏烧瓶中。加入 250 mL 水，装上冷凝装置，冷凝管下端插入预先备有 25 mL 乙酸铅吸收液的碘量瓶的液面下，然后在蒸馏瓶中加入 10 mL 盐酸溶液，立即盖塞，加热蒸馏。当蒸馏液约 200 mL 时，使冷凝管下端离开液面，再蒸馏 1 分钟。用少量蒸馏水冲洗插入乙酸铅溶液的装置部分。同时做空白实验。

（3）滴定　向取下的碘量瓶中依次加入 10 mL 盐酸、1 mL 淀粉指示液，摇匀之后用碘标准溶液滴定至溶液颜色变蓝且 30 秒内不褪色为止，记录消耗的碘标准滴定溶液体积 *V*。空白实验消耗的碘标准滴定溶液体积 V_0。

5. 分析结果的表述　试样中二氧化硫的含量按式 8-3 计算。

$$X = \frac{(V - V_0) \times 0.032 \times c \times 1000}{m} \tag{8-3}$$

式中，*X*——试样中的二氧化硫的总含量（以 SO_2 计），g/kg 或 g/L；*V*——滴定样品所用的碘标准溶液体积，mL；V_0——空白实验所用的碘标准溶液体积，mL；0.032——1 mL 碘标准溶液 $[c(1/2I_2) = 1.0 \text{ mol/L}]$ 相当于二氧化硫的质量，g；*c*——碘标准溶液浓度，mol/L；*m*——试样质量或体积，g 或 mL。

计算结果以重复性条件下获得的两次独立测定结果的算术平均值表示，当二氧化硫含量≥1 g/kg（L）时，结果保留三位有效数字；当二氧化硫含量＜1 g/kg（L）时，结果保留两位有效数字。

6. 精密度　在重复性条件下获得的两次独立测试结果的绝对差值不得超过算术平均值的 10%。

扫码"学一学"

第四节　着色剂的测定

着色剂是以给保健食品着色为主要目的的添加剂。天然着色剂直接来自动植物，除藤黄外，其余对人体无毒害。国家对每一种天然着色剂都规定了最大使用量。合成着色剂即人工合成的色素，其优点很多，如色泽鲜艳，着色力强，色调多样，但它有一个很大的缺点，即毒性（包括毒性、致泻性和致癌性）。这些毒性源于合成色素中的砷、铅、铜、苯酚、苯胺、乙醚、氯化物和硫酸盐，它们对人体均可造成不同程度的危害。目前我国允许使用的合成着色剂有苋菜红、胭脂红、柠檬黄、日落黄和靛蓝。

近年来，由于部分食品着色剂的滥用、超范围使用等引起的保健食品安全事件频发，着色剂的检测越来越受到重视。依据 GB 5009.35—2016《食品安全国家标准 食品中合成着色剂的测定》，保健食品中合成着色剂（不含铝色锭）的测定方法为反相高效液相色谱法。

1. 原理　保健食品中人工合成着色剂用聚酰胺吸附法或液 - 液分配法提取，制成水溶液，注入高效液相色谱仪，经反相色谱分离，根据保留时间定性和与峰面积比较进行定量。

2. 试剂和标准溶液　除非另有说明，本方法所用试剂均为分析纯，水为 GB/T 6682 规定的一级水。

3. 仪器　高效液相色谱仪（带二极管阵列或紫外检测器）；天平（感量 0.0001 g 和 0.001 g）；恒温水浴锅；G3 垂融漏斗。

（1）正己烷。

（2）冰醋酸。

（3）聚酰胺粉（尼龙 6）　过 200 μm（目）筛。

（4）乙酸铵溶液（0.02 mol/L）　称取 1.54 g 乙酸铵，加水至 1000 mL，溶解，经 0.45 μm 微孔滤膜过滤。

（5）氨水溶液　量取氨水（20% ~25%）2 mL，加水至 100 mL，混匀。

（6）甲醇 - 甲酸溶液（6∶4，*V/V*）　量取甲醇 60 mL，甲酸 40 mL，混匀。

（7）柠檬酸溶液　称取 20 g 柠檬酸，加水至 100 mL，溶解混匀。

（8）无水乙醇 - 氨水 - 水溶液（7∶2∶1，*V/V*）。

（9）5% 三正辛胺 - 正丁醇溶液　量取三正辛胺 5 mL，加正丁醇至 100 mL，混匀。

（10）饱和硫酸钠溶液。

（11）pH 6 的水　水加柠檬酸溶液调 pH 到 6。

（12）pH 4 的水　水加柠檬酸溶液调 pH 到 4。

（13）合成着色剂标准贮备液（1 mg/mL）　准确称取按其纯度折算为 100% 质量的柠檬黄（CAS：1934 - 21 - 0）、日落黄（CAS：2783 - 94 - 0）、苋菜红（CAS：915 - 67 - 3）、胭脂红（CAS：2611 - 82 - 7）、新红（CAS：220658 - 76 - 4）、赤藓红（CAS：16423 - 68 - 0）、亮蓝（CAS：3844 - 45 - 9）各 0.1 g（精确至 0.0001 g），置 100 mL 容量瓶中，加 pH 6 的水到刻度，配成水溶液（1.00 mg/mL）。

（14）合成着色剂标准使用液（50 μg/mL）　临用时将合成着色剂标准贮备液加水稀释 20 倍，经 0.45 μm 微孔滤膜过滤。配成每毫升相当于 50.0 μg 的合成着色剂。

4. 分析步骤

（1）试样制备

①液体试样。称取 5～10 g（精确至 0.001 g）试样，放入 100 mL 烧杯中。含二氧化碳样品加热或超声驱除二氧化碳（含有酒精成分的另加小碎瓷片数片，加热驱除乙醇）。

②固体试样。称取 2～5 g（精确至 0.001 g）粉碎样品，放入 100 mL 小烧杯中，加水30 mL，温热溶解，若样品溶液 pH 较高，用柠檬酸溶液调 pH 到 6 左右。着色糖衣制品，用水反复洗涤色素，到供试品无色素为止，合并色素漂洗液为样品溶液。

（2）色素提取

①聚酰胺吸附法。样品溶液加柠檬酸溶液调 pH 到 6，加热至 60 ℃，将 1 g 聚酰胺粉加少许水调成粥状，倒入样品溶液中，搅拌片刻，以 G3 垂融漏斗抽滤，用 60 ℃ pH 4 的水洗涤 3～5 次，然后用甲醇－甲酸混合溶液洗涤 3～5 次（含赤藓红的样品用液－液分配法处理），再用水洗至中性，用乙醇－氨水－水混合溶液解吸 3～5 次，直至色素完全解吸，收集解吸液，加乙酸中和，蒸发至近干，加水溶解，定容至 5 mL。经 0.45 μm 微孔滤膜过滤，进高效液相色谱仪分析。

②液－液分配法。（适用于含赤藓红的样品）将制备好的样品溶液放入分液漏斗中，加2 mL 盐酸、10～20 mL 5% 三正辛胺－正丁醇溶液，振摇提取，分取有机相，重复提取，直至有机相无色，合并有机相，用饱和硫酸钠溶液洗 2 次，每次 10 mL，分取有机相，放入蒸发皿中，水浴加热浓缩至 10 mL，转移至分液漏斗中，加 10 mL 正己烷，混匀，加氨水溶液提取 2～3 次，每次 5 mL，合并氨水溶液层（含水溶性酸性色素），用正己烷洗 2 次，氨水层加乙酸调成中性，水浴加热蒸发至近干，加水定容至 5 mL。经 0.45 μm 微孔滤膜过滤，进高效液相色谱仪。

（3）测定

①仪器参考条件。色谱柱：C18 柱（4.6 mm×250 mm，5 μm）。进样量：10 μL。柱温：35 ℃。二极管阵列检测器波长范围：400～800 nm，或紫外检测器检测波长 254 nm。梯度洗脱表见表 8－1。

表 8－1 梯度洗脱表

时间 （min）	流速 （mL/min）	0.02 mol/L 乙酸铵溶液 （%）	甲醇 （%）
0	1.0	95	5
3	1.0	65	35
7	1.0	0	100
10	1.0	0	100
10.1	1.0	95	5
21	1.0	95	5

②测定。将样品提取液和合成着色剂标准使用液分别注入高效液相色谱仪，根据保留时间定性，外标峰面积法定量。

5. 分析结果的表述 试样中着色剂含量按式 8－4 计算。

$$X = \frac{c \times V \times 1000}{m \times 1000 \times 1000}$$ （8－4）

式中，X——试样中着色剂的含量，g/kg；c——进样液中着色剂的浓度，μg/mL；V——试样稀释总体积，mL；m——试样质量，g；1000——换算系数。

计算结果以重复性条件下获得的两次独立测定结果的算术平均值表示，结果保留两位有效数字。

6. 精密度　在重复性条件下获得的两次独立测定结果的绝对差值不得超过算术平均值的10%。

第五节　抗氧化剂的测定

抗氧化剂作为食品添加剂在保健食品加工中主要用于防止保健食品中不饱和脂肪酸氧化酸败。同时，保健食品中的抗氧化剂对于延缓人体衰老，提高免疫力也有着重要作用。目前一般常用的抗氧化剂均属酚类化合物，主要有丁基羟基茴香醚（BHA）、二丁基羟基甲苯（BHT）、没食子酸丙酯（PG）、叔丁基对苯二酚（TBHQ）等。

依据 GB 5009.32—2016《食品安全国家标准食品中9种抗氧化剂的测定》，没食子酸丙酯（PG）、2，4，5-三羟基苯丁酮（THBP）、叔丁基对苯二酚（TBHQ）、去甲二氢愈创木酸（NDGA）、叔丁基对羟基茴香醚（BHA）、2，6-二叔丁基-4-羟甲基苯酚（Ionox-100）、没食子酸辛酯（OG）、2，6-二叔丁基对甲基苯酚（BHT）、没食子酸十二酯（DG）9种抗氧化剂的测定方法有高效液相色谱法、液相色谱串联质谱法、气相色谱质谱法、气相色谱法以及比色法等五种方法，本节以高效液相色谱法为例，介绍如下。

1. 原理　固体类试样用正己烷溶解，用乙腈提取，固相萃取柱净化。高效液相色谱法测定，外标法定量；油脂试样经有机溶剂溶解后，使用凝胶渗透色谱（GPC）净化。

2. 试剂和标准溶液　除非另有说明，本方法所用试剂均为色谱纯，水为 GB/T 6682 规定的一级水。

（1）无水硫酸钠（分析纯）　650℃灼烧4小时，贮存于干燥器中，冷却后备用。

（2）乙腈饱和的正己烷溶液　正己烷中加入乙腈至饱和。

（3）正己烷饱和的乙腈溶液　乙腈中加入正己烷分析纯，重蒸。至饱和。

（4）乙酸乙酯和环己烷混合溶液（1:1，V/V）　取50 mL乙酸乙酯和50 mL环己烷混匀。

（5）乙腈和甲醇混合溶液（2:1，V/V）　取100 mL乙腈和50 mL甲醇混合。

（6）饱和氯化钠溶液　水中加入氯化钠（分析纯）至饱和。

（7）甲酸水溶液（0.1:99.9，V/V）　取0.1 mL甲酸移入100 mL容量瓶，定容至刻度。

（8）没食子酸丙酯储备液（1000 mg/L）　准确称取0.1 g（精确至0.1 mg）没食子酸丙酯标准品（纯度≥98%），用乙腈溶于100 mL棕色容量瓶中，定容至刻度，0~4℃避光保存。

（9）没食子酸丙酯标准使用液　移取适量体积的浓度为1000 mg/L的没食子酸丙酯储备液分别稀释至浓度为20 mg/L、50 mg/L、100 mg/L、200 mg/L、400 mg/L的标准使用液。

3. 仪器　离心机（转速≥3000 r/min）；旋转蒸发仪；高效液相色谱仪；凝胶渗透色谱仪；分析天平（感量0.01 g和0.1 mg）；涡旋振荡器；孔径0.22 μm有机系滤膜；2000 mg/12 mL C18

固相萃取柱。

4. 分析步骤

（1）试样制备　固体或半固体样品粉碎混匀，然后用对角线法取 2/4 或 2/6，或根据试样情况取有代表性试样，密封保存；液体样品混合均匀，取有代表性试样，密封保存。

（2）测定步骤

①提取。称取 1 g（精确至 0.01 g）试样于 50 mL 离心管中，加入 5 mL 乙腈饱和的正己烷溶液，涡旋 1 分钟充分混匀，浸泡 10 分钟（油类试样静置 10 分钟）。加入 5 mL 饱和氯化钠溶液（固体试样），用 5 mL 正己烷饱和的乙腈溶液涡旋 2 分钟，3000 r/min 离心 5 分钟，收集乙腈层于试管中，再重复使用 5 mL 正己烷饱和的乙腈溶液提取 2 次，合并 3 次提取液，加 0.1% 甲酸溶液调节至 pH 4，待净化。同时做空白实验。

②净化。在 C18 固相萃取柱中装入约 2 g 的无水硫酸钠，用 5 mL 甲醇活化萃取柱，再以 5 mL 乙腈平衡萃取柱，弃去流出液。将提取液倾入柱中，弃去流出液，再以 5 mL 乙腈和甲醇的混合溶液洗脱，收集所有洗脱液于试管中，40 ℃下旋转蒸发至干，加 2 mL 乙腈定容，过 0.22 μm 有机系滤膜，供液相色谱测定。同时做空白实验。

③纯油类样品可选凝胶渗透色谱法。称取样品 10 g（精确至 0.01 g）于 100 mL 容量瓶中，以乙酸乙酯和环己烷混合溶液定容至刻度，作为母液；取 5 mL 母液于 10 mL 容量瓶中以乙酸乙酯和环己烷混合溶液定容至刻度，待净化。同时做空白实验。

取 10 mL 待测液加入凝胶渗透色谱（GPC）进样管中，使用 GPC 净化，收集流出液，40 ℃下旋转蒸发至干，加 2 mL 乙腈定容，过 0.22 μm 有机系滤膜，供液相色谱测定。同时做空白实验。

凝胶渗透色谱净化参考条件：凝胶渗透色谱柱：300 mm×20 mm 玻璃柱，BioBeads（S - X3），40~75 μm。柱分离度：玉米油与抗氧化剂（PG、THBP、TBHQ、OG、BHA、Ionox - 100、BHT、DG、NDGA）的分离度 >85%。流动相（乙酸乙酯：环己烷）=（1:1，V/V）。流速：5 mL/min。进样量：2 mL。流出液收集时间：7~17.5 分钟。紫外检测器波长：280 nm。

（3）液相色谱仪条件　色谱柱：C18 柱（柱长 250 mm，内径 4.6 mm，粒径 5 μm），或等效色谱柱。流动相 A：0.5% 甲酸水溶液。流动相 B：甲醇。洗脱梯度：0~5 分钟流动相（A）50%，5~15 分钟：流动相（A）从 50% 降至 20%，15~20 分钟流动相（A）20%，20~25 分钟：流动相（A）从 20% 降至 10%，25~27 分钟：流动相（A）从 10% 增至 50%，27~30 分钟：流动相（A）50%。柱温：35 ℃。进样量：5 μL。检测波长：280 nm。

（4）标准曲线的制作　将 20 mg/L、50 mg/L、100 mg/L、200 mg/L、400 mg/L 的没食子酸丙酯标准使用液分别注入液相色谱仪中，测定试样的没食子酸丙酯含量，以标准工作液的没食子酸丙酯浓度为横坐标，以响应值（如：峰面积、峰高、吸收值等）为纵坐标，绘制标准曲线。

（5）试样溶液的测定　将试样溶液注入高效液相色谱仪中，得到相应色谱峰的响应值，根据标准曲线得到待测液中抗氧化剂的浓度。

5. 分析结果的表述　试样中没食子酸丙酯（PG）的含量按式 8 - 5 计算。

$$X = \rho \times \frac{V}{m} \qquad (8-5)$$

式中，X——试样中没食子酸丙酯（PG）的含量，mg/kg；ρ——从标准曲线上得到的没食子酸丙酯（PG）溶液浓度，μg/mL；V——样液最终定容体积，mL；m——称取的试样质量，g。

结果保留三位有效数字（或保留到小数点后两位）。

6. 精密度　在重复性条件下获得的两次独立测定结果的绝对差值不得超过算术平均值的10%。

扫码"练一练"

> **? 思考题**
>
> 1. 简述食品添加剂的定义。
> 2. 简述液相色谱法测定保健食品中阿斯巴甜和阿力甜的原理。
> 3. 简述保健食品中二氧化硫的测定方法及原理。
> 4. 简述食用着色剂的测定方法、原理及特点。
> 5. 简述抗氧化剂的种类及测定方法。

（刘文君　何文胜）

参考文献

［1］张水华，徐树来，王永华．食品感官分析与实验［M］.2 版．北京：化学工业出版社，2009.

［2］吴谋成．食品分析与感官评定［M］.北京：中国农业大学，2002.

［3］周家春．食品感官分析［M］.北京：中国轻工业出版社，2013.

［4］刘登勇，董丽，谭阳，等．食品感官分析技术应用及方法学研究进展［J］.食品科学，2016，37（5）：254－258.

［5］朱静，吕飞飞．食品感官分析的研究进展［J］.中国调味品，2009，34（5）：29－32.

［6］苏晓霞，黄序，黄一珍，等．快速描述性分析方法在食品感官评定中应用进展［J］.食品科技，2013，38（7）：298－303.

［7］陈福生，王小红．食品安全实验——检测技术与方法［M］.北京：化学工业出版社，2010.

［8］华东理工大学分析化学教研组．分析化学［M］.6 版．北京：高等教育出版社，2009.

［9］史贤明．食品安全与卫生学［M］.北京：中国农业出版社，2003.

［10］林继元，边亚娟，李岚岚，等．食品理化检测技术［M］.2 版．武汉：武汉理工大学出版社，2017.

［11］赵余庆．保健食品研制思路与方法［M］.北京：人民卫生出版社，2010.

［12］凌关庭．保健食品原料手册［M］.北京：化学工业出版社出版，2007.

［13］迟玉杰．保健食品学［M］.北京：中国轻工业出版社，2016.

［14］张广燕，蔡智．功能性食品及开发［M］.北京：化学工业出版社，2013.

［15］赵余庆．食疗与保健食品原料功能因子手册［M］.北京：中国医药科技出版社，2013.

［16］国家药典委员会．中华人民共和国药典［M］.北京：中国医药科技出版社，2015.

［17］胡雪琴，谭小蓉，卫琳，等．食品理化分析技术［M］.北京：中国医药科技出版社，2017.

［18］张妍，祝妍，张丽萍．食品检测技术［M］.北京：化学工业出版社，2015.